江西理工大学资助

普通高等教育"十四五"规划教材

有色金属结构材料学

主　编　汪　航
副主编　陈继强　周晨阳

北　京
冶金工业出版社
2024

内 容 提 要

本书立足有色金属产业发展需求，聚焦学科发展前沿，重点阐述了有色金属材料的基本知识、创新方法、产业特点与应用前沿等。主要围绕铝及铝合金、铜及铜合金、钛及钛合金、镁及镁合金、高温合金、贵金属及其合金、高熵合金等开展论述，详细介绍了它们的性质、结构特征、制备方法、应用领域等知识。

本书可作为材料科学与工程专业本科生的教学用书，也可供材料类相关专业的科研人员与工程技术人员阅读参考。

图书在版编目(CIP)数据

有色金属结构材料学/汪航主编 .—北京：冶金工业出版社，2024.8. —（普通高等教育"十四五"规划教材）. — ISBN 978-7-5024-9917-4

Ⅰ. TB3；TG146

中国国家版本馆 CIP 数据核字第 2024TB5333 号

有色金属结构材料学

出版发行	冶金工业出版社	电　话	(010)64027926
地　址	北京市东城区嵩祝院北巷 39 号	邮　编	100009
网　址	www.mip1953.com	电子信箱	service@ mip1953.com

责任编辑　郭雅欣　美术编辑　吕欣童　版式设计　郑小利
责任校对　梅雨晴　责任印制　禹　蕊
北京建宏印刷有限公司印刷
2024 年 8 月第 1 版，2024 年 8 月第 1 次印刷
787mm×1092mm　1/16；12.25 印张；294 千字；183 页
定价 39.00 元

投稿电话　(010)64027932　投稿信箱　tougao@cnmip.com.cn
营销中心电话　(010)64044283
冶金工业出版社天猫旗舰店　yjgycbs.tmall.com
(本书如有印装质量问题，本社营销中心负责退换)

前　　言

有色金属包括铝、铜、钛、镁、镍、钴等60多种金属，其应用涉及国防建设与国民经济建设的所有领域，在经济社会发展及国防科技工业建设等方面发挥着重要作用。

本书共8章，围绕铝、铜、钛、镁、镍等有色金属，较系统地阐述了有色金属结构材料的性质、结构特征、制备方法、应用领域等知识，涵盖有色金属冶金、材料加工等有色金属制备流程，反映了本学科国内外有色金属材料科学研究和教学研究的相关成果。本书理论系统，内容翔实，实用性较强，有利于冶金、材料等专业的人才培养。

同时，为了培养学生分析和解决实际问题的能力，在每章后均附有复习思考题，以便加深对书中内容的理解。

本书由江西理工大学汪航教授担任主编、陈继强副教授与周晨阳博士担任副主编，第1章、第3章由汪航教授撰写；第2章、第4章和第5章由陈继强副教授撰写；第6~8章由周晨阳博士撰写；全书由汪航教授统稿。在本书编写过程中，谢伟滨副教授，博士生廖钰敏和彭怀超，硕士生李涛、曾令鹏、杨建国、刘健、龚清华、孙露、靳海鹏、杨华扣和洪年等收集整理了大量资料；同时，在本书编写过程中，笔者参考了一些文献资料，在此一并表示感谢！

由于编者水平所限，书中不足之处，恳请广大读者批评指正。

编　者
2024 年 3 月

目　　录

1 有色金属基础知识

1.1 有色金属的概念与分类

马克思曾指出"金银天然不是货币，货币天然是金银"。金银的天然属性决定了它们成为人类生产生活中不可或缺的一部分。以黄金为代表，黄金很难与其他物质发生化学反应，在火烧后，即使在高温下熔化也不会与空气中的氧气发生化学反应，这样它的质量就不会发生变化，也就是俗话说的不少分量。人们常说的真金不怕火炼指的是金子经火烧后分量不少，而其他金属经火烧后因发生氧化而分量减少。不管是金还是银，化学稳定性高是它们成为货币的主要因素之一。

金属是对人类科技发展至关重要的一类材料，因其独特的延展性、导电导热性及合金化能力在国民经济的各个领域具有无可替代的地位。尽管金属并非人类最早使用的材料，但人类使用金属材料的历史至少可以追溯到 8000 年前。人类发现金属元素的顺序往往与该元素从化合物，特别是氧化物中分离出来的难度相反。因此，除了陨铁之外，人类最先认识到的金属便是金、银、铜。

根据金属的颜色和性质等特征，将金属分为黑色金属和有色金属两大类。狭义的有色金属又称非铁金属，是铁、锰、铬以外所有金属的统称，广义的有色金属还包括有色合金。我国在 1958 年将铁、铬、锰列入黑色金属，并将铁、铬、锰以外的金属列入有色金属。

有色金属按其性质、用途、产量及其在地壳中的储量状况一般分为有色轻金属、有色重金属、稀有金属、贵金属四大类。有色轻金属一般是指密度为 4.5 g/cm^3 以下的有色金属，包括铝、镁、钠、钾、钙、锶、钡，这类金属密度小、化学性质活泼、自然界中储量较大。有色重金属一般是指密度为 4.5 g/cm^3 以上的有色金属，包括铜、铅、锌、镍、钴、锡、镉、铋、锑、汞，这类金属密度高、较稳定、难降解，通常具有生物毒性。稀有金属通常是指自然界中含量很少、分布稀散或难以从原料中提取的金属，包括锂、铍等稀有轻金属，钛、锆、铪等稀有高熔点金属，镓、锗等稀散金属，镧、铈、镨等稀土金属，钷、镭等稀有放射性金属。贵金属一般价值比较高，在地壳中含量少，开采和提取比较困难，故价格均比一般金属高，包括金、银、铂、铱、锇、钌、钯、铑。

1.2 有色金属的资源、提取与回收

1.2.1 有色金属资源

有色金属矿产资源是地壳在其长期形成、发展与演变过程中的产物，是自然界矿物质

在一定地质条件下，经一定地质作用而聚集形成的。自 2011 年开始，为保障国家能源资源安全，国土资源部组织实施了找矿突破战略行动。自此，我国形成了一批重要矿产资源战略接续区，巨型"宝藏"纷纷现身，为国家能源战略的实施和经济发展提供了充足的资源保障。2016 年，西藏阿里地区改则县铁格隆南矿区荣那矿段、拿若矿区共探明铜金属量 1349.2 万吨，加上此前多不杂、波龙两个矿区已经探获铜金属量 700 多万吨，整个矿集区铜金属量已超过 2000 万吨。多龙矿集区成为中国第一个世界级超级铜矿矿集区。2016 年，新疆和田地区和田县境内火烧云一带发现世界级超大型铅锌矿，共探获铅锌金属量 1894.96 万吨，矿床平均品位铅 4.58%、锌 23.92%、铅+锌 28.51%，为世界级铅锌矿床中罕见的高品位矿床，是中国第一、世界第七大铅锌矿。

海洋中储藏有丰富的有色金属矿产资源，迄今已探得全球海洋矿产资源总量达到 6000 万亿吨，其中具有商业开采价值的铜、镍、钴等多金属结核总量为 3 万亿吨，太平洋区域占 1.7 万亿吨，含镍 164 亿吨，比陆地的多 1000 倍，可用 25.3 万年；钴 58 亿吨，比陆地的多 5000 倍，可用 21.5 万年；铜 88 亿吨，比陆地的多 88 倍，可用 980 年。另外，据专家计算，海水中含有金 560 万吨，白银 5600 万吨，这无疑是一笔巨大的物质财富。

1.2.2　有色金属提取

各类有色金属自然资源分布状况不一，冶炼历史长短悬殊，提取方法也多种多样。从冶炼方法来说，有火法和湿法之分。在现阶段，火法冶金仍占优势。

1.2.2.1　火法冶金

大多数有色金属矿物都是以硫化物形态存在于自然界中，稀散金属的铟、锗、镓等常与铅锌硫化物共生，铂族金属又常与镍、钴共生。硫化矿的现代处理方法大都是围绕金属硫化物的高温化学过程，传统方法是在提取金属之前要先改变其化学成分或化合物的形态。从硫化矿物在高温下的化学反应来考虑，大致可归纳为以下五种类型：（1）有色金属硫化矿氧化焙烧；（2）金属硫化物直接氧化成金属；（3）造锍熔炼；（4）金属硫化物与其氧化物的交互反应；（5）硫化反应。

氯化冶金是将矿石（冶金半成品）与氯化剂混合，在一定条件下发生化学反应，使金属变为氯化物再进一步将金属提取出来的方法。主要包括氯化、氯化物的分离、从氯化物中提取金属三个基本过程。其中氯化过程是氯化冶金最基本和最重要的过程，包括氯化焙烧、离析、粗金属熔体氯化精炼、氯化浸出。氯化冶金适宜处理复杂多金属矿石或低品位矿石及难选矿石，并从中综合分离提取各种有用金属。

由矿石经熔炼制取的金属常含有杂质，通常需要用一种或几种精炼方法处理粗金属。火法精炼的第一个步骤通常是使均匀的熔融粗金属中产生多相体系（金属-渣、金属-金属、金属-气体），再把各两相体系用物理方法分离。对于每个体系来说，视这些相的物理性质的不同，都有特殊方法使其分离，主要包括熔析精炼、萃取精炼、区域精炼、氧化精炼、硫化精炼等。

1.2.2.2　湿法冶金

湿法冶金包括三个主要过程，即浸出、净化和沉积。浸出的实质在于利用适当的溶剂使矿石、精矿和焙砂等固体中的一种或几种有价成分优先溶出，使之与脉石分离。工业上常把浸出过程分为常压浸出和加压浸出，在两种情况下，除了常压下的渗透浸出外，矿浆通常都要进行搅拌。离子沉淀是净化和沉积的共同基础，是溶液中某种离子在沉淀剂的作用下呈难溶化合物形态沉淀的过程。为了达到使有价金属和杂质分离的目的，有两种不同方法：一是使杂质呈难溶化合物形态沉淀而有价金属留在溶液中，即溶液净化沉淀法；二是使有价金属呈难溶化合物形态沉淀而杂质留在溶液中，即制备纯化合物的沉淀法。金属从水溶液中沉积是决定整个湿法冶金是否成功的主要过程，包括置换沉积、加压氢还原、电解沉积、可溶性阳极的电解等。

在湿法冶金中，溶剂萃取是一种分离、富集或纯化金属的方法，其实质在于使金属离子或其化合物由水溶液转入与水不相混溶的液体有机相之中，由此得到萃合液，接着进行反萃取，再使被萃取的金属由有机相转入水相，有机相经再生后，返回萃取过程循环使用。

离子交换也是从含有有价金属的电解质溶液中提取金属的方法之一，首先使溶液（料液）与离子交换剂接触，离子交换剂能以离子交换形式从溶液中吸附同符号的离子，经一次水洗后加入淋洗剂，使吸附在离子交换剂上的待提取离子转入淋洗液中，最后从淋洗液中回收金属，而离子交换剂经二次水洗后供循环使用。

在有色金属湿法冶金中，电解有两方面应用，一是从浸出溶液中提取金属，二是从粗金属、合金或其他中间产物（如锍）中提取金属。工业上通常用固体阴极进行电解，其主要过程是金属离子的中和反应。而可能出现的阳极反应包括金属的溶解、金属氧化物的形成、氧的析出、离子价态升高、阴离子的氧化等。

1.2.3　有色金属再生资源回收与利用

我国高度重视有色金属再生资源的回收与利用。2012 年至今，我国再生有色金属产量逐年增加，再生有色金属产量由年产 1039 万吨增长至 2023 年的年产 1770 万吨（见图 1-1）。

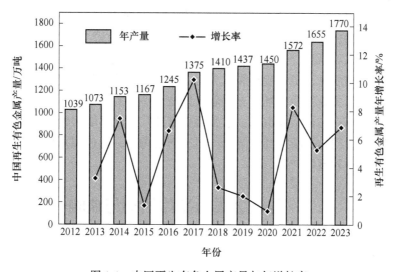

图 1-1　中国再生有色金属产量与年增长率

2021 年，我国先后印发《关于加快建立健全绿色低碳循环发展经济体系的指导意见》《"十四五"循环经济发展规划》《2030 年前碳达峰行动方案》《关于做好"十四五"园区循环化改造工作有关事项的通知》等低碳发展领域政策法规，从全局高度对建立健全绿色低碳循环发展的经济体系作出顶层设计和总体部署，并指出到2025年，再生有色金属产量达到2000万吨，其中再生铜、再生铝和再生铅产量分别达到400万吨、1150万吨、290万吨，资源循环利用产业产值达到5万亿元。到2025年底，具备条件的省级以上园区全部实施循环化改造，显著提升园区绿色低碳循环发展水平，为"十四五"期间再生金属产业低碳发展提出更高要求，指明发展方向，促进产业在发展新格局中迈出新步伐。

"碳达峰"就是煤炭、石油、天然气等化石能源燃烧活动和工业生产过程及土地利用变化与林业等活动产生的温室气体排放（也包括因使用外购的电力和热力等所导致的温室气体排放）不再增长，达到峰值。"碳中和"是指在一定时间内直接或间接产生的温室气体排放总量，通过植树造林、节能减排等形式，以抵消自身产生的二氧化碳排放量，实现二氧化碳"零排放"。"碳交易"被认为是用市场机制应对气候变化的有效工具，交易对象通常为主要温室气体二氧化碳的排放配额，政府部门对碳排放配额进行总量控制，使纳入市场的控排企业受碳排放限额的约束，再引入交易机制，通过交易碳排放限额实现资源分配最优解。即合同的一方通过支付另一方获得温室气体减排额，买方可以将购得的减排额用于减缓温室效应从而实现其减排的目标。

再生资源产业链可简化为上游回收—中游加工—下游利用三个环节。再生资源通常由各类回收网点、第三方回收机构或其制造商进行回收，将收集到的再生资源运送中游企业进行处理加工，最后再生资源终端产品出售至相关制造业或材料企业。2006—2022年，我国再生资源回收量稳步提升，回收总量年均增长率达16.33%。但2015年我国主要品种再生资源价格受国内外经济形势影响持续下行，再生资源回收总值同比下跌20%。2016年国际大宗商品价格开始反弹，再生资源价格回暖，再生资源总值持续升高。

再生资源回收总值自2015年后以高于第二产业GDP的速度增长，印证再生资源回收率提升。2016—2018年，我国再生资源回收总值增速显著高于第二产业GDP增速，2019年两者水平相近。2015—2019年，我国再生资源回收总值与第二产业GDP的复合增速分别为15.0%、9.6%。但我国再生资源回收率较部分发达国家仍有一定差距。

我国再生资源的演绎逐步过渡到需求为主，通过控制后端利用需求驱动再生资源行业发展。过去我国再生资源行业市场中充斥着大量技术落后的中小企业，它们以低成本产出低质量再生产品，挤占正规企业市场，浪费再生资源并造成环境污染。随着各子行业法律法规日渐完善，行业门槛不断提高，落后产能逐渐被淘汰，行业规范化运作，市场需求由廉价低质产品转向合规高质产品。

1.3　有色金属的晶体结构与缺陷

1.3.1　有色金属的晶体结构

物质的质点（分子、原子或离子）在三维空间做有规律的周期性重复排列所形成的物质称为晶体。实际晶体中，质点在空间的排列方式是多种多样的，为了便于研究晶体中原子、分子或离子的排列情况，近似地将晶体看成是无错排的理想晶体，忽略其物质性，抽象为规则排列于空间的无数几何点。这些点代表原子（分子或离子）的中心，也可代表彼此等同的原子群或分子群的中心，各点的周围环境相同。这种点的空间排列称为空间点阵，简称点阵，这些点称为阵点。将阵点用一系列平行直线连接起来构成一空间格架称为晶格。

在分析材料结晶、塑性变形和相变时，常涉及晶体中某些原子在空间排列的方向（晶向）和某些原子构成的空间平面（晶面），为区分不同的晶向和晶面，需采用一个统一的标号来标定它们，这种标号称为晶向指数与晶面指数。

工业上使用的有色金属除少数具有复杂的晶体结构外，大多数具有比较简单的、高对称性的晶体结构。最常见的有色金属的晶体结构有体心立方、面心立方和密排六方。β-Ti、W、Mo、V、Nb 等 30 余种属于体心立方，Al、Cu、Ni、Au 等 20 多种属于面心立方，α-Ti、Be、Zn、Mg 等 20 多种属于密排六方。

纯金属的强度较低，所以工业上广泛应用的是合金。合金是由两种或两种以上金属元素或金属元素与非金属元素，经熔炼、烧结或其他方法组合而成，并具有金属特性的物质。组成合金最基本的独立物质称为组元，一般是组成合金的元素，也可以是稳定化合物。组元间由于物理和化学的相互作用可形成各种相。相是合金中具有同一聚集状态，成分和性能均一，并以界面互相分开的组成部分。合金中的相结构多种多样，包括固溶体和化合物。

凡溶质原子完全溶于固态溶剂中，并能保持溶剂元素的晶格类型所形成的合金相称为固溶体。固溶体的成分可在一定范围内连续变化，随异类原子的溶入将引起溶剂晶格常数的改变及晶格畸变，致使合金性能发生变化。

根据溶质原子在溶剂中是占结点位置还是间隙位置，可将其分为置换固溶体与间隙固溶体。形成置换固溶体时，溶质原子置换了溶剂点阵中的一些溶剂原子。一些原子半径小于 0.1 nm 的非金属元素，如 H、O、N、C、B 等因受原子尺寸因素的影响，不能与过渡族金属元素形成置换固溶体，但可处于溶剂晶格结构中的某些间隙位置，形成间隙固溶体。

若溶质与溶剂以任何比例都能互溶，固溶度达 100%，则称为无限固溶体，否则称为有限固溶体。若溶质原子有规则地占据溶剂结构中的固定位置，溶质与溶剂原子数之比为一定值时，所形成的固溶体称为有序固溶体。

两组元组成的合金中，在形成有限固溶体的情况下，如果溶质含量超过其溶解度时，将会出现新相，其成分处在 A 在 B 中和 B 在 A 中的最大溶解度之间，故称为中间相。中间相可以是化合物，也可以是以化合物为基的固溶体。因此中间相具有金属的性质，又称为金属间化合物，通常具有高熔点、高硬度，常作合金中的强化相。

1.3.2　有色金属的晶体缺陷

所有材料都包含原子排列缺陷。通过控制点阵中的缺陷，可获得性能更优异和有使用价值的材料。

1.3.2.1　点缺陷

结晶过程中，在高温下或由于辐照等，晶体中会产生点缺陷，其特点是三维方向上尺寸都很小，仅引起几个原子范围的点阵结构的不完整，也称为零维缺陷。

当某些原子获得足够高的能量时，就可克服周围原子的束缚，离开原来的平衡位置。离位原子在晶体表面或晶界处就可形成肖特基空位，如果在晶体间隙中，就形成了弗兰克尔空位，与此同时还形成了相同数目的间隙原子。

置换原子的原子半径与溶剂不同时也将扰乱周围原子的完整排列，故也可看成是点缺陷。当点阵中存在空位或小的置换原子时，周围原子就向点缺陷靠拢，将周围原子间的键拉长，产生拉应力场。当有间隙原子或大的置换原子时，四周的原子将被推开，因此产生压应力场。

金属中点缺陷的存在使晶体内部运动着的电子发生散射，电阻增大。点缺陷数目增加，使密度减小。此外，过饱和点缺陷还可提高金属屈服强度。

1.3.2.2 线缺陷

晶体中的线缺陷是各种类型的位错，其特点是原子发生错排的范围，在一个方向上尺寸较大，而另外两个方向上尺寸较小，是一个直径为 3~5 个原子间距，长几百个至几万个原子间距的管状原子畸变区。位错最基本的类型包括刃型位错和螺型位错。

柏氏矢量是描述位错实质的重要物理量，也称为位错强度，反映出柏氏回路包含的位错所引起点阵畸变的总积累，位错的许多性质如位错的能量、所受的力、应力场、位错反应等均与其有关，也表示出晶体滑移时原子移动的大小和方向。

晶体中的位错总是力图从高能位置转移到低能位置，在适当条件下（包括外力作用），位错会发生运动。位错运动有滑移和攀移两种形式，位错沿着滑移面的移动称为滑移，在垂直滑移面方向上运动称为攀移。

1.3.2.3 面缺陷

固体有色金属材料的界面主要包括表面、晶界、亚晶界和相界，它们对塑性变形与断裂，固态相变，材料的物理、化学和力学性能有显著影响。

晶体表面结构与晶体内部不同，由于表面是原子排列的终止面，另一侧无固体中原子的键合，其配位数少于晶体内部，导致表面原子偏离正常位置，并影响了邻近的几层原子，造成点阵畸变，使其能量高于晶体内部。

多晶体由许多晶粒组成，每个晶粒是一个小单晶。相邻的晶粒位向不同，其交界面称为晶粒界，简称晶界。多晶体中，每个晶粒内部原子排列也并非十分整齐，会出现位向差极小的亚结构，亚结构之间的交界为亚晶界。晶界处原子排列紊乱，使能量升高，即产生晶界能，使晶界性质有别于晶内。具有不同晶体结构的两相之间的分界称为相界，其结构包括共格、半共格和非共格界面。

由于晶界的结构与晶内不同，使得晶界处容易形成异类原子偏聚，原子扩散速率也比晶粒内部快得多，对位错运动起阻碍作用等。由于晶界具有较高能量且原子排列紊乱，固态相变时优先在母相晶界上形核。

1.4 有色金属的凝固与固态相变

1.4.1 有色金属的凝固

物质由液态到固态的转变过程称为凝固，如果液态转变为结晶态固体，这个过程又称为结晶。现代液体金属结构理论认为，液体中原子堆集是密集的，但排列不那么规则。从大范围看，原子排列是不规则的，但从局部微小区域看，原子可以偶然地在某一瞬间出现规则的排列，然后又散开，这种现象称为"近程有序"，这种"近程有序"的原子集团就是晶胚。在具备一定条件时，大于一定尺寸的晶胚就会成为可以长大的晶核。

液态金属的结晶过程是一个形核及核长大的过程。当液态金属缓慢地冷却到结晶温度以下，经过一定时间开始出现第一批晶核。随着时间推移，已形成的晶核不断长大，同时，在液态中又会不断形成新的晶核并逐渐长大，直到液体全部消失为止。单位时间内，单位体积液体中晶核的生成数量称为形核率。

金属结晶时，形核方式有均匀形核和非均匀形核两种。均匀形核又称为均质形核，是指在母相中自发形成新相结晶核心的过程。非均匀形核也称为非均质形核，是依附在液体中外来固体表面上（包括容器壁）形核，因此实际结晶时，大多以非均匀形核方式进行。

金属晶核长大是液-固界面两侧原子迁移的过程。界面的微观结构必然影响晶核的长大方式。液-固界面按微观结构可分为两种，即光滑界面和粗糙界面。光滑界面是指在界面处固-液两相是截然分开的，粗糙界面是指在微观上高低不平，存在厚度为几个原子间距的过渡层的液-固界面。常见的有色金属液-固界面为粗糙界面。

具有粗糙界面的物质，其界面上有一半的结晶位置空着，液相中的原子可直接迁移到这些位置使晶体整个界面沿法线方向向液相中长大，这种长大方式称为垂直长大。具有光滑界面的物质长大可以通过反复形成二维晶核，侧向铺展至整个表面，也可以依靠晶体缺陷，液体中的原子不断添加到缺陷的台阶上使晶体长大。具有光滑界面的晶核长大速率很小。

1.4.2　有色金属的固态相变

金属的结构和组织在固态下可以进行多种形式的转变。固态相变与液态相变（结晶）相比，有一些规律是相同的，例如都包含形核和长大两个基本过程。固态相变的特殊性主要包括以下几个方面：

（1）相变阻力大；

（2）新相与母相界面上原子排列易保持一定的匹配；

（3）新相晶核与母相之间存在一定的晶体学位向关系；

（4）新相习惯于在母相的一定晶面上形成；

（5）母相晶体缺陷对相变起促进作用；

（6）易于出现过渡相。

固态相变的类型很多，特征各异。按热力学分类，可根据相变前后热力学函数的变化分为一级相变和二级相变；按相变时能否获得符合相图的平衡组织分类，可分为平衡转变和非平衡转变；按相变过程中形核和长大的特点，可分为扩散型相变、半扩散型相变和非扩散型相变。有色金属中常见的固态相变及其特征见表1-1。

表1-1　有色金属中常见的固态相变及其特征

固态相变	相变特征
纯金属的同素异构转变	温度或压力改变时，由一种晶体结构转变为另一种晶体结构，是重新形核和生长的过程，如 $\alpha\text{-Co} \rightleftharpoons \beta\text{-Co}$
固溶体中多形性转变	类似于同素异构转变，如 Ti-Zr 合金中 $\beta \rightleftharpoons \alpha$

固态相变	相变特征
脱溶转变	过饱和固溶体的脱溶分解，析出亚稳定或稳定的第二相，如 Al-Cu 合金析出 θ″→θ′→θ
共析转变	一个相经过共析分解成结构不同的两相，在铝青铜中 β→α+γ₂
包析转变	不同结构的两相经过包析转变成另一个相，如 Ag-Al 合金中 α+γ→β，转变一般不能进行到底，组织中有残留的 α 相
马氏体转变	相变时，新、旧相成分不发生变化，原子只做有规则的切变而不进行扩散，新、旧相之间保持严格的位向关系，并呈共格，在磨光表面上可看到浮凸效应，如 β→α′/α″
块状转变	金属或合金发生晶体结构改变时，新、旧相的成分不改变，相变具有形核和生长特点，只进行少量扩散，其生长速度很快，借非共格界面的迁移而生成不规则的块状结晶产物，如 Cu-Al 合金、Cu-Ga 合金等有这种转变
调幅分解	调幅分解为非形核分解过程，固溶体分解成晶体结构相同但成分不同（在一定范围内连续变化）的两相，如 Cu-Ni、Cu-Ti 系等弹性合金中发生调幅分解
有序化转变	合金元素原子从无规则排列到有规则排列，但结构不发生变化，如 Ti 合金中 bcc_A2→bcc_B2

1.5　有色金属的塑性加工

1.5.1　塑性加工方法

锻造加工是利用锻锤锤击或用压力机压缩的作用，使坯料产生塑性变形而获得制品的方法，分为自由锻造和模锻。锻造制品是在压力作用下成型的，微观组织细小致密，力学性能好，而且性能均一；模锻几何废料少，节省金属；锻造加工速度快、周期短、生产效率高，适于大批量生产。

冲压加工是用压力机的冲头把坯料（板带材）顶入凹模内，使之产生塑性变形，从而获得制品的加工方法。冲压加工方法可以加工形状复杂的零件。冲压制品的精度较高，几何废料少，节约金属原材料；冲压加工更换模具容易，有较大的灵活性。该方法易于实现机械化和自动化，生产效率高。

轧制加工是坯料通过转动的轧辊受到压缩，产生塑性变形，使其横断面变小、形状改变、长度增加的塑性加工方法。轧制加工时可以改变金属材料的微观组织和性能，加工速度快，生产效率高，适于大批量生产；轧制加工易于机械化和自动化，但加工设备多，占地面积大，投资相对高。轧制加工可用于板材轧制、型材轧制和管材轧制等。根据轧制方向，轧制加工可分为纵轧、横轧和斜轧。纵轧时，工作轧辊旋转方向相反，轧件的纵轴线与轧辊的轴线垂直；横轧时，工作轧辊的旋转方向相同，轧件的纵轴与轧辊轴线平行；斜轧时，工作轧辊的旋转方向相同，轧件的纵轴线与轧辊轴线成一定的倾斜角。

挤压加工是把坯料（或铸锭）放在挤压筒中，在挤压杆的压力作用下，使之从另一端具有一定形状和尺寸的模孔中流出，从而得到与模孔形状和尺寸相同的制品。

拉伸加工是金属受前端的拉力作用使之从模孔中拉出的过程，可以用于生产型材、线材和管材。

1.5.2 塑性变形机制

金属在塑性变形时，形状和尺寸的不可逆变化是通过原子的定向位移来实现的。因此，塑性变形时所施加的力或能，应足以克服位垒，使大量的原子群能多次地、定向地从一个平衡位置移到另一个平衡位置，由此而产生宏观的塑性变形。根据原子群移动所发生的条件和方式不同，具有不同的变形机制。

塑性变形的主要机制包括滑移、孪生、不对称变向、非晶机制、晶界滑移。其中滑移是最重要的变形方式；孪生通常在低温高速下才起作用，这种变形机制在对称性较低的密排六方金属尤为重要；不对称变向通常是变形协调机制；非晶机制和晶界滑移一般是高温下起作用的变形机制。

工程上使用的绝大多数金属材料是由单个晶粒组成的多晶体，它的变形要比单晶体复杂得多。多晶体变形的重要特点是不均匀性，同时每个晶粒的变形都要受到其他晶粒的影响和约束，无法独立自由地变形。因此，多晶体变形既要克服晶粒间界的阻碍，又要与周围晶粒相应配合，以保证变形体的协调性和连续性。

1.5.3 塑性变形抗力

塑性变形抗力是指在所设定的变形条件下，所研究的变形物体或其单元体能够实现塑性变形的应力强度。金属在变形过程中由于其组织的变化，也可能会引起应力强度的变化，这时应求出对应该组织的应力强度以表示此时的变形抗力。因此，金属的屈服极限应用激发产生塑性变形所必需的初始应力强度，并随变形程度的不断变化，此应力强度也不断变化。

塑性变形抗力的测定方法包括拉伸试验法、压缩试验法、扭转试验法。拉伸试验中所用的试样通常为圆柱体，在拉伸变形体积内的应力状态为单向拉伸，并均匀分布。当然，在选择拉伸试样材质时，很难保证其内部组织均匀，内部各晶粒，甚至一个晶粒内部的各质点的变形和应力也不可能完全均一。因此，在此试验中所测定的应力和变形为其平均值，但从拉伸变形的总体看，是能保证得到比较均匀的拉伸变形的。

压缩变形时，变形金属所承受的单向压应力即为变形抗力。在压缩试验中完全消除接触摩擦的影响是很困难的，因此，所测出的应力值稍偏高。扭转试验时，在圆柱体试样的两端加以大小相等、方向相反的转矩，在此二转矩的作用下试样产生扭转角，在试验中测定扭转角的大小。由于扭转法所得到的数据换算到其他形式的变形状态有一定困难，加之大变形条件下使纯剪切遭到破坏等缺点，扭转法难以得到广泛应用。

1.6 有色金属的组织演化

经冷变形后的金属材料吸收了部分变形功，其内能增高，结构缺陷增多，处于不稳定状态，具有自发恢复到原始状态的趋势。冷塑性变形时，外力作用的功还有一小部分储存在形变金属内部，称为储存能。加热过程中，原子活动能力增强，偏离平衡位置大，能量高的原子将向低能的平衡位置迁移，将储存能逐步释放出来，使内应力松弛。回复、再结晶与晶粒长大是冷变形金属加热过程中经历的基本过程。

1.6.1　回复

低温回复主要涉及点缺陷的运动。空位或间隙原子移动到晶界或位错处消失、空位与间隙原子的相遇复合、空位集结形成空位对或空位片，这些使点缺陷密度大幅下降。

中温回复时，随温度升高，原子活动能力增强，位错可以在滑移面上滑移或交滑移，使异号位错相遇相消，位错密度下降，位错缠结内部重新排列组合，使亚晶规整化。

高温回复时，原子活动能力进一步增强，位错除滑移外，还可攀移。

1.6.2　再结晶

冷变形后的金属加热到一定温度后，在变形基体中重新生成无畸变的新晶粒的过程称为再结晶。再结晶使冷变形金属恢复到原来的软化状态。再结晶的驱动力与回复一样，也是冷变形所产生的储存能的释放。

1.6.3　晶粒长大

冷变形金属在完成再结晶后，继续加热会发生晶粒长大。

再结晶刚刚完成，得到细小的无畸变等轴晶粒，当升高温度或延长保温时间，晶粒仍可继续长大，若均匀地连续生长称为正常长大。

当基体中的少数晶粒迅速长大，使晶粒之间尺寸差别显著增大，直至这些迅速长大的晶粒完全互相接触为止称为异常晶粒长大，也称为不连续晶粒长大或二次再结晶。

1.6.4　动态回复与动态再结晶

热变形或热加工过程中，在金属内部同时进行着加工硬化与回复再结晶软化两个相反的过程称为动态回复与动态再结晶。

1.7　有色金属结构材料的力学性能

1.7.1　弹性

在单向拉伸过程中，绝大部分固体材料都首先产生弹性变形，外力去除后，变形消失而恢复原状，因此弹性变形有可逆性的特点。对于金属材料，在弹性变形范围内，应力和应变之间可以看成具有单值线性关系，且弹性变形量都较小。

无论变形量大小和应力与应变是否呈线性关系，凡是弹性变形都是可逆变形，因此，材料产生弹性变形的本质都是构成材料的原子（离子）或分子自平衡位置产生可逆位移的反映。金属类晶体材料的弹性变形是晶格结点的原子在力的作用下在其平衡位置附近产生的微小位移。金属材料弹性变形的微观过程可以用双原子模型解释。在正常状态下，晶格中的原子能保持在其平衡位置仅做微小的热振动，是受原子之间的相互作用力控制的结果。

在弹性变形的应力和应变间有一个具有重要意义的关系常数——弹性模量（弹性系数、弹性模数），如拉伸和剪切时分别为：

$$\sigma = E\varepsilon$$
$$\tau = G\gamma$$

式中，E、G 分别为拉伸时的杨氏模量和剪切时的剪切模量。

在应力应变关系的意义上，当应变为一个单位时，弹性模量在数值上等于弹性应力，即弹性模量是产生 100% 弹性变形所需的应力。在工程中弹性模量是表征材料对弹性变形的抗力，即材料的刚度，其值越大，在相同应力下产生的弹性变形就越小。在机械零件或建筑结构设计时为了保证不产生过大的弹性变形，都要考虑所选用材料的弹性模量。因此弹性模量是结构材料的重要力学性能之一。

在某些情况下，例如选择空间飞行器用的材料，为了既保证结构的刚度，又要求有较轻的质量，就要使用比弹性模量的概念来作为衡量材料弹性性能的指标。比弹性模量是指材料的弹性模量与单位体积质量的比值，也称为比刚度。在结构材料中，陶瓷的比弹性模量一般大于金属材料，在金属材料中，大多数金属的比弹性模量差不多。几种金属材料在常温下的弹性模量见表 1-2。

表 1-2　几种金属材料在常温下的弹性模量

材料名称	弹性模量/MPa	材料名称	弹性模量/MPa
低碳钢	2.0×10^5	铜合金	$(1.3 \sim 1.0) \times 10^5$
低合金钢	$(2.2 \sim 2.0) \times 10^5$	铝合金	$(0.75 \sim 0.60) \times 10^5$
奥氏体不锈钢	$(2.0 \sim 1.9) \times 10^5$	钛合金	$(1.16 \sim 0.96) \times 10^5$

一般来说，在构成材料聚集状态的四种键合方式中，共价键、离子键和金属键都有较高的弹性模量。对于金属元素，其弹性模量大小还与元素在周期表中的位置有关。这种变化的实质还与元素的原子结构和原子半径有密切关系。原子半径越大，弹性模量越小；原子半径越小，弹性模量越大。过渡族元素都有较高的弹性模量，这是由于原子半径较小，且 d 层电子引起较大的原子间结合力所致。

单晶体金属材料的弹性模量在不同晶体学方向上呈各向异性，即沿原子排列最密的晶向上弹性模量较大，反之较小。多晶体金属材料的弹性模量为各晶粒的统计平均值，表现为各向同性，但这种各向同性称为伪各向同性。

材料化学成分的变化将引起原子间距或键合方式的变化，因此也将影响材料的弹性模量。与纯金属相比，合金的弹性模量将随组成元素的质量分数、晶体结构和组织状态的变化而变化。对于固溶体合金，弹性模量主要取决于溶剂元素的性质和晶体结构。随着溶质元素质量分数的增加，虽然固溶体的弹性模量发生改变，但在溶解度较小的情况下一般变化不大。在两相合金中，弹性模量的变化比较复杂，它与合金成分及第二相的性质、数量、尺寸和分布状态有关。

对于金属材料，在合金成分不变的情况下，显微组织对弹性模量的影响较小，晶粒大小对弹性模量没有影响。冷加工可降低金属及合金的弹性模量，但一般改变量在 5% 以下，只有在形成强的织构时才有明显的影响，并出现弹性各向异性。因此，作为金属材料刚度代表的弹性模量，是一个组织不敏感的力学性能指标。

通常，随着温度的升高，原子振动加剧，体积膨胀，原子间距增大，结合力减弱，使材料的弹性模量降低。随着温度的变化，材料发生固态相变时，弹性模量将发生显著变化。加载方式、加载速率和负荷持续时间对金属材料的弹性模量几乎没有影响，因为金属材料的弹性变形速度与声速相同，远超过常见的加载速率，负荷持续时间的长短也不会影响到原子之间的结合力。

1.7.2 塑性

材料的塑性变形是微观结构的相邻部分产生永久性位移，并不引起材料破裂的现象。金属材料常见的塑性变形机理为晶体的滑移和孪生两种。

滑移是金属晶体在切应力作用下，沿滑移面和滑移方向进行的切变过程。滑移面和滑移方向的组合称为滑移系。滑移系越多，金属的塑性越好，但滑移系的多少不是决定塑性优劣的唯一因素，还受到温度、成分和预先变形程度等因素的影响。

孪生也是金属晶体在切应力作用下产生的一种塑性变形方式。面心立方、体心立方和密排六方三类晶体都能以孪生方式产生塑性变形，其中面心立方晶体只在很低的温度下才能产生孪生变形，体心立方晶体在冲击载荷或低温下也常发生孪生变形，密排六方晶体金属则因其在 c 轴方向没有滑移方向，滑移系较少，更容易产生孪生。孪生本身提供的变形量很小，但可以调整滑移面的方向，使新的滑移系开动，因而可以对塑性变形产生影响。

多晶体金属材料由于各晶粒的位向不同和晶界的存在，其塑性变形更加复杂，主要有如下特点：

（1）各晶粒变形的不同时性和不均匀性。多晶体金属由于各晶粒位向不同，在受外力作用时，某些晶体位向有利的晶粒先开始滑移变形，而那些位向不利的晶粒则只有在继续增加外力或晶粒转动到有利的位向时才能开始滑移变形。多相金属材料由于各相晶粒的晶体结构、位错滑移的难度及应力状态的不同，那些位向有利或产生应力集中的晶粒必将首先产生塑性变形。因此，金属材料的组织越不均匀，则起始的塑性变形不同时性和不均匀性就越显著。

（2）各晶粒变形的相互协调性。多晶体金属作为一个连续整体，不允许各个晶粒在任一滑移系自由变形，否则必将导致晶界开裂，这就要求各晶粒之间能协调变形，为此，每个晶粒必须能同时沿几个滑移系进行滑移，或在滑移的同时产生孪生变形，以保持材料的整体性。由于多晶体金属的塑性变形需要进行多系滑移，因而多晶体金属的应变硬化率比相同的单晶体金属高。

材料在应力作用下进入塑性变形阶段后，随着变形量的增大，形变应力不断提高的现象称为应变硬化或形变强化。应变硬化是材料阻止继续塑性变形的一种力学性能，绝大多数金属材料具有应变硬化的特性，这种特性在材料的加工和应用中具有十分重要的意义。

材料塑性的评价在工程上一般以光滑圆柱试样的拉伸伸长率和断面收缩率作为塑性性能指标。常用的伸长率指标包括最大应力下非比例伸长率、最大应力下总伸长率和断后伸长率，最常用的一种材料塑性指标是断后伸长率，指金属材料受外力（拉力）作用断裂时，试棒伸长的长度与原来长度的百分比。断面收缩率是指试样拉断后，缩颈处横截面积的最大缩减量与原始横截面积的百分比。

材料在一定条件下呈现非常大的伸长率（约 1000%）而不发生缩颈和断裂的现象称为超塑性。超塑性变形的伸长率比通常塑性变形的伸长率要高出 10 倍以上，并且基本不发生应变硬化。

1.7.3　强度

金属材料试样在拉伸时，当应力超过弹性极限，外力不增加（保持恒定）试样仍然继续伸长，或外力增加到一定数值时突然下降，随后，在外力不增加或上下波动的情况下试样可以继续伸长变形，这种现象称为材料在拉伸实验时的屈服现象。屈服是材料由弹性变形向弹-塑性变形过渡的明显标志，因此材料屈服时所对应的应力值就是材料抵抗起始塑性变形或产生微量塑性变形的能力，这一应力值称为材料的屈服强度或屈服点。影响材料屈服强度的主要因素包括晶体结构、晶界与亚结构、溶质元素、第二相、温度、应变速率与应力状态等。

抗拉强度是拉伸实验时，试样拉断过程中最大实验力所对应的应力。抗拉强度是材料最重要的力学性能指标之一，标志着材料在承受拉伸载荷时的实际承载能力。

扭转试验是在圆柱形试样的标距两端施加扭矩，这时在试样标距的两个截面间产生扭转角，根据扭矩和扭转角的变化可绘制成扭转图，同时可得到相应的应力-应变图，计算出材料的扭转强度。

弯曲强度是指材料在弯曲负荷作用下破裂或达到规定弯矩时能承受的最大应力，此应力为弯曲时的最大正应力。它反映了材料抗弯曲的能力，用来衡量材料的弯曲性能。横力弯曲时，弯矩随截面位置变化，一般情况下，最大正应力发生于弯矩最大的截面上，且离中性轴最远处。因此，最大正应力不仅与弯矩有关，还与截面形状和尺寸有关。

在压缩试验中，试样直至破裂（脆性材料）或产生屈服（非脆性材料）时所承受的最大压缩应力称为压缩强度。计算时采用的面积是试样的原始横截面积。在没有明显屈服点的场合，可以用预先设定的偏置屈服点的压应力来定义。压缩强度也是一个重要的力学量，它表征材料抵抗压缩载荷而不失效的能力。

在某些特殊情况下，如火箭、导弹上的零件工作时间很短，高温短时拉伸的力学性能数据具有重要的参考价值。高温短时拉伸试验主要测定材料在高于室温时的规定非比例伸长应力、屈服点、抗拉强度、断后延伸率及断面收缩率等性能指标。

1.7.4　硬度

硬度是衡量材料软硬程度的一种力学性能。硬度试验方法有十几种，不同试验方法测量的硬度值物理意义不同。较为常用的硬度测量方法包括布氏硬度、洛氏硬度、维氏硬度和显微维氏硬度。

布氏硬度的测定原理是用一定大小的载荷，把淬火钢球或硬质合金球压入试样表面，保持规定时间后卸除载荷，测量试样表面的残留压痕直径，单位压痕面积承受的平均压力即为布氏硬度，用符号 HB 表示。

洛氏硬度试验所用的压头为圆锥角 120° 的金刚石圆锥或直径为 1.588 mm、3.175 mm 的淬火钢球，通过测量压痕深度值的大小来表示材料的硬度值，用符号 HR 表示。

维氏硬度试验原理与布氏硬度基本相似，也是根据压痕单位面积所承受的载荷来计算硬度值的，所不同的是维氏硬度试验所用的压头是锥面夹角为136°的金刚石四棱锥体，用符号 HV 表示。

显微维氏硬度的试验原理与维氏硬度相同，只是采用不同的单位计量，主要用于测定各种组成相的硬度及研究金属化学成分、组织状态与性能的关系，仍用符号 HV 表示。

1.7.5 韧性

韧性表示材料在塑性变形和破裂过程中吸收能量的能力。韧性越好，发生脆性断裂的可能性越小。韧性可以用于表示材料受到使其发生形变的力时对折断的抵抗能力，其定义为材料在断裂前所能吸收的能量与体积的比值。

材料的冲击韧性是反映金属材料对外来冲击负荷的抵抗能力，一般由冲击韧性值和冲击功表示，通常使用冲击弯曲试验进行测定。

材料的断裂韧性是材料阻止宏观裂纹失稳扩展能力的度量，也是材料抵抗脆性破坏的韧性参数，通常使用断裂韧度来表示。

1.7.6 疲劳

疲劳破坏过程是材料内部薄弱区域的组织在变动应力作用下，逐渐发生变化和损伤累积、开裂，当裂纹扩展达到一定程度后发生突然断裂的过程，是一个从局部区域开始的损伤累积，最终引起整体破坏的过程。

疲劳破坏是循环应力引起的延时断裂，其断裂应力水平往往低于材料的抗拉强度，甚至低于其屈服强度。疲劳失效前的工作时间称为疲劳寿命，随循环应力不同而改变。

1.7.7 蠕变

材料在高温下力学行为的一个重要特点就是产生蠕变，是材料在长时间的恒温、恒载荷作用下缓慢地产生塑性变形的现象。由于这种变形而最后导致材料的断裂称为蠕变断裂。所谓温度的高度，是相对于材料的熔点而言，一般高于 0.4~0.5 倍熔点温度时称为高温。

严格地讲，蠕变可以发生在任何温度，在低温时，蠕变效应不明显，可以不予考虑；当温度高于 0.3 倍熔点温度时，蠕变效应较为显著，应考虑蠕变的影响。

1.8 有色金属结构材料与历史

结构材料是以力学性能为基础，以制造受力构件所用的材料；功能材料是利用物质的独特物理、化学性质或生物功能等形成的一类材料。金属结构材料的塑性加工在我国已有悠久的历史，早在南北朝以前就已掌握了兵器瘊子甲的冷锻工艺，宋朝以前就已掌握了拉拔制针的方法。

铜是人类最早发现的金属之一，也是人类最早开始使用的金属。考古学家在伊拉克北部发掘的由自然铜制造的铜珠，据推测已超过 1 万年；在埃及金字塔内发现的铜水管，距今已 4500 年。在我国，4000 多年前的夏朝已经开始使用红铜，即锻锤出来的天然铜。青铜是人类生产生活中最早大规模使用的金属材料之一，青铜器在古时被称为"金"或

"吉金"，是红铜与其他化学元素锡、铅等形成的合金，其铜锈呈青绿色。中国青铜器制作精美，在世界青铜器中享有极高的声誉和艺术价值，代表着中国多年青铜发展的高超技术与文化。

战国后期的《考工记》记载："金有六齐，六分其金而锡居一，谓之钟鼎之齐；五分其金而锡居一，谓之斧斤之齐；四分其金而锡居一，谓之戈戟之齐；三分其金而锡居一，谓之大刃之齐；五分其金而锡居二，谓之削杀矢之齐；金锡半，谓之鉴燧之齐。"在《考工记》中"齐"指合金中各种成分的配料量。而对其中铜锡比例的理解，目前学术界主要有两种看法，一种意见认为"金"指青铜，"六分其金而锡居一"意指将青铜合金六等分，铜占五份，锡占一份，铜锡配比为 5：1。其他依此类推。另一种意见认为"金"指纯铜，则"六分其金而锡居一"意指将青铜合金分为七等分，铜占六份而锡占一份，铜锡配比为 6：1，其他依此类推。而后者对于"金锡半，鉴燧之齐"的解释仍存在差异，或认为"金、锡各一半"，或认为"将青铜合金三等分，金二、锡一"。根据有关学者通过现代金属材料学的实验研究，钟鼎之齐与斧斤之齐均以第一种解释与所设计的含锡量相符。"戈戟之齐"则以第二种解释较符合；"大刃之齐"的两种解释含锡量均偏高；"削、杀矢之齐"的第二种解释较合适；"鉴燧之齐"以第二种解释的后者较合适。

《天工开物》由明代著名科学家宋应星初刊于 1637 年，共三卷十八篇，全书收录了农业、手工业，如机械、砖瓦、陶瓷、硫黄、烛、纸、兵器、火药、纺织、染色、制盐、采煤、榨油等生产技术。我国古代火法炼铜工艺包括焙烧后的矿石入炉，点火，启动鼓风设备，在冶炼中使矿石熔化，矿石在其他添加剂的催化下冶炼出铜；再向铜液中加入铅，铅提出铜中的银，铅沉入底部，脱去银的铜液在上部，达到获高纯度铜的目的。我国古代炼银采用的是"吹灰法"，这是一种分离银和铅的方法。银矿一般含银量很低，炼银的技术关键是如何把银富集起来。由于铅和银完全互溶，而且熔点较低，因此古代炼银时加入铅，使银溶于铅中，实现银的富集；然后吹以空气，使铅氧化，入炉灰中，使银分离出来。

铁的密度比铜低，强度和硬度比铜高、坚固耐磨，往往是用于制作比铜更轻便、高效、优质的工具、农具、生活器具、兵器的工程材料。在自然界中铁矿分布十分普遍，远比铜矿广泛，但获得铁的技术难度高于铜，因此随着冶铁技术的提升，铁器在一些领域中逐渐取代铜器。

1.9 有色金属产业

有色金属产业包括有色金属矿采选业和有色金属冶炼压延及加工业。2012—2023 年，中国有色金属产量逐年递增（见图1-2）。目前，我国已是世界有色金属产量第一大国。根据国家统计局数据显示，2023 年 10 种常用有色金属产量为 7469.8 万吨，按可比口径计算比上年增长 7.1%。其中，精炼铜产量 1299 万吨，同比增长 13.5%，电解铝产量 4159 万吨，同比增长 3.7%。铜材产量 2217.0 万吨，同比增长 4.9%；铝材产量 6303.4 万吨，同比增长 5.7%。

中国有色金属工业协会按月发布中国有色金属产业月度景气指数报告及铜、铝冶炼、铅锌、钨钼产业月度景气指数报告，按季度发布中国有色金属企业信心指数报告。有色金

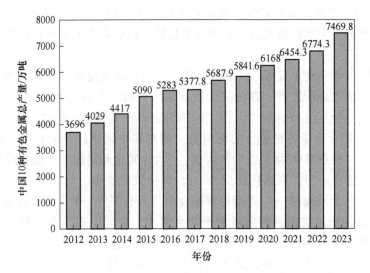

图 1-2　中国 10 种主要有色金属年产量

属产业先行合成指数用于判断有色金属产业经济运行的近期变化趋势，由 7 项指标构成，即伦敦期货交易所指数、货币供应量、家电产量、汽车产量、商品房销售面积、有色金属产业固定资产月投资额和有色金属产品进口额。有色金属产业一致合成指数反映当前有色金属产业经济的运行状况，由 5 项指标构成，即 10 种有色金属产量、发电量、规模以上有色金属企业主营业务收入、规模以上有色金属企业利润总额和有色金属产品出口额。有色金属产业滞后合成指数与一致合成指数一起主要用来监测经济变动的趋势，起到事后验证的作用，由 3 项指标构成，即规模以上有色金属企业职工人数、规模以上有色金属企业产成品资金（期末占用额）和规模以上有色金属企业流动资产平均余额。

复习思考题

1-1　什么是结构材料，结构材料与功能材料的区别是什么？

1-2　湿法冶金与火法冶金的异同是什么，用于结构材料的有色金属一般使用哪种方法冶炼？

1-3　有色金属的晶体缺陷主要有哪几种，各缺陷如何影响结构材料的性能？

1-4　有色金属结构材料的塑性加工方法有哪些？举例说明一种塑性加工方法的特点。

1-5　"双碳"经济对有色金属结构材料产业将产生哪些影响？

2 铝及铝合金

铝是地壳中分布最广、储量最多的金属元素之一，约占地壳总质量的 8.3%，仅次于氧和硅，居第三位，比铁（约占 5.1%）、镁（约占 2.1%）和钛（约占 0.6%）等金属的总和还多。铝及铝合金因具有密度低、比强度高、成型性好，导电导热优异、耐蚀可焊、可表面处理、循环利用率高等许多优势，是目前工业化应用最为广泛的有色金属材料，也是仅次于钢铁材料的第二大金属材料，广泛应用于航空航天、武器装备、轨道列车、汽车、船舶、电子产品、建筑、家具、食品、药品等许多领域，在国民经济中发挥着重要作用。

2.1 铝的发现与发展

在过去相当长的一段时间里，铝是十分罕见的，也是十分珍贵的。曾经有一段时期，铝是比黄金还贵重的金属。在法国皇帝拿破仑三世的宴会上，只有王室成员和贵族来宾才能荣幸地用铝匙和铝叉进餐，而地位较低的客人只能使用普通的金制和银制餐具。拿破仑三世为显示自己的富有和尊贵，还命人给他制造了一顶比黄金冠更名贵的王冠——铝王冠。

自然界里，铝矿资源非常丰富，因为铝比较活泼，很容易氧化，所以铝都是以氧化铝等化合物的形式存在，而氧化铝的熔点非常高，达到 2000 ℃以上，在冶炼技术不成熟的时代，人们只能望"铝"兴叹。古代，人们曾用一种称为明矾的矿物作染色固定剂。俄罗斯第一次生产明矾的年代可追溯到 8—9 世纪。明矾主要用于染色业和用山羊皮鞣制皮革。中世纪，在欧洲有好几家生产明矾的作坊。16 世纪，德国医生兼自然科学历史学家帕拉塞斯在铝的历史上写下了新的一页。他研究了许多物质和金属，其中也包括明矾，证实了它们是"某种矾土盐"。这种矾土盐的一种成分是当时还不知道的一种金属氧化物，后来称为氧化铝。

铝的发现是经历了一番波折的。铝最初是从明矾中发现的，在拉瓦锡开创了化学的定量研究之后，人们发现明矾中含有一种未知元素。1757 年，德国化学家马格拉夫成功分离出"矾土"，正是帕拉塞斯提到过的那种物质。自意大利物理学家伏打发明电池后，直到 1807 年，英国的戴维才把隐藏在明矾中的金属分离出来，用电解法发现了钾和钠，却没能够分解氧化铝。瑞典化学家贝采尼乌斯进行了类似的实验，但是失败了。不过，科学家还是给这种含糊不清的金属取了一个名字。1809 年，戴维给预想的金属取名为 alumium，后改为 aluminium。也就是说，在没提炼出纯铝时，铝就有了自己的名字。

1825 年，丹麦科学家奥斯特发表文章说，他提炼出一块金属，颜色和光泽有点像锡。他是将氯气通过红热的木炭和铝土（氧化铝）的混合物制得了氯化铝，然后让钾汞齐与氯化铝作用，得到了铝汞齐。将铝汞齐中的汞在隔绝空气的情况下蒸发，就得到了一种金属，即不纯的金属铝。因刊登文章的杂志不出名，奥斯特又忙于自己的电磁现象研究，这个实验就被忽视了。1827年，德国年轻的化学家维勒用金属钾还原无水氯化铝，制备出了一种灰色粉末，它就是金属铝。1827年末，维勒发表文章介绍了自己提炼铝的方法。当时，他提炼出来的铝是颗粒状的，大小没超过一个针头。但他坚持把实验进行下去，终于提炼出了一块致密的铝块，这个实验用了18年。此外，他还用相同的方法制得了金属铍。后来，人们默认把维勒当成是提炼铝的第一人。由于维勒是最初分离出金属铝的化学家，在美国威斯汀豪斯实验室曾经铸了一个铝制的维勒挂像。

1854年，法国科学家德维尔用钠还原$NaAlCl_4$络合盐，并于1855年在法国巴黎博览会上第一次展出了铝棒，引起了人们的极大关注，被称为"从黏土中提炼出的银子"，价格十分昂贵，等同于黄金，只限于制作专用奢侈品，1859年，法国第一次大规模生产了1.7 t铝，由于铝的冶炼技术复杂和生产成本非常高，因此发展速度十分缓慢。

1883年，法国科学家罗丁将一种通过在熔体中溶解并电解以还原金属氧化物的技术申请了专利，并发现合适的熔体是一种半透明的矿石——冰晶石。1886年，美国人霍尔和法国人艾鲁特在互不知情的情况下，几乎在同一时间都申请了同一项专利，其内容是采用一种碳质阳极对溶解于冰晶石熔体中的氧化铝进行分解。在首次试验中是采用电池及外部热源保持坩埚和熔体的温度，但1883年美国人布莱德利已了解到可能通过电流产生热量来保持熔体温度。12 kW直流电机的应用使艾鲁特在1887年对他专利的一个增补篇进行申请时得以清楚阐明电流的热效应。

1886年发明的用电解法从氧化铝提炼金属铝和1888年发明的用拜耳法从铝土矿生产氧化铝及直流电解生产技术的进步，为铝生产向工业规模发展奠定了基础。随着生产成本的下降，在美国、瑞士、英国相继建立了铝冶炼厂。到19世纪末铝的生产成本开始明显下降，铝已成为一种通用的金属。

铝的发展历史至今有200多年，而具有工业生产规模仅是20世纪初才开始的。20世纪初期，铝材的应用除了日常用品外，主要在交通运输工业上得到了使用。1901年，开始用铝板制造汽车车体；1903年，美国铝业公司把铝部件供给莱特兄弟制造小型飞机。此后，汽车发动机开始采用铝合金铸件，造船工业也开始采用铝合金厚板、型材和铸件。随着铝产量的增加和科学技术的进步，铝材在医药器械、铝印刷版及炼钢用的脱氧剂、包装容器等的应用也越来越广泛，大大刺激了铝工业的发展。1910年，世界铝产量增加到45000 t以上。20世纪20年代，铝的各种新产品得到不断发展，全世界范围开始大规模生产铝箔和其他新产品，如铝软管、铝家具、铝门窗和幕墙，同时铝制炊具及家用铝箔等也相继出现，使铝的普及化程度向前推进了一大步。

德国的维尔姆于1906年发明了硬铝合金（Al-Cu系合金），使铝的强度提高两倍，在第一次世界大战期间被大量应用于飞机制造和其他军火工业。此后又陆续开发了Al-Mn、Al-Mg、Al-Mg-Si、Al-Mg-Zn等不同成分和热处理状态的铝合金，这些合金具有不同的特性和功能，大大拓展了铝的用途，使铝在建筑工业、汽车、铁路、船舶及飞机制造等工业部门的应用得到迅速发展。第二次世界大战期间，铝工业在军事工业的强烈刺激下获得了高速增长，1943年，原铝总产量猛增到200万吨左右。第二次世界大战后，由于军需的锐减，1945年原铝总产量下降到100万吨，但由于各大铝业公司积极开发民用新产品，把铝材的应用逐步推广到建筑、电子电气、交通运输、日用五金、食品包装等各个领域，使铝的需求量逐年增加。20 世纪 80 年代初期，世界原铝产量已超过 1600 万吨，再生铝消费量达到 450 万吨。铝工业的生产规模和生产技术水平达到了相当高的水平。现如今，世界原铝产量已超过 6000 万吨，再生铝消费量已突破 1000 万吨。

2.2 铝的基本特性

2.2.1 基本性质

铝的晶体结构为面心立方（fcc），晶格常数 $a = 0.4049$ nm，铝的单胞及原子密排面（111）如图 2-1 所示。其单质是一种银白色轻金属，有延展性，商品常制成棒状、片状、箔状、粉状、带状和丝状。

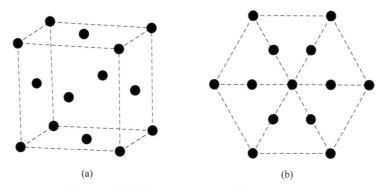

(a)   (b)

图 2-1 铝的单胞（a）和原子密排面（111）（b）

2.2.2 化学性质

铝是活泼金属，在干燥空气中铝的表面立即形成厚约 5 nm 的致密氧化膜，使铝不会进一步氧化并能耐水；但铝的粉末与空气混合极易燃烧；熔融的铝能与水猛烈反应；铝是两性的，极易溶于强碱，也能溶于稀酸。

2.2.3 物理性质

铝是元素周期表中第三周期主族元素，具有面心立方（fcc）晶体结构，无同位素异构转变。原子序数为 13，相对原子质量为 26.9815。表 2-1 列出了纯铝的主要物理性质。

表 2-1 纯铝的主要物理性质

性 质		高纯铝（$w(Al) = 99.996\%$）	工业纯铝（$w(Al) = 99.5\%$）
原子序数		13	13
相对原子质量		26.9815	26.9815
晶格常数（20 ℃）/m		4.0494×10^{-10}	4.04×10^{-10}
密度/kg·m^{-3}	20 ℃	2698	2710
	700 ℃	—	2373

性　　质		高纯铝（$w(Al)$ = 99.996%）	工业纯铝（$w(Al)$ = 99.5%）
熔点/℃		660.24	约 650
沸点/℃		2060	—
溶解热/J·kg^{-1}		3.961×10^5	3.894×10^5
燃烧热/J·kg^{-1}		3.094×10^7	3.108×10^7
凝固体积收缩率/%		—	6.6
质量热容（100 ℃）/J·(kg·K)$^{-1}$		934.92	964.74
热导率（25 ℃）/W·(m·K)$^{-1}$		235.2	222.6（O 状态）
线膨胀系数/K^{-1}	20~100 ℃	24.58×10^{-6}	23.5×10^{-6}
	100~300 ℃	25.45×10^{-6}	25.6×10^{-6}
弹性模量/MPa		—	70000
切变模量/MPa		—	2625
声音传播速度/m·s^{-1}		—	约 4900
电导率/S·m^{-1}		64.94	59（O 状态）
		—	57（H 状态）
电阻率（20 ℃）/μΩ·m		0.0267（O 状态）	0.02922（O 状态）
		—	0.3002（H 状态）
电阻温度系数（20 ℃）/μΩ·m·K^{-1}		0.1	0.1
体积磁化率		6.27×10^{-7}	6.27×10^{-7}
磁导率/H·m^{-1}		1.0×10^{-5}	1.0×10^{-5}
反射率/%	λ = 2500×10^{-10} m	—	87
	λ = 5000×10^{-10} m	—	90
	λ = 20000×10^{-10} m	—	97
折射率（白光）		—	0.78~1.48
吸收率（白光）		—	2.85~3.92

2.2.4　毒理性质

研究发现，铝元素能损害人的脑细胞。根据世界卫生组织的评估，规定铝的每日摄入量为 0~0.6 mg/kg，我国《食品添加剂使用标准》中规定，铝的残留量要不大于 100 mg/kg。铝在人体内是慢慢蓄积起来的，其引起的毒性缓慢且不易察觉，然而，一旦发生代谢紊乱的毒性反应，则后果非常严重。因此，在日常生活中要防止铝的吸收。

2.2.5　纯铝的力学性能

不同纯度铝的典型力学性能见表 2-2。一般来说，随着铝纯度的降低，其强度与硬度呈增加的趋势。

表 2-2　不同纯铝退火状态的典型力学性能

$w(Al)/\%$	R_m/MPa	$R_{p0.2}/MPa$	$A/\%$	τ/MPa	σ_{-1}/MPa	弹性模量 E/GPa
99.99	45	10	50	—	—	62
99.8	60	20	45	—	—	—
99.7	65	26	—	—	—	—
99.6	70	30	43	50	20	—
99.5	85	30	30	55	—	69

虽然大多数金属能与铝组成合金，但只有几种元素在铝中有较大的固溶度而成为常用的合金元素。部分元素在铝中的最大固溶度见表 2-3。

表 2-3　部分元素在铝中的最大固溶度

元素	温度/℃	最大固溶度 质量分数/%	最大固溶度 摩尔分数/%	元素	温度/℃	最大固溶度 质量分数/%	最大固溶度 摩尔分数/%
Ag	570	55.6	23.8	Li	600	4.0	13.9
Au	640	0.36	0.049	Mg	450	14.9	16.26
B	660	<0.001	<0.002	Mn	660	1.82	0.90
Be	645	0.036	0.188	Mo	660	0.25	0.056
Bi	660	<0.1	<0.01	Na	660	<0.003	<0.003
Ca	620	<0.1	<0.05	Nb	660	0.22	0.064
Cd	650	0.47	0.11	Ni	640	0.05	0.023
Co	660	<0.02	<0.01	Pb	660	0.15	0.02
Cr	660	0.77	0.40	Pd	615	<0.1	<0.02
Cu	550	5.67	2.48	Rh	660	<0.1	<0.02
Fe	655	0.052	0.025	Ru	660	<0.1	<0.02
Ga	30	20.0	8.82	Sb	660	<0.1	<0.02
Gd	640	<0.1	<0.01	Sc	660	0.38	0.23
Ge	425	6.0	2.30	Si	580	1.65	1.59
Hf	660	1.22	0.186	Sn	230	<0.01	<0.002
In	640	0.17	0.04	Sr	655	—	—
Th	635	<0.1	<0.01	V	665	0.6	0.32
Ti	665	1.00	0.57	Y	645	<0.1	<0.03
Tm	645	<0.1	<0.01	Zn	380	82.8	66.4
U	640	<0.1	<0.01	Zr	660	0.28	0.085

从表 2-3 可以看出，最大固溶度（摩尔分数）超过 1% 的元素有银、铜、镓、锗、锂、镁、硅和锌。其中银、镓、锗为稀贵金属，锂是铝中的一种很有前途的合金化元素，目前国内外已开发出一些有实用价值的 Al-Cu-Li 与 Al-Mg-Li 合金。但铜、镁、锌、硅为大量的普遍采用的添加元素，即合金化的基本元素。另外有一些元素，如过渡族元素锰、铬、

铁、锆及一些微量添加元素，在铝中的溶解度不是很大，但对铝合金的工艺性能或使用性能会产生明显的影响，因而也是值得重视的。铝是强度不高而塑性很好的金属，合金化的目的首先是提高强度。作为变形铝合金，在考虑强度的前提下，还应综合考虑加工性能、抗蚀性及其他特殊要求的性能。

2.2.6 铝的优势

铝的优势如下：

（1）密度小。纯铝的密度接近 2700 kg/m³，约为铁密度的 35%。

（2）可强化。纯铝的强度虽然不高，但通过冷加工可使其提高 1 倍以上，而且可通过添加镁、锌、铜、锰、硅、锂、钪、铬、锆等元素合金化，再经过热处理进一步强化，其比强度可与优质的合金钢媲美。

（3）易加工。铝可用任何一种铸造方法铸造。铝的塑性好，可轧成薄板和箔、拉成管材和细丝、挤压成各种复杂断面的型材，在大多数机床上可以最大速度进行车、洗、镗、刨等机械加工。

（4）耐腐蚀。铝及其合金的表面易生成一层致密、牢固的 Al_2O_3 保护膜。这层保护膜只有在卤素离子或碱离子的激烈作用下才会遭到破坏。因此，铝有很好的耐大气（包括工业性大气和海洋性大气）腐蚀能力，能抵抗多数酸和有机物的腐蚀；采用缓蚀剂可耐弱碱液腐蚀；采取相应保护措施，可提高铝合金的抗蚀性能。

（5）无低温脆性。铝在 0 ℃ 以下，随着温度的降低，强度和塑性不仅不会降低，反而会提高。

（6）导电、导热性能好。铝的导电、导热性能仅次于银、铜和金。室温时，电工铝的等体积电导率（IACS）可达 62%，若按单位质量导电能力计算，其导电能力为铜的 2 倍。

（7）反射性强。铝的抛光表面对白光的反射率达 80% 以上，纯度越高，反射率越高。同时，铝对红外线、紫外线、电磁波、热辐射等都有良好的反射性能。

（8）无磁性，冲击不生火花。这对于某些特殊用途十分可贵，如用作仪表材料、电气设备的屏蔽材料，以及易燃、易爆物生产器材等。

（9）有吸声性。吸声性对室内装饰有利，也可配制成阻尼减振合金。

（10）耐核辐射。铝对高能中子来说，具有与其他金属相同程度的中子吸收截面，对低能范围内的中子，其吸收截面小，仅次于铍、镁等金属。铝耐核辐射的最大优点是对照射生成的感应放射能衰减很快。

（11）美观。铝及其合金由于反射能力强，表面呈银白色光泽。经机加工后就可以达到很高的光洁度和光亮度。如果经阳极氧化和着色，不仅可以提高抗蚀性能，而且可以获得五颜六色、光彩夺目的制品。铝还可以电镀和覆盖陶瓷，也是生产涂漆材料的极好基体。

2.3 铝资源与冶炼

2.3.1 铝资源

铝土矿是金属铝的主要来源，由含铝矿物、含铁矿物（主要为赤铁矿和针铁矿）及少量硅酸盐、钛酸盐、硫酸盐和碳酸盐组成。世界铝土矿资源比较丰富，据统计，世界铝土矿资源量为 550 亿~750 亿吨。截至 2022 年，世界铝土矿已探明储量约为 310 亿吨，主要分布在非洲（32%）、大洋洲（23%）、南美及加勒比海地区（21%）、亚洲（18%）及其他地区（6%）。从国家分布来看，铝土矿主要分布在几内亚、澳大利亚、巴西、中国、希腊、圭亚那、印度、印尼、牙买加、哈萨克斯坦、俄罗斯、苏里南、委内瑞拉、越南及其他国家。其中几内亚（已探明铝土矿储量 74 亿吨）、澳大利亚（已探明铝土矿储量 65 亿吨）和巴西（已探明铝土矿出储量 26 亿吨）三国已探明储量约占全球铝土矿已探明总储量的 60%。

据自然资源部《中国矿产资源报告 2023》统计，我国铝土矿储量 6.8 亿吨，占全球铝土矿总储量的 2.2%。我国铝矿、铝矾土资源储量分布较为集中，主要分布在山西、贵州、广西和河南（山西 41.6%、贵州 17.1%、河南 16.7%、广西 15.5%），共计 90.9%；其余拥有铝土矿的 15 个省、自治区、直辖市的储量合计仅占全国总储量的 9.1%。

虽然铝在自然界的含量非常高，全球铝矿资源非常丰富，但是中国的铝矿资源较为贫乏，多数还是依赖进口。我国铝矿砂及其精矿进口数量较多，充分利用国外资源已成为保障中国铝土矿资源安全的必然选择。其中，2022 年中国铝土矿产量维持在 9000 万吨左右。2022 年中国铝土矿进口数量为 12547 万吨，占全世界总产量比例的 33%，出口数量为 4.69 万吨。

中国是世界上原铝产量最大的国家，产量占全球一半以上。据统计，2022 年中国电解铝产量 4021 万吨，占全球铝产量的 50% 以上。中国铝业是全球最大的氧化铝、电解铝、精细氧化铝、高纯铝和铝用阳极生产供应商。2022 年全球十大电解铝生产公司中，有 5 家中国企业，分别为中国中铝、宏桥集团、信发集团、国家电投、东方希望。铝的主产国有中国、德国、美国、澳大利亚、巴西、加拿大、挪威、印度、阿拉伯联合酋长国等；铝的主要消费国有日本、美国、中国；铝的主要进口国有美国、日本；铝的主要出口国有加拿大、俄罗斯、中国、墨西哥。

2.3.2 铝冶炼

铝在生产过程中由四个环节构成一个完整的产业链：铝矿石开采→氧化铝制取→电解铝冶炼→铝加工生产。生产金属铝（电解铝）的前提是生产氧化铝。世界上的氧化铝几乎都是用碱法生产的，包括拜耳法、烧结法和拜耳-烧结联合法，但以拜耳法为主。生产 1 t 金属铝需要 2 t 氧化铝。

工业上冶炼铝基本都采用电解法。电解法是以纯净的氧化铝为原料采用电解制铝，因纯净的氧化铝熔点高（约 2045 ℃），很难熔化，所以工业上都用熔化的冰晶石（Na_3AlF_6）作熔剂，使氧化铝在 1000 ℃ 左右溶解在液态的冰晶石中，成为冰晶石和氧化铝的熔融体，然后在电解槽中用炭块作阴阳两极进行电解。电解铝工艺流程图如图 2-2 所示。其电解的化学方程式为：

$$2Al_2O_3 \Longrightarrow 4Al + 3O_2 \uparrow$$

目前工业生产原铝的唯一方法是霍尔-埃鲁铝电解法。由美国的霍尔和法国的埃鲁于 1886 年发明。霍尔-埃鲁铝电解法是以氧化铝为原料、冰晶石（Na_3AlF_6）为熔剂组成的电

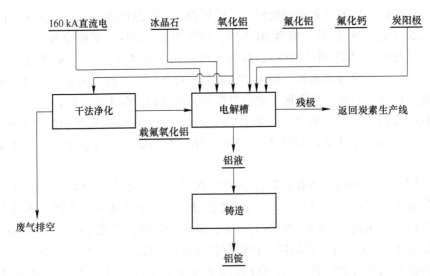

图 2-2　电解铝工艺流程图

解质，在 950~970 ℃的条件下通过电解的方法使电解质熔体中的氧化铝分解为铝和氧，铝在碳阴极以液相形式析出，氧在碳阳极上以二氧化碳气体的形式逸出。每生产 1 t 原铝，可产生 1.5 t 的二氧化碳，综合耗电为 15000 kW·h 左右。

　　工业铝电解槽大体可以分为侧插阳极自焙槽、上插阳极自焙槽和预焙阳极槽三类。由于自焙槽技术在电解过程中电耗高并且不利于对环境的保护，因此自焙槽技术正在被逐渐淘汰。必要时可以对电解得到的原铝进行精炼得到高纯铝。电解铝槽示意图和工厂现场图如图 2-3 所示。

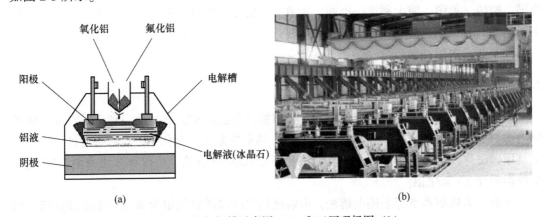

(a)　　　　　　　　　　　　　　　　　(b)

图 2-3　电解铝槽示意图（a）和工厂现场图（b）

2.4　铝与人体健康

　　铝对人体有较大的危害性。铝元素不仅非人体所需，而且对人体的危害十分可怕，世界卫生组织于 1989 年正式将铝确定为食品污染物，主要危害有：

　　(1) 人体中铝元素含量太高时，会影响肠道对磷、锶、铁、钙 等元素的吸收，可导致骨质疏松，容易发生骨折。

（2）体内铝过多对中枢神经系统、消化系统、脑、肝、骨、肾、细胞、造血系统、免疫功能等均有不良影响。

（3）铝在大脑和皮肤中沉积还会加快人体的整体衰老过程，特别明显地使皮肤弹性降低、皱纹增多。

（4）影响脑细胞功能，导致记忆力下降，思维迟钝，近年来发现老年痴呆症的出现也与平时过多摄入铝元素有关。

人体摄铝的主要途径有以下几个方面：

（1）食品。含铝的食品添加剂，常见的如油条中的明矾和苏打，发酵粉和膨松剂常用于蒸馒头、花卷、糕点、膨化小食品。在所监测的各类食物中，面粉对人体铝摄入量的贡献最大达到 44%；中国 7~14 岁儿童膳食铝摄入的主要来源是膨化食品。

（2）铝制品。铝锅、铝壶、铝盆等铝或铝合金制品，尤其是在炒菜时加上点醋调味，就更增加了铝的溶解。易拉罐装的饮料瓶中铝的含量也比较高。

（3）药品和饮用水等。食用明矾或其他铝盐做的净水剂、药物。

2.5　铝的合金化

纯铝的力学性能很低，工业化应用受到极大的限制。为了提高纯铝的强度，可以在铝中加入一些合金元素，产生固溶强化、第二相强化和细晶强化，以提高合金的综合力学性能。通过加工硬化、晶粒细化、外加颗粒弥散强化等多种方法的综合运用，铝的力学性能得到大幅度改善，但铝的合金化是实际应用中最基本、最常用，也是最重要的强化手段。在铝合金中，主要的合金化元素有 Cu、Mn、Si、Mg、Zn、Li、Sc、Cr、Zr、Ti 等。

2.5.1　Cu

铜是铝中重要的合金化元素，在铝中的固溶度为 5.65%，有一定的固溶强化作用。Al-Cu 合金经固溶淬火及人工时效后会析出弥散分布的纳米强化相（即 θ''/θ' 相（Al_2Cu 相）），能够产生显著的强化效果。一般认为，Cu 含量为 4%~6% 时，强化效果最高，且大部分 Al-Cu 合金系的铜含量都处于这个范围。铜含量较高的合金切削性能好。

2.5.2　Mn

锰是铝合金的重要合金化元素，可以单独加入形成二元 Al-Mn 合金（即 3××× 系铝合金），更多的是和其他合金元素一同加入，因而大多数铝合金都含有锰（高纯铝及高纯铝合金除外）。锰能阻止铝及其合金的再结晶过程，提高再结晶温度，并能显著细化再结晶晶粒。锰固溶于铝中，可提高再结晶温度 20~100 K，铝越纯，锰含量越高，作用越明显。对再结晶晶粒细化主要是通过 Al_6Mn 弥散质点对再结晶晶粒长大起阻碍作用而产生的。Al_6Mn 是与 Al-Mn 固溶体相平衡的相，它除了能提高合金的强度，细化再结晶晶粒外，另一重要作用是能与杂质铁形成 $Al_6(Fe,Mn)$ 相，减少铁的有害影响。同时 Al_6Mn 的电极电位与铝的电极电位相等（−0.85 V），所以对铝的抗蚀性能没有影响，故 Al-Mn 合金有与工业纯铝相当的抗蚀性。另外，Mn 会明显增大铝的电阻，所以用作电导体材料时应控制锰的含量。合金中锰含量过多时，会形成粗大、硬脆的 Al_6Mn 化合物，不利于合金的性能。

2.5.3 Si

Si 是纯铝锭中常见的杂质元素，铝及铝合金中都会含有一定的 Si。在 Al-Si 二元共晶温度为 577 ℃时，硅在固溶体中的最大溶解度为 1.65%。此外，Si 可以单独加入铝中形成二元 Al-Si 合金（即 4×××系铝合金），还可以与 Mg 同时加入铝中，形成 Al-Mg-Si 系合金（即 6×××系铝合金），这是一类重要的可热处理强化的铝合金，其强化相为 Mg_2Si 相，其镁与硅的质量比为 1.73∶1。在铝中添加硅元素能够提高合金的铸造性能、耐磨性和抗蚀性，同时降低了铸件的膨胀系数和热裂纹敏感性，因此，铸造铝合金中多使用 Al-Si 合金。变形铝合金中，Al-Si 合金一般用作焊接材料，Si 加入铝中也有一定的强化作用。

2.5.4 Mg

Mg 在铝中有较高的固溶度，可以产生明显的固溶强化作用，每增加 1%Mg，抗拉强度大约升高 34MPa。Mg 可以单独加入形成二元 Al-Mg 合金，含 Mg 量为 7%以下的合金在室温时稳定，一般变形铝合金 Mg 含量为 6%以下。与固溶体平衡的相为 Al_3Mg_2 相，其热处理强化作用不明显，故二元 Al-Mg 合金为不可热处理强化的合金。Al_3Mg_2 相的形态和分布对合金抗蚀性能有明显的影响，如果沿晶界呈链状分布，将造成晶间腐蚀和应力腐蚀开裂；如果呈弥散状态分布于晶内和晶界，则有利于合金的抗腐蚀性能。Cu 和 Mg 同时加入铝中可形成 Al-Cu-Mg 合金系列，这是变形铝合金中十分重要的一种可热处理强化合金，该合金有两个主要强化相，即 θ($CuAl_2$) 相和 S(Al_2CuMg) 相。

2.5.5 Zn

Zn 在铝中有较大的固溶度，275 ℃时在铝中的固溶度为 31.6%，125 ℃时其固溶度则下降到 5.6%。Zn 单独加入铝中，在变形条件下对合金强度的提高有限，同时有应力腐蚀开裂倾向，因而限制了它的应用。但 Zn 能提高 Al 的电极电位，Al-1% Zn 的合金可用作包覆铝或牺牲阳极铝。在 Al 中同时加入 Zn 和 Mg，能形成 $MgZn_2$ 相，具有明显的强化作用。$MgZn_2$ 含量从 0.5%提高到 12%时，可不断地增大抗拉强度和屈服强度。在 Al-Zn-Mg 合金的基础上加入 Cu，形成的 Al-Zn-Mg-Cu 系超高强铝合金，是铝合金中强度最高的合金系列。Al-Zn-Mg-Cu 系合金是重要的航空、航天铝合金。一般来说，当 Zn、Mg、Cu 总质量分数在 9%以上时，合金强度高，但合金的抗蚀性、成型性、可焊性、缺口敏感性、抗疲劳性能等均会降低；当总质量分数为 6%~8%范围内，合金能保持高的强度，且其他性能变好；当总质量分数为 5%~6%范围及以下，合金成型性能优良，应力腐蚀开裂敏感性基本消失。此外，降低杂质（主要是 Fe 和 Si）和气体含量，减小有利于裂纹扩展的金属间化合物的尺寸和数量，即使用高纯金属基体，可有效提高 Al-Zn-Mg-Cu 合金的断裂韧性。

2.5.6 Li

Li 是自然界中最轻的金属。Li 在铝中的最大溶解度为 4.2%，含少量 Li 的铝合金在时效过程中会沉淀均匀的共格相 δ′（Al_3Li 相）。Li 加入铝中，可大大提高合金的弹性模量同时降低密度。据报道，在铝中每添加 1% 的 Li，弹性模量约增大 6%，密度降低约 3%。同时 Al-Li 合金具有高比强、较好的抗蚀性能及低的裂纹扩展速率，因此对于飞机、空间飞行器和舰艇等都是极具吸引力的金属材料。近几年来，对 Al-Li 合金的强化机理、显微组织、性能改善和工艺改进等方面的研究都取得了很大进展，并已逐步在航空、航天领域推广应用。Al-Li 合金是国产大飞机 C919 的主要结构材料之一。

2.5.7 Sc

Sc 的原子序数为 21，属于过渡族元素和稀土元素。它在铝及铝合金中，既有稀土元素净化熔体和改善铸锭组织的作用，又有过渡元素细化晶粒、抑制再结晶的作用。Sc 是铝合金组织与性能改性最为有效的合金化元素，微量 Sc 的添加不仅能全面提高铝及铝合金的强度、韧性、耐热性、耐蚀性和可焊性，而且还有改善抗中子辐射损伤的作用。采用适量的 Sc 和正确的工艺，能使铝合金的再结晶温度提高到 450~550 ℃。Sc 在铝中的极限固溶度为 0.32%，时效时以 Al_3Sc 化合物形式弥散析出，且与基体保持完全共格。同时添加锆能形成 $Al_3(Sc, Zr)$ 相，不仅能完全保持 Al_3Sc 的作用，而且在加热时的聚集速度比 Al_3Sc 小得多，同时还减少了钪的用量。

2.5.8 Cr

Cr 为 Al-Mg 系、Al-Mg-Si 系、Al-Zn-Mg 系合金中常见的添加元素。Cr 在 660 ℃ 时铝中的溶解度约为 0.8%，室温时基本不溶解，主要以 $Al_7(Cr, Fe)$ 和 $Al_{12}(Cr, Mn)$ 等化合物存在，阻碍再结晶的形核和长大过程，对合金有一定的强化作用。另外，Cr 还能改善合金韧性和降低应力腐蚀开裂敏感性，但会增加淬火敏感性，Cr 使阳极氧化膜呈黄色。Cr 的添加量一般小于 0.35%，并随合金中过渡元素的增加而降低。微量 Cr 能明显降低铝的导电性能，故电工用铝应严格控制其含量。

2.5.9 Zr

Zr 也是铝合金的常用添加剂。一般情况下 Zr 的添加量为 0.1%~0.3%，Zr 与 Al 可形成 Al_3Zr 第二相，在热处理过程中能够阻碍再结晶，提高再结晶温度，细化再结晶晶粒。Zr 还能细化合金的凝固晶粒组织，但细化效果比钛要小。此外，Zr 与 Ti、B 同时存在时会产生"中毒"现象，降低 Ti 和 B 细化晶粒的效果，所以在熔炼含 Zr 的铝合金时，多采用 Al-Ti-C 晶粒细化剂，或者在线添加 Al-Ti-B 细化剂以消除或减弱"中毒"效果。在 Al-Zn-Mg-Cu 系合金中，由于 Zr 对淬火敏感性的影响比 Cr 和 Mn 的小，因此宜用 Zr 代替 Cr 和 Mn 对再结晶组织的细化作用。

2.5.10 Ti

Ti 是铝合金中常用的添加元素，主要作用是细化铸造组织和焊缝组织，减小凝固热裂倾向，提高材料力学性能，如果 Ti 和 B 一起加入，效果更为显著。Ti、B 比例（质量比）可在 5:1~100:1 范围内，一般以 Al-Ti 或 Al-Ti-B 中间合金形式加入。Ti 加入铝中形成 Al_3Ti，与熔体产生包晶反应而成为非自发核心，起到细化作用。

2.5.11　其他元素

Fe 除了在 Al-Cu-Mg-Ni-Fe、Al-Fe 系合金中作为主要合金元素外,在大多数其他变形铝合金中,Fe 和 Si 一样都是常见的杂质,不利于合金的性能。杂质 Fe 在铝合金中固溶度很小,多以 AlFe 杂质相的形式存在。Fe 和 Si 往往同时存在于铝中,当 Fe 含量大于 Si 含量时,形成 $\alpha\text{-}Al_8Fe_2Si$(或 $Al_{12}Fe_3Si$);当 Si 含量大于 Fe 含量时,形成 $\beta\text{-}Al_5FeSi$(或 $Al_9Fe_2Si_{12}$)。V 和 Ti 有相似的作用。V 加入铝及铝合金中生成 $Al_{11}V$ 难溶化合物,在熔炼和铸造过程中起细化晶粒的作用,但其效果比 Ti 和 Zr 的小。V 也有细化再结晶组织,提高再结晶温度的作用。Be 在变形铝合金中可改善氧化膜的结构,减少熔炼和铸造时的烧损和夹杂。Na 在铝中几乎不溶解,最大固溶度为 0.0025%,Na 熔点低(97.8 ℃),合金中存在 Na 时,凝固过程会吸附在枝晶表面或晶界;热加工时,晶界上的 Na 形成液态吸附层,产生脆性开裂,即所谓"钠脆"。稀土元素加入铝及铝合金中,有许多良好的作用,如在熔炼铸造时增加成分过冷,细化晶粒,可减小二次枝晶间距,减少气体和夹杂及球化夹杂相,降低熔体表面张力,增加流动性等,对工艺性能有着明显的影响。稀土元素钇、铈、钐可减小 Al-5Mg 合金的高温脆性,混合稀土可降低 Al-0.65%Mg-0.61%Si 合金 GP 区形成的临界温度。合金中含有镁时,能激活稀土的变质作用。

2.6　铝合金的分类与热处理

2.6.1　铝合金的分类

铝合金中常加入的元素为铜、锌、镁、硅、锰及稀土元素等,这些合金元素在固态铝中的溶解度一般都是有限的,所以铝合金的组织中除了形成铝基固溶体外,还会形成第二相。以铝为基的二元合金大多都以共晶相图结晶,如图 2-4 所示。加入的合金元素不同,

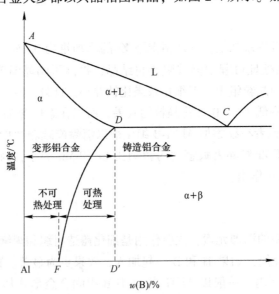

图 2-4　铝合金分类示意图

在铝基固溶体中的极限溶解度也不同，固溶度随温度变化及合金共晶点的位置也各不相同。根据成分和加工工艺特点，通常将铝合金分为变形铝合金和铸造铝合金。

2.6.1.1 变形铝合金的命名与分类

A 变形铝合金的命名

由图 2-4 可知，成分在 D 点以左的合金，当加热到固溶线以上时，可得到均匀的单相固溶体 α，由于该类合金塑性好，适宜压力加工，因而称为变形铝合金。常用的变形铝合金中，合金元素的总量（质量分数，下同）小于 5%，但在高强度变形铝合金中，合金元素的总量可达 8%~14%。变形铝合金是通过轧制、挤压等塑性成型方法通过外力使合金产生形变而成为不同形状尺寸、性能材料和制品的一类铝和铝合金。

国际上变形铝合金采用四位数字体系表示。我国在 1996 年也制定了《变形铝及铝合金牌号表示方法》（GB/T 16474）国家标准，表示方法与国际四位数牌号基本一致，只是四位数牌号的第二位（表示原始合金的改型情况）采用了字母而非数字，即原始合金由字母 A 表示，而国际四位数牌号则用 0 表示。现有变形铝合金一般按照主要合金元素分为 1~8 个系列（9 系为备用组），具体组别、牌号系列及典型合金牌号见表 2-4。

表 2-4　变形铝合金的牌号分类及典型牌号

组　　别	牌号系列	合金类别	典型牌号
纯铝（铝含量不小于 99.00%）	1×××	纯铝	1100、1060、1350
以 Cu 为主要合金元素	2×××	Al-Cu、Al-Cu-Mg、Al-Cu-Mg-Ag	2024、2524、2219
以 Mn 为主要合金元素	3×××	Al-Mn	3003、3004、3A21
以 Si 为主要合金元素	4×××	Al-Si	4032、4043、4047
以 Mg 为主要合金元素	5×××	Al-Mg	5052、5154、5083
以 Mg 和 Si 为主要合金元素	6×××	Al-Mg-Si、Al-Mg-Si-Cu	6063、6061、6082
以 Zn 为主要合金元素	7×××	Al-Zn、Al-Zn-Mg、Al-Zn-Mg-Cu	7005、7075、7050
以其他合金为主要合金元素	8×××	Al-Fe、Al-Li	8006、8011、8090
备用合金组	9×××	—	

a 纯铝的牌号命名法

铝含量不低于 99.00% 时为纯铝，其牌号用 1××× 系列表示。牌号的最后两位数字表示最低铝百分含量。当最低铝百分含量精确到 0.01% 时，牌号的最后两位数字就是最低铝百分含量中小数点后面的两位。牌号第二位的字母表示原始纯铝的改型情况。如果第二位的字母为 A，则表示为原始纯铝；如果是 B~Y 的其他字母（按国际规定用字母表的次序选用），则表示为原始纯铝的改型，与原始纯铝相比，其元素含量略有改变。

b 铝合金的牌号命名法

铝合金的牌号用 2×××~8××× 系列表示。牌号的最后两位数字没有特殊意义，仅用来区分同一组中不同的铝合金。牌号第二位的字母表示原始合金的改型情况。如果牌号第二位的字母是 A，则表示为原始合金；如果是 B~Y 的其他字母（按国际规定用字母表的次序选用），则表示为原始合金的改型合金。

B 变形铝合金的分类

变形铝合金根据固溶体成分随温度变化是否能通过热处理强化又可分为两类：不可热

处理强化的铝合金和可热处理强化的铝合金。

不能热处理强化的铝合金，即合金元素的含量小于图 2-4 中 F 点成分的合金，这类合金具有良好的抗蚀性能，又称为防锈铝。

可热处理强化的铝合金，即成分处于图 2-4 中 F 点与 D 点之间的合金，通过热处理能显著提高力学性能，这类合金包括 2×××系 Al-Cu 合金（也称为硬铝）、7×××系 Al-Zn-Mg (-Cu) 合金（即超硬铝）和 6×××系 Al-Mg-Si 合金（即锻铝）。

2.6.1.2　铸造铝合金的命名与分类

图 2-4 中成分在 D 点以右的合金为铸造铝合金，该类合金流动性好、热裂纹倾向小、铸造性能好，可进行各种形状复杂零件的铸造。合金成分位于共晶点的合金具有最佳的铸造性能，但同时合金组织中会出现大量硬而脆的第二相，使合金的脆性增加。因此，实际使用的铸造铝合金并非都是共晶合金，它与变形铝合金相比只是合金元素含量高一些，其合金元素总量为 8%~25%。铸造铝合金的力学性能不如变形铝合金，一般来说共晶成分的合金具有优良的铸造性能，但在实际使用中还要求铸件具备足够的力学性能。

铸造铝合金按主加合金元素的不同，可分为 Al-Si 系、Al-Cu 系、Al-Mg 系和 Al-Zn 系合金四类。铸造铝合金的代号用 ZL（铸铝的汉语拼音首字母）和三位数字表示。第一位数字表示合金类别（以 1、2、3、4 顺序号分别代表 Al-Si 系、Al-Cu 系、Al-Mg 系和 Al-Zn 系）；第二、三位数字表示合金顺序号。铸造铝合金的牌号分类及典型牌号见表 2-5。

表 2-5　铸造铝合金的牌号分类及典型牌号

组　　别	牌号系列	合金类别	典型牌号
以 Si 为主要合金元素	ZL1××	Al-Si、Al-Si-Mg、Al-Si-Cu	ZL101、ZL114A
以 Cu 为主要合金元素	ZL2××	Al-Cu、Al-Cu-Mg、Al-Cu-Si	ZL201、ZL205A
以 Mg 为主要合金元素	ZL3××	Al-Mg、Al-Mg-Si、Al-Mg-Zn	ZL301、ZL305
以 Zn 为主要合金元素	ZL4××	Al-Zn-Si、Al-Zn-Mg	ZL401、ZL402

2.6.2　铝合金的热处理

热处理是利用固态金属材料在加热、保温和冷却处理过程中发生相变，进而改善金属材料的组织和性能，使它具有所要求的力学性能和物理性能。这种将金属材料在一定介质或空气中加热到一定温度并在此温度下保持一定时间，然后以某种冷却速度冷却到室温，从而改变金属材料的组织和性能的方法称为热处理。

热处理是根据金属材料组织与温度间的变化规律来研究和改善产品质量和性能的变化规律。热处理方法与其他加工方法不同，它是在不改变工件尺寸和形状的条件下，赋予产品以一定的组织和性能，是"质"的改变。在机械制造和金属材料生产中，热处理是一项很重要且要求很严格的生产工序，也是充分发挥材料潜力的重要手段，因此，必须掌握各种热处理的基本原理和影响因素，才能正确制定生产工艺，解决生产中出现的有关问题，做到优质高产。

变形铝合金热处理的分类方法有两种，一种是按热处理过程中组织和相变的变化特点来分；另一种是按热处理目的或工序特点来分。在实际生产中，变形铝合金热处理通常是按热处理的目的或工序特点来分类的，没有统一的规定，不同的企业可能有不同的分类方法，铝合金材料加工企业最常用的几种热处理方法如图 2-5 所示。

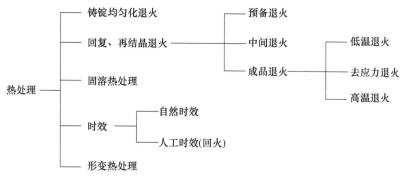

图 2-5 铝合金材料常用的集中热处理方法

热处理过程都是由加热、保温和冷却三个阶段组成的，分别介绍如下：

（1）加热。加热包括升温速度和加热温度两个参数。由于铝合金的导热性和塑性都较好，可以采用较快的速度升温，这不仅可提高生产效率，而且有利于提高产品质量。热处理加热温度要严格控制，必须遵守工艺规程的规定，尤其是淬火和时效时的加热温度要求更为严格。

（2）保温。保温是指金属材料在加热温度下停留的时间，其停留的时间以使金属表面和中心部位的温度相一致，以及合金的组织发生变化为宜。保温时间的长短与很多因素有关，如制品的厚薄、堆放方式及紧密程度、加热方式和热处理以前金属的变形程度等都有直接影响。在生产中往往是根据实验来确定保温时间。

（3）冷却。冷却是指加热保温后，金属材料的冷却，不同热处理的冷却速度是不相同的。如淬火要求快的冷却速度，而具有相变的合金退火则要求慢的冷却速度。

2.6.2.1 铸锭均匀化退火

铸锭均匀化退火是把化学成分复杂、快速非平衡结晶和塑性不好的铸锭加热到接近熔点的温度并长时间保温，使合金原子充分扩散，以消除化学成分和组织上的不均匀性，提高铸锭的塑性变形能力。这种退火的特点是组织和性能的变化是不可逆的，只能朝平衡方向转变。图 2-6 为 5356 铝合金经均匀化热处理前后的金相组织对比图，可以看出合金经均匀化热处理后，枝晶组织消除。

2.6.2.2 回复、再结晶退火

回复、再结晶退火是以回复和再结晶现象为基础。冷变形的纯金属和没有相变的合金为了恢复塑性而进行的退火就属于这类退火。再结晶退火过程中，由于回复和再结晶的结果导致合金的强度降低、塑性提高，消除了内应力，恢复了塑性变形能力。这种退火一般只需制定最高加热温度和保温时间，加热和冷却速度可以不考虑。回复、再结晶退火的特点是组织和性能为单向不可逆变化。

（1）预备退火。预备退火是指热轧板坯退火。热轧温度降低到一定温度后，合金即产生加工硬化和部分淬火效应，不进行退火则塑性变形能力低，不易于进行冷变形。这种退火可属于相变再结晶退火，主要是消除加工硬化和部分时效硬化效应，给冷轧提供必要的塑性。

图2-6 5356铝合金经均匀化热处理前（a）和退火后（b）的金相组织

（2）中间退火。中间退火是指两次冷变形之间的退火，目的是消除冷作硬化或时效的影响，得到充分的冷变形能力。

（3）成品退火。成品退火是指出厂前的最后一次退火。如生产软状态的产品，可在再结晶温度以上进行退火，这种退火称为高温退火，其退火制度可以与中间退火制度基本相同。如生产半硬状态的产品，则在再结晶开始和终了温度之间进行退火，以得到强度较高和塑性较低并符合性能要求的半硬产品，这种退火称为低温退火。还有一种在再结晶温度以下进行的退火，目的是利用回复现象消除产品的内应力，并获得半硬产品，称为去应力退火。

2.6.2.3 固溶热处理

固溶热处理又称为淬火，对第二相在基体相中的固溶度随温度降低而显著减小的合金，可将它们加热至第二相能全部或最大限度地溶入固溶体的温度，保持一定时间，以快于第二相自固溶体中析出的速度冷却。固溶处理的目的是获得在室温下不稳定的过饱和固溶体或亚稳定的过渡组织。固溶处理是可热处理强化铝合金热处理的第一步，随后应进行第二步时效，合金即可得到显著强化。典型铝合金的固溶热处理工艺见表2-6。

表2-6 典型铝合金的固溶热处理工艺

合金牌号	铸棒规格 /mm	制品类型	加热定温 /℃	加热时间 /h	保温温度 /℃	保温时间 /h	总均热时间 /h
6063	φ250~400	型、棒	550±15	7	530~540	9	16
6061	φ250~400	型、棒	540±10	7	525~535	9	16
6082	φ250~400	型、棒	540±10	7	525~535	9	16
6070	φ250~400	型、棒	530~540	7	525~535	9	16
6005	φ250~400	型、棒	550~570	7	540~550	9	16
7005	φ250~400	型、棒	490~495	7	460~465	13	20
2024	φ250~400	型、棒	510~520	7	480~490	7	14
6060	φ250~400	型、棒	550±15	7	530~540	9	16
2011	φ250~400	型、棒	520~525	7	480~490	7	14

2.6.2.4 时效

固溶处理后获得的过饱和固溶体处于不平衡状态，因而有发生分解和析出过剩溶质原子（呈第二相形式析出）的自发趋势，有的合金在常温下即开始进行析出，但由于温度低只能完成析出的初始阶段，这种处理称为自然时效。有的合金则需要在高于常温的某一特定温度下保持一定时间，使原子活动能力增大后才开始析出，这种处理称为人工时效。

2.6.2.5 形变热处理

形变热处理也称热机械处理，是一种把塑性变形和热处理联合进行的工艺，其目的是改善过度析出相的分布及合金的精细结构，以获得较高的强度、韧性（包括断裂韧性）及抗蚀性。

以上热处理过程是以单一现象为基础的，但实际上，许多热处理过程都是由几种现象组成的，并且存在着复杂的交互作用。如冷轧高强铝合金板材的退火，就同时发生再结晶和强化相的溶解析出过程，而铝合金的淬火过程也同时是一个再结晶过程。尽管如此，上述的分类方法在分析热处理过程发生的组织变化方面还是很方便的。

2.6.3 变形铝及铝合金的状态代号

中国变形铝及铝合金状态代号及表示方法根据 GB/T 16475—2023 标准规定，基础状态代号用一个英文大写字母表示，细分状态代号采用基础状态代号后跟一位或多位阿拉伯数字的方法表示。

2.6.3.1 基础状态代号

基础状态代号分为 5 种，见表 2-7。

表 2-7 基础状态代号

代号	名　　称	说明与应用
F	自由加工状态	适用于在成型过程中，对于加工硬化和热处理条件无特殊要求的产品，该状态产品的力学性能不做规定
O	退火状态	适用于经完全退火获得最低强度的产品状态
H	加工硬化状态	适用于通过加工硬化提高强度的产品，产品在加工硬化后可经过（也可不经过）使强度有所降低的附加热处理。H 代号后面必须跟有两位或三位阿拉伯数字
W	固溶热处理状态	一种不稳定状态，仅适用于经固溶热处理后，室温下自然时效的合金，该状态代号仅表示产品处于自然时效阶段
T	热处理状态（不同于 F、O、H 状态）	适用于热处理后，经过（或不经过）加工硬化达到稳定的状态，该状态仅适用于可热处理强化合金

2.6.3.2 细分状态代号

H（加工硬化）的细分状态，即在字母 H 后面添加两位阿拉伯数字（称为 H××状态）或三位阿拉伯数字（称为 H×××状态）。

H 后面的第一位数字表示获得该状态的基本处理程序，例如：

H1——单纯加工硬化状态。H1 适用于未经附加热处理，只经加工硬化即获得所需强度的状态。

H2——加工硬化及不完全退火的状态。H2 适用于加工硬化程度超过成品规定要求后，经不完全退火，使强度降低到规定指标的产品。对于室温下自然时效软化的合金，H2 与对应的 H3 具有相同的最小极限抗拉强度值；对于其他合金，H2 与对应的 H1 具有相同的最小极限抗拉强度值，但伸长率比 H1 稍高。

H3——加工硬化及稳定化处理的状态。H3 适用于加工硬化后经低温热处理或加工过程中受热作用致使其力学性能达到稳定的产品。H3 状态仅适用于在室温下逐渐时效软化（除非经稳定化处理）的合金。

H4——加工硬化及涂漆处理的状态。H4 适用于加工硬化后，经涂漆处理导致不完全退火的产品。

H 后面的第二位数字表示产品的加工硬化程度，数字 8 表示硬状态。通常采用 O 状态的最小抗拉强度与表 2-8 规定的强度差值之和来规定 H×8 状态的最小抗拉强度值。对于 O（退火）和 H×8 状态之间的状态，应在 H× 代号后分别添加 1~7 的数字来表示，在 H× 后添加数字 9 表示比 H×8 加工硬化程度更大的超硬状态。各种 H×× 细分状态代号及对应的加工硬化程度见表 2-9。

表 2-8　H×8 状态与 O 状态的最小抗拉强度的差值

O 状态的最小抗拉强度 /MPa	H×8 状态与 O 状态的最小抗拉强度插值/MPa	O 状态的最小抗拉强度 /MPa	H×8 状态与 O 状态的最小抗拉强度插值/MPa
≤40	55	165~200	100
45~60	65	205~240	105
65~80	75	245~280	110
85~100	85	285~320	115
105~120	90	≥325	120
125~160	95		

表 2-9　H×× 细分状态代号与加工硬化程度

细分状态代号	加工硬化程度
H×1	抗拉强度极限为 O 与 H×2 状态的中间值
H×2	抗拉强度极限为 O 与 H×4 状态的中间值
H×3	抗拉强度极限为 H×2 与 H×4 状态的中间值
H×4	抗拉强度极限为 O 与 H×8 状态的中间值
H×5	抗拉强度极限为 H×4 与 H×6 状态的中间值
H×6	抗拉强度极限为 H×4 与 H×8 状态的中间值
H×7	抗拉强度极限为 H×6 与 H×8 状态的中间值
H×8	硬状态
H×9	超硬状态，最小抗拉强度极限值超 H×8 状态至少 10 MPa

注：当按表中确定的 H×1~H×9 状态抗拉强度极限值不是以 0 或 5 结尾时，应修正至以 0 或 5 结尾的相邻较大值。

H×××状态代号表示如下：

H111——适用于终退火后又进行了适量的加工硬化，但加工硬化程度又不及 H11 状态的产品。

H112——适用于热加工成型的产品。该状态产品的力学性能有规定要求。

H116——适用于 $w(Mg) \geqslant 4.0\%$ 的 5××× 系合金制成的产品。这些产品具有规定的力学性能和抗剥落腐蚀性能要求。

T 的细分状态即在字母 T 后面添加一位或多位阿拉伯数字表示 T 的细分状态。

T× 状态即在 T 后面添加 0~10 的阿拉伯数字,T 后面的数字表示对产品的基本处理程序,具体见表 2-10。

表 2-10 T× 细分状态代号说明与应用

状态代号	说明与应用
T0	固溶热处理后,经自然时效再通过冷加工的状态。适用于经冷加工提高强度的产品
T1	由高温成型过程冷却,然后自然时效至基本稳定的状态。适用于由高温成型过程冷却后,不再进行冷加工(可进行矫直、矫平,但不影响力学性能极限)的产品
T2	由高温成型过程冷却,经冷加工后自然时效至基本稳定的状态。适用于由高温成型过程冷却后,进行冷加工或矫直、矫平以提高强度的产品
T3	固溶热处理后进行冷加工,再经自然时效至基本稳定的状态。适用于在固溶热处理后,进行冷加工或矫直、矫平以提高强度的产品
T4	固溶热处理后自然时效至基本稳定的状态。适用于固溶热处理后,不再进行冷加工(可进行矫直、矫平,但不影响力学性能极限)的产品
T5	由高温成型过程冷却,然后进行人工时效的状态。适用于由高温成型过程冷却后,不经过冷加工(可进行矫直、矫平,但不影响力学性能极限),予以人工时效的产品
T6	固溶热处理后进行人工时效的状态。适用于固溶热处理后,不再进行冷加工(可进行矫直、矫平,但不影响力学性能极限)的产品
T7	固溶热处理后进行过时效的状态。适用于固溶热处理后,为获取某些重要特性,在人工时效时,强度在时效曲线上越过了最高峰点的产品
T8	固溶热处理后经冷加工,然后进行人工时效的状态。适用于经冷加工或矫直、矫平以提高强度的产品
T9	固溶热处理后人工时效,然后进行冷加工的状态。适用于经冷加工提高强度的产品
T10	由高温成型过程冷却后,进行冷加工,然后人工时效的状态。适用于经冷加工或矫直、矫平以提高强度的产品

注:某些 6××× 系合金,无论是炉内固溶热处理,还是从高温成型过程急冷以保留可溶性组分在固溶体中,均能达到相同的固溶热处理效果,这些合金的 T3~T9 状态可采用上述两种。

T×× 状态及 T××× 状态(消除应力状态除外),即在 T× 状态代号后面再添加一位阿拉伯数字(称为 T×× 状态)或两位阿拉伯数字(称为 T××× 状态),表示经过了明显改变产品特性(如力学性能、抗腐蚀性能等)的特定工艺处理的状态,细分代号说明及应用见表 2-11。

表 2-11 T×× 状态及 T××× 状态细分代号说明与应用

状态代号	说明与应用
T42	适用于自 O 或 F 状态固溶热处理后,自然时效到充分稳定状态的产品,也适用于需方任何状态的加工产品热处理后,力学性能达到 T42 状态的产品

状态代号	说明与应用
T62	适用于自 O 或 F 状态固溶热处理后，进行人工时效的产品，也适用于需方对任何状态的加工产品热处理后，力学性能达到 T62 状态的产品
T73	适用于固溶热处理后，经过时效以达到规定的力学性能和抗应力腐蚀性能指标的产品
T74	与 T73 状态定义相同。该状态的抗拉强度大于 T73 状态，但小于 T76 状态
T76	与 T73 状态定义相同。该状态的抗拉强度分别高于 T73、T74 状态，抗应力腐蚀断裂性能分别低于 T73、T74 状态，但其抗剥落腐蚀性能仍较好
T7×2	适用于自 O 或 F 状态固溶热处理后，进行人工过时效处理，力学性能及抗腐蚀性能达到 T7×状态的产品
T81	适用于固溶热处理后，经 1%左右的冷加工变形提高强度，然后进行人工时效的产品

消除应力状态，即在上述 T×或 T××或 T×××状态代号后面再添加"51""510""511""54"，表示经历了消除应力处理的产品状态代号，具体说明与应用见表 2-12。

表 2-12　消除应力状态代号说明与应用

状态代号	说明与应用
T×51、T××51、T×××51	适用于固溶热处理或自高温成型过程冷却后，按规定量进行拉伸的厚板、轧制或冷精整的棒材及模锻件、锻环或轧制环，这些产品拉伸后不再进行矫直。厚板的永久变形量为 1.5%~3%；轧制或冷精整棒材的永久变形量为 1%~3%；模锻件、锻环或轧制环的永变形为 1%~5%
T×510、T××510、T×××510	适用于固溶热处理或自高温成型过程冷却后，按规定量进行拉伸的挤制棒、型和管材，以及拉制管材，这些产品拉伸后不再进行矫直。挤制棒、型和管材的永久变形量为 1%~3%；拉制管材的永久变形量为 1.5%~3%
T×511、T××511、T×××511	适用于固溶热处理或自高温成型过程冷却后，按规定量进行拉伸的挤制棒、型和管材，以及拉制管材，这些产品拉伸后略微矫直以符合标准公差。挤制棒、型和管材的永久变形量为 1%~3%；拉制管材的永久变形量为 1.5%~3%
T×52、T××52、T×××52	适用于固溶热处理或高温成型过程冷却后，通过压缩来消除应力，以产生 1%~5%的永久变形量的产品
T×54、T××54、T×××54	适用于在终锻模内通过冷整形来消除应力的模锻件

W 的消除应力状态表示方法同 T 的消除应力状态代号表示方法，即在 W 状态代号后面添加相同的数字（如 51、52、54），以表示不稳定的固溶热处理及消除应力状态。

原状态代号与新状态代号的对照见表 2-13。

表 2-13　原状态代号与新状态代号对照

旧代号	新代号	旧代号	新代号	旧代号	新代号
M	O	T	H×9	MCS	T62
R	H112 或 F	CZ	T4	MCZ	T42
Y	H×8	CS	T6	CGS1	T73
Y1	H×6	CYS	T×51、T×52 等	CGS2	T76

旧代号	新代号	旧代号	新代号	旧代号	新代号
Y2	H×4	CZY	T0	CGS3	T74
Y4	H×2	CSY	T9	RCS	T5

注：原以 R 状态交货，提供 CZ、CS 试样性能的产品，其状态可分别对应新代号 T42、T62。

铝及铝合金塑性成型方法很多，分类标准也不统一，目前最常见的是按工件在加工时的温度特征和工件在变形过程中的应力–应变状态来进行分类。

2.7 铝及铝合金的塑性加工技术

2.7.1 按加工时的温度特征分类

按工件在加工过程中的温度特征，铝及铝合金加工方法可分为热加工、冷加工和温加工。

2.7.1.1 热加工

热加工是指铝及铝合金锭坯在再结晶温度以上所完成的塑性成型过程。热加工时，锭坯的塑性较高，而变形抗力较低，可以用吨位较小的设备生产变形量较大的产品。为了保证产品的组织性能，应严格控制工件的加热温度、变形温度与变形速度、变形程度及变形终了温度和变形后的冷却速度。常见的铝合金热加工方法有热挤压、热轧制、热锻压、热顶锻、液体模锻、半固态成型、连续铸轧、连铸连轧、连铸连挤等。

2.7.1.2 冷加工

冷加工是指在不产生回复和再结晶温度以下所完成的塑性成型过程。冷加工的实质是冷加工和中间退火的组合工艺过程，冷加工可得到表面光洁、尺寸精确、组织性能良好且能满足不同性能要求的最终产品。最常见的冷加工方法有冷挤压、冷顶锻、管材冷轧、冷拉拔、板带箔冷轧、冷冲压、冷弯、旋压等。

2.7.1.3 温加工

温加工是指介于冷、热加工之间的塑性成型过程。温加工大多是为了降低金属的变形抗力和提高金属的塑性性能（加工性）所采用的一种加工方式，最常见的温加工方法有温挤、温轧、温顶锻等。

2.7.2 按变形过程的应力–应变状态分类

按工件在变形过程中的受力与变形方式（应力–应变状态）铝及铝合金加工可分为轧制、挤压、拉拔、锻造、成型加工（如冷冲压、冷弯、深冲等）及深度加工等，如图 2-7所示。图 2-8 为部分加工方法的变形力学简图。

铝及铝合金通过熔炼和铸造生产出铸坯锭，作为塑性加工的坯料，铸锭内部结晶组织粗大而且很不均匀，从断面上看可分为细晶粒带、柱状晶粒带和粗大的等轴晶粒带，如图 2-9 所示。铸锭本身的强度较低，塑性较差，在很多情况下不能满足使用要求。因此，在大多数情况下，铸锭都要进行塑性加工变形，以改变其断面的形状和尺寸，改善其组织与

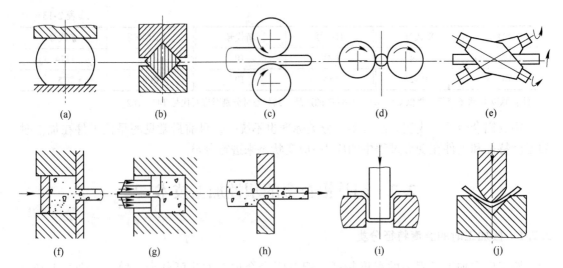

图 2-7   铝加工按工作的受力和变形方式的分类

（a）自由锻造；（b）模锻；（c）纵轧；（d）横轧；（e）斜轧；（f）正向挤压；（g）反向挤压；
（h）拉拔；（i）冲压；（j）弯曲

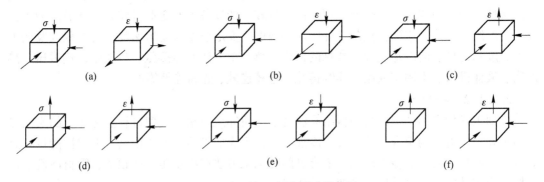

图 2-8   主要加工的变形力学简图

（a）平辊轧制；（b）自由锻造；（c）挤压；（d）拉拔；（e）静力拉伸；（f）在无宽展模压中锻造或平辊轧制宽板

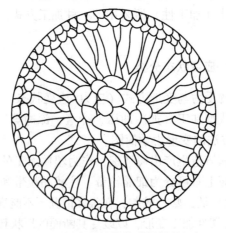

图 2-9   铝合金铸锭的内部结晶组织

性能。为了获得高质量的铝材，铸锭在熔铸过程中必须进行化学成分纯化、熔体净化、晶粒细化、组织性能均匀化，以确保高的冶金质量。

2.7.2.1 轧制

轧制是锭坯依靠摩擦力被拉进旋转的轧辊间，借助于轧辊施加的压力，使其横断面减小，形状改变，厚度变薄而长度增加的一种塑性变形过程。根据轧辊旋转方向不同，轧制又可分为纵轧、横轧和斜轧。纵轧时，工作轧辊的转动方向相反，轧件的纵轴线与轧辊的轴线相互垂直，是铝合金板、带、箔材平辊轧制中最常用的方法；横轧时，工作轧辊的转动方向相同，轧件的纵轴线与轧辊轴线相互平行，在铝合金板带材轧制中很少使用；斜轧时，工作轧辊的转动方向相同，轧件的纵轴线与轧辊轴线呈一定的倾斜角度。在生产铝合金管材和某些异型产品时常用双辊或多辊斜轧。根据辊系不同，铝合金轧制可分为两辊系（一对）轧制、多辊系轧制和特殊辊系（如行星式轧制、V 形轧制等）轧制。根据轧辊形状不同，铝合金轧制可分为平辊轧制和孔型辊轧制等。根据产品品种不同，铝合金轧制又可分为板、带、箔材轧制、棒材、扁条和异型型材轧制，管材和空心型材轧制等。

在实际生产中，目前世界上绝大多数企业是用一对平辊纵向轧制铝及铝合金板、带、箔材。铝合金板带材生产可以分为以下几种：

（1）按轧制温度可分为热轧、中温轧制和冷轧；

（2）按生产方式可分为块片式轧制和带式轧制；

（3）按轧机排列方式可分为单机架轧制、多机架半连续轧制、连续轧制、连铸连轧和连续铸轧等。

在生产实践中，可根据产品的合金、品种、规格、用途、数量与质量要求，市场需求及设备配置与国情等条件选择合适的生产方法。

冷轧主要用于生产铝及铝合金薄板、特薄板和铝箔毛料，一般用单机架多道次的方法生产，但近年来，为了提高生产效率和产品质量，出现了多机架连续冷轧的生产方法。

热轧用于生产热轧厚板、特厚板及拉伸厚板，但更多的是用于热轧开坯，为冷轧提供高质的毛料。用热轧开坯生产毛料的优点是生产效率高、宽度大、组织性能优良，可作为高性能特薄板（如易拉罐板、PS 版基和汽车车身深冲板及航空航天用板带材等）的冷轧坯料，但设备投资大、占地面积大、工序较多且生产周期较长。目前国内外铝及铝合金热轧与热轧开坯的主要方法有两辊单机架轧制、四辊单机架单卷取轧制、四辊单机架双卷取轧制、四辊两机架（热粗轧+热精轧，简称 1+1）轧制、四辊多机架（1+2、1+3、1+4、1+5 等）热连轧等。

为了降低成本，节省投资和占地面积，对于普通用途的冷轧板带材用毛料和铝箔毛料，国内外广泛采用连铸连轧法和连续铸轧法等方法进行生产。

铝箔的生产方法可以分为以下几种：

（1）叠轧法。叠轧法采用多层块式叠轧的方法来生产铝箔，是一种比较落后的方法，仅能生产厚度为 0.01~0.02 mm 的铝箔，轧出的铝箔长度有限，生产效率很低，除了个别特殊产品外，目前很少采用。

（2）带式轧制法。带式轧制法采用大卷径铝箔毛料连续轧制铝箔，是目前铝箔生产的主要方法。现代化铝箔轧机的轧制速度可达 2500 m/min，轧出的铝箔表面质量好，厚度均匀，生产效率高。一般在最后的轧制道次采用双合轧制，可生产宽度达 2200 mm、最薄厚度可达 0.004 mm、卷重达 20 t 以上的高质量铝箔。根据铝箔的品种、性能和用途，大卷铝箔可分切成不同宽度和不同卷重的小卷铝箔。

（3）沉积法。沉积法在真空条件下可使铝变成铝蒸气，然后沉积在塑料薄膜上形成一层厚度很薄（最薄可达 0.004 mm）的铝膜，这是最近几年发展起来的一种铝箔生产新方法。

（4）喷粉法。喷粉法是将铝制成不同粒度的铝粉，然后均匀地喷射到某种载体而形成一层极薄的铝膜，这也是近年来开发成功的新方法。轧制铝箔所用的毛料有两种，一种是用热轧开坯后经冷轧所制成的 0.3~0.5 mm 的铝带卷；另一种是采用连铸连轧或连续铸轧所获得铸轧卷经冷轧后，加工成 0.5 mm 左右的铝带卷。

由轧制工艺生产铝合金板、带、箔材是变形铝合金的主要产品之一，据统计，2023 年铝合金板、带、箔材产量为 1860 万吨，其部分板、带、箔材产品产量见表 2-14。

表 2-14　2023 年中国部分铝板、带、箔材产品产量

序号	产品名称	产量/万吨	增幅/%
1	铝箔坯料	580	1.7
2	建筑装饰板材	220	2.3
3	易拉罐/盖料	180	5.3
4	印刷版板基	48	2.1
5	汽车车身薄板	45	28.6
6	包装及容器箔	225	8.2
7	空调箔	115	12.7
8	电子箔	9	28.6
9	电池箔	36	7.8

2.7.2.2　挤压

挤压是将锭坯装入挤压筒中，通过挤压轴对金属施加压力，使其从给定形状和尺寸的模孔中挤出，产生塑性变形而获得所要求的挤压产品的一种加工方法。按挤压时金属流动方向不同，挤压又可分为正向挤压法、反向挤压法和联合挤压法。正向挤压时，挤压轴的运动方向和挤出金属的流动方向一致，而反向挤压时，挤压轴的运动方向与挤出金属的流动方向相反，如图 2-10 所示。按锭坯的加热温度，挤压可分为热挤压、冷挤压和温挤压。热挤压是将锭坯加热到再结晶温度以上进行挤压，冷挤压是在室温下进行挤压，温挤压处于两者之间。铝合金挤压型材是变形铝合金的主要产品之一，据统计 2023 年铝合金挤压型材产量为 2340 万吨，其部分工业铝挤压型材产品产量见表 2-15。

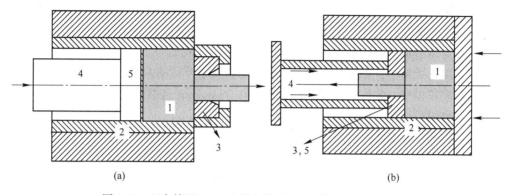

图 2-10　正向挤压（a）和反向挤压（b）的基本工艺示意图
1—挤压锭；2—挤压筒；3—挤压模；4—挤压杠；5—挤压垫

表 2-15　2023 年中国部分工业铝挤压型材产品产量

序号	产品名称	产量/万吨	增幅/%
1	建筑模板型材	40	11.1
2	光伏型材	340	30.8
3	轨道交通车体型材	8	11.1
4	3C 型材	95	8.0
5	新能源汽车型材	98	30.7

2.7.2.3　拉拔

拉拔是拉伸机（或拉拔机）通过夹钳把铝及铝合金坯料（线坯或管坯）从给定形状和尺寸的模孔拉出来，使其产生塑性变形而获得所需的管、棒、型、线材的加工方法。根据所生产的产品品种和形状不同拉伸可分为线材拉伸、管材拉伸、棒材拉伸和型材拉伸。管材拉伸又可分为空拉伸、带芯头拉伸和游动芯头拉伸。拉伸加工的要素是拉伸机、拉伸模和拉伸卷筒。根据拉伸配模可分为单模拉伸和多模拉伸。铝合金拉伸机按制品形式可分为直线和圆盘式拉伸机两大类。为提高生产效率，现代拉伸机正朝着多线、高速、自动化方向发展。多线拉伸最多可同时拉 9 根，拉伸速度可达 150 m/min。有的已实现了装、卸料等工序全盘自动化。

2.7.2.4　锻造

锻造是锻锤或压力机（机械的或液压的）通过锤头或压头对铝及铝合金铸锭或锻坯施加压力，使金属产生塑性变形的加工方法。铝合金锻造有自由锻和模锻两种基本方法，自由锻是将工件放在平砧（或型砧）间进行锻造；模锻是将铸锭放在给定尺寸和形状的模具内锻造。近年来，无飞边精密模锻、多向模锻、辊锻、环锻及高速锻造、全自动的 CAD/CAM/CAE 等技术也获得了发展。

2.7.3　铝材的其他塑性成型方法

铝及铝合金除了采用以上 4 种最常用、最主要的塑性加工方法来获得不同品种、形状、规格及各种性能、功能和用途的铝加工材料以外，目前还研究开发出了多种新型的加工方法，它们主要是：

（1）压力铸造成型法，如低、中、高压成型，挤压成型等。

（2）半固态成型法，如半固态轧制、半固态挤压、半固态拉拔、液体模锻等。

（3）连续成型法，如连铸连挤、高速连铸轧、Conform 连续挤压法等。

（4）复合成型法，如层压轧制法、多坯料挤压法等。

（5）变形热处理法等。

2.8　工业铝合金及其应用

2.8.1　铸造铝合金及其应用

铸造铝合金是以熔融金属充填铸型，获得各种形状零件毛坯的铝合金。铸造铝合金的元素含量一般高于相应的变形铝合金，多数合金接近共晶成分，具有低密度、比强度较高、抗蚀性和铸造工艺性好，受零件结构设计限制小等优点；铸造铝合金具有良好的铸造性能，可以制成形状复杂的零件且不需要庞大的附加设备，具有节约金属、降低成本、减少工时等特点。

铸造铝合金用于制造梁、燃气轮叶片、泵体、挂架、轮毂、进气唇口和发动机的机匣等，还用于制造汽车的气缸盖、变速箱和活塞，仪器仪表的壳体和增压器泵体等零件。它可以直接浇注成各种形状复杂甚至是薄壁成型件。浇注后，只需进行切削加工即可成为零件或成品，因此合金应具有良好的流动性。

中国作为世界上有色金属铸件的生产和消费大国之一，有色金属铸造已成为支撑国民经济发展的重要新兴产业，其中铝合金部品行业更是有色金属铸造行业的支柱。与此同时，我国作为氧化铝、电解铝产量的世界第一生产大国，拥有丰富的劳动力资源及巨大的消费市场，为我国铝合金行业的发展提供了良好的基础。2009 年以来，我国铝合金产量占全球产量的比重均在 30% 以上，2017 年达到 40%，我国已成为国际铝合金铸造产业的中心。

铸造铝合金元素的种类和数目相对较多，按主要合金元素进行区分可以分为 Al-Si（ZL1××）、Al-Cu（ZL2××）、Al-Mg（ZL3××）、Al-Zn（ZL4××）四类。

2.8.1.1　Al-Si 铸造铝合金

铸造 Al-Si 合金（ZL1××）一般 Si 的质量分数为 4% ~ 22%。由于 Al-Si 合金具有优良的铸造性能，如流动性好、气密性好、收缩率小和热裂倾向小，经过变质和热处理后，具有良好的力学性能、物理性能、耐腐蚀性能和中等的机加工性能，是铸造铝合金中品种最多、用途最广的一类合金。铸造 Al-Si 合金牌号及其元素组成见表 2-16。经铸造后的 Al-Si 合金组织通常是由粗大针状硅晶体和 α 固溶体组成的共晶体。粗大针状硅晶体严重降低了铝合金的力学性能，一般在熔炼时需要加入一定量的含钠或锶的变质剂进行变质处理，可使共晶硅呈细小点状，同时使共晶点右移而得到亚共晶合金组织，从而使铝合金的力学性能显著提高，如图 2-11 所示。

表 2-16 铸造 Al-Si 合金牌号及其元素组成

合金牌号	合金代号	主要元素（质量分数）/%							
		Si	Cu	Mg	Zn	Mn	Ti	其他	Al
ZAlSi7Mg	ZL101	6.5~7.5	—	0.25~0.45	—	—	—	—	余量
ZAlSi7MgA	ZL101A	6.5~7.5	—	0.25~0.45			0.08~0.20	—	余量
ZAlSi12	ZL102	10.0~13.0	—	—	—	—	—	—	余量
ZAlSi9Mg	ZL104	8.0~10.5	—	0.17~0.35	—	0.2~0.5	—	—	余量
ZAlSi5Cu1Mg	ZL105	4.5~5.5	1.0~1.5	0.4~0.6	—	—	—	—	余量
ZAlSi5Cu1MgA	ZL105A	4.5~5.5	1.0~1.5	0.4~0.55	—	—	—	—	余量
ZAlSi8Cu1Mg	ZL106	7.5~8.5	1.0~1.5	0.3~0.5	—	0.3~0.5	0.10~0.25	—	余量
ZAlSi7Cu1	ZL107	6.5~7.5	3.5~4.5	—	—	—	—	—	余量
ZAlSi12Cu2Mg1	ZL108	11.0~13.0	1.0~2.0	0.4~1.0	—	0.3~0.9	—	—	余量
ZAlSi12Cu1Mg1Ni1	ZL109	11.0~13.0	0.5~1.5	0.8~1.3	—	—	—	Ni：0.8~1.5	余量
ZAlSi5Cu6Mg	ZL110	4.0~6.0	5.0~8.0	0.2~0.5	—	—	—	—	余量
ZAlSi9Cu2Mg	ZL111	8.0~10.0	1.3~1.8	0.4~0.6	—	0.10~0.35	0.10~0.35	—	余量
ZAlSi7Mg1A	ZL114A	6.5~7.5	—	0.45~0.75	—	—	0.10~0.20	Be：0~0.07	余量
ZAlSi5Zn1Mg	ZL115	4.8~6.2	—	0.4~0.65	1.2~1.8	—		Sb：0.1~0.25	余量
ZAlSi8MgBe	ZL116	6.5~8.5	—	0.35~0.55	—	—	0.10~0.30	Be：0.15~0.40	余量
ZAlSi7Cu2Mg	ZL118	6.0~8.0	1.3~1.8	0.2~0.5		0.1~0.3	0.10~0.25		余量

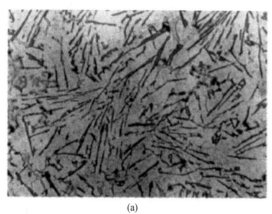 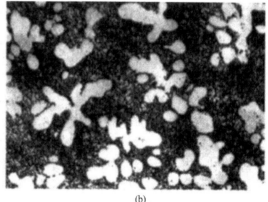

(a)　　　　　　　　　　　　　　　(b)

图 2-11　共晶 Al-Si 合金的铸态组织

（a）未变质处理（100×）；（b）变质处理后（200×）

　　铸造 Al-Si 合金最典型的应用是用于制造发动机汽缸、汽车轮毂、壳体零件及仪表外壳等，如图 2-12 所示。

　　针对常见铸造 Al-Si 合金的特点及应用情况介绍如下。

　　Z101 合金具有较好的气密性、流动性和抗热裂性能，有中等的力学性能、焊接性能和耐腐蚀性能，成分简单，容易铸造，适合于各种铸造方法。目前 ZL101 合金已被用于承

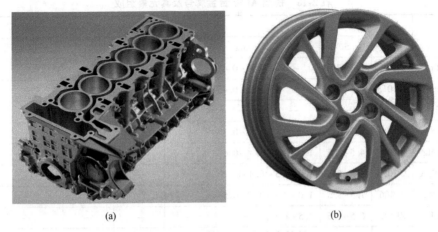

(a)　　　　　　　　　　　　　　(b)

图 2-12　发动机缸体（a）和汽车轮毂（b）

受中等负荷的复杂零件，如飞机零件、仪器、仪器壳体、发动机零件、汽车及船舶零件、汽缸体、泵体、刹车鼓和电气零件等。此外，以 ZL101 合金为基础严格控制杂质含量，并通过改进铸造技术而得到的具有更高力学性能的 ZL101A 合金，目前已被用于铸造各种壳体零件、飞机的泵体、汽车变速箱、燃油箱的弯管、飞机配件及其他承受载荷的零件。ZL102 合金具有最好的抗热裂性能和很好的气密性及流动性，不能热处理强化，抗拉强度低，适于浇铸大的薄壁复杂零件，主要适合于压铸。目前，该类合金主要被用于承受低负荷形状复杂的薄壁铸件，如各种仪表壳体、汽车机匣、牙科设备、活塞等。ZL104 合金具有良好的气密性、流动性和抗热裂性，强度高，耐腐蚀性、焊接性和切削加工性良好，但耐热强度低，易产生细小的气孔，铸造工艺较复杂。因此其目前主要被用于制造承受高负荷、大尺寸的砂型金属型铸件，如传动机匣、汽缸体、汽缸盖阀门、带轮、盖板工具箱等飞机、船舶和汽车零件。ZL105 合金的力学性能高，铸造性能和焊接性能较好，切削加工性能和耐热强度比 ZL104 合金好，但塑性低，腐蚀稳定性不高，适合于各种铸造方法。目前，该类合金主要被用于生产承受大负荷的飞机、发动机砂型和金属型铸造零件，如传动机匣、汽缸体、液压泵壳体和仪器零件也可做轴承支座和其他机器零件。此外，在 ZL105 合金基础上降低 Fe 等杂质含量形成的 ZL105A 合金，由于具有更高的强度和断后伸长率，目前已被制造用于承受大负荷的优质铸件，例如飞机的曲轴箱、阀门壳体、叶轮、冷却水套、罩子、轴承支座及发动机和机器的其他零件。ZL106 合金具有中等的力学性能，很好的流动性能，满意的抗热裂性能，适用于砂型铸造和金属型铸造。目前，该类合金主要被用于形状复杂、承受静载荷的零件，要求气密性高和在较高温度下工作的零件，如泵体和水冷汽缸头等。ZL107 合金适用于砂型铸造和金属型铸造，具有很好的气密性、流动性和抗热裂性能，以及好的力学性能和切削加工性能。其主要被用于柴油机发动机的曲轴箱、钢琴用板片和框架、油盖和活门把手、汽缸头及打字机框架等零件的生产。ZL108 合金的铸造性能良好、强度高、热膨胀系数小及耐磨性能好，此外，其高温性能也很好，一般用于金属型铸造。目前，该类合金主要用作内燃机活塞及起重滑轮等零部件。ZL109 合金适合于金属型铸造，具有极好的流动性，很好的气密性和抗热裂性能，好的高温强度和低温膨胀系数。其典型用途是做皮带轮、轴套和汽车活塞及柴油机活塞，也可做起重滑轮等。

ZL110 合金具有中等的力学性能和好的耐热性能，适用于砂型和金属型铸造，合金密度大，线胀系数大，用于制造内燃机活塞、油嘴、油泵等零件。ZL111 合金具有很好的气密性和抗热裂性及极好的流动性，强度高，疲劳性能和承载能力好，容易焊接并且耐腐蚀性好，适用于砂型、金属型的压力铸造。目前，该类合金主要用于制造复杂、承受高载荷的零件，如用于飞机和导弹的铸件等。ZL114A 合金有很高的力学性能和很好的铸造性能，即很高的强度，好的韧性和很好的流动性、气密性和抗热裂性，能铸造复杂形状的高强度铸件，适合于各种铸造方法，用于高强度优质铸件，制造飞机和导弹舱体等承受高载荷的零件。ZL115 合金适合于砂型和金属型铸造，具有很好的铸造性能和较高的力学性能，如高的强度、硬度及伸长率，主要用作波导管、高压阀门、液压管路、飞机挂架和高速转子叶片等。ZL116 合金适合于砂型和金属型铸造，具有很好的气密性、流动性和抗热裂性，还具有高的力学性能，属于高强度铸造铝合金。典型的应用包括波导管、高压阀门、液压管路、飞机挂架和高速转子叶片等。

2.8.1.2 Al-Cu 铸造铝合金

Al-Cu 铸造铝合金（ZL2××）中铜的质量分数一般为 4%~14%，它的时效强化效果好，在铸造铝合金中具有最高的强度和耐热性。但由于合金中共晶体数量少（Al-Cu 二元合金的共晶点在 Cu 含量为 33.2%处），因此铸造性能不好，耐蚀性也较差。Al-Cu 铸造铝合金可用于制作要求高强度或在高温（200~300 ℃）条件下工作的零件。铸造 Al-Cu 合金牌号及其元素组成见表 2-17。

表 2-17 铸造 Al-Cu 合金牌号及其元素组成

合金牌号	合金代号	主要元素（质量分数）/%						
		Si	Cu	Mg	Mn	Ti	其他	Al
ZAlCu5Mn	ZL201	—	4.5~5.3	—	0.6~1.0	0.15~0.35	—	余量
ZAlCu5MnA	ZL201A	—	4.8~5.3	—	0.6~1.0	0.15~0.35	—	余量
ZAlCu10	ZL202	—	9.0~11.0	—	—	—	—	余量
ZAlCu4	ZL203	—	4.0~5.0	—	—	—	—	余量
ZAlCu5MnCdVA	ZL204A	—	4.6~5.3	—	0.6~0.9	0.15~0.35	Cd：0.15~0.25	余量
ZAlCu5MnCdVA	ZL205A	—	4.6~5.3	—	0.3~0.5	0.15~0.35	Cd：0.15~0.25 V：0.05~0.3 Zr：0.15~0.25 B：0.005~0.6	余量
ZAlR5Cu3Si2	ZL207	1.6~2.0	3.0~3.4	0.15~0.25	0.9~1.2	—	Zr：0.15~0.2 Ni：0.2~0.3 RE：4.4~5.0	余量

下面针对常见铸造 Al-Cu 合金的特点及应用进行介绍。ZL201 合金在室温和高温下的拉伸性能较好，塑性及冲击韧性好，焊接性能和切削加工性能良好，但铸造性能较差，有热裂倾向，耐腐蚀性低，适于砂型铸造，用于在 175~300 ℃下工作的飞机零件和高强度的其他附件，如支臂、副油箱、弹射内梁和特设挂梁等。此外，在 ZL201 合金基础上减少 Fe

和 Si 等杂质含量形成的 ZL201A 合金，由于具有很高的室温和高温力学性能及好的切削加工和焊接性能，目前已被用于室温承受高载荷零件和在 173～300 ℃温度下工作的发动机零件。ZL202 合金具有良好的高温强度，高的硬度和好的耐磨性，还具有较好的抗热裂性能、流动性和气密性，但耐腐蚀性能较差，适用于砂型和金属型铸造，主要制作汽车活塞、仪表零件、轴瓦、轴承盖和汽缸头等。ZL203 合金具有较好的高温强度，良好的焊接性能和切削加工性能，但是铸造性能和抗腐蚀性能不好，适用于砂型铸造，可用作曲轴、后轴壳和飞机的某些零件。ZL204A 合金是高强度铸造铝合金，具有很高的室温强度和好的塑性，良好的焊接性能和很好的切削加工性，但铸造性能较差，适用于砂型铸造，可用作承受大载荷的零件，如挂梁、支臂等飞机和导弹上的零件。

2.8.1.3 Al-Mg 铸造铝合金

Al-Mg 铸造铝合金（ZL3××）的优点是相对密度轻（仅为 2.55），强度和韧性较高，并具有优良的耐蚀性、切削性和抛光性。铸造 Al-Mg 合金牌号及其元素组成见表 2-18。为了改善 Al-Mg 铸造铝合金的铸造性能，可加入质量分数为 0.8%～1.3%的硅。Al-Mg 铸造合金常用于制作承受冲击、振动载荷和耐海水或大气腐蚀、外形较简单的重要零件和接头等。

表 2-18　铸造 Al-Mg 合金牌号及其元素组成

合金牌号	合金代号	主要元素（质量分数）/%							
		Si	Cu	Mg	Zn	Mn	Ti	其他	Al
ZAlMg10	ZL301	—	—	9.5～11.0	—	—	—	—	余量
ZAlMg5Si	ZL302	0.8～1.3	—	4.5～5.5	—	0.1～0.4	—	—	余量
ZAlMgZn1	ZL305	—	—	7.5～9.0	1.0～1.5	—	0.10～0.20	Be: 0.03～0.10	余量

Al-Mg 铸造铝合金中当镁的质量分数为 9.5%～11.5%时性能最好，常用的 ZL301 合金的含镁量就在这个范围。ZL301 合金的综合力学性能良好，不仅强度高，而且塑性和韧性好。该合金具有优良的耐蚀性，是目前铸造铝合金中耐蚀性最好的合金，但长期使用中有自然时效的倾向，表现出塑性降低，并有应力腐蚀倾向；但该合金的铸造性能差，易产生显微疏松，而且熔炼工艺较复杂；其切削加工性良好，而耐热性和焊接性较差。ZL301 主要用在潮湿空气或海水中工作中承受冲击载荷的零件，如发动机的机匣、飞机起落架零件等。ZL303 室温力学性能不如 ZL301，但有较好的高温力学性能；铸造性能比 ZL301 好，热处理不能明显强化，但切削性能好，焊接性好，耐蚀性优良，接近 ZL301，在大气、海水和碱性溶液中均优于其他系的铸造铝合金。ZL303 主要用作承受中等载荷的船舶用、航空用构件及内燃机机车的零件。ZL305 是 ZL301 的改型合金，提高了合金的自然时效稳定性和抗应力腐蚀能力，加入微量的 Be 提高了熔铸过程中的抗氧化能力。ZL305 主要用作在海水中承受重大载荷的零件，如鱼雷壳体、潜水服等。

2.8.1.4 Al-Zn 铸造铝合金

Al-Zn 铸造铝合金（ZL4××）具有较高的强度，且是最便宜的一种铸造铝合金，铸造

Al-Zn 合金牌号及其元素组成见表 2-19。该合金的铸造性能良好，并且在铸造冷却时就可形成含锌的过饱和 α 固溶体（称为"自淬火效应"），使铸件具有较高的强度，既可直接进行人工时效，也可直接使用。铝锌合金铸造时也需要进行变质处理，这类合金的缺点是密度较大、耐蚀性较差、热裂倾向大。该类合金目前主要用于制造压铸仪表壳体类零件。

表 2-19　铸造 Al-Zn 合金牌号及其元素组成

合金牌号	合金代号	主要元素（质量分数）/%							
		Si	Cu	Mg	Zn	Mn	Ti	其他	Al
ZAlZn11Si7	ZL401	6.0~8.0	—	0.1~0.3	9.0~13.0	—	—	—	余量
ZAlZn6Mg	ZL402	—	—	0.5~0.65	5.0~6.5	0.2~0.5	0.15~0.25	Cr：0.4~0.6	余量

常用的 Al-Zn 铸造铝合金是 ZL401 合金。ZL401 合金的铸造性能中等，缩孔和热裂倾向较小，有良好的焊接性能和切削加工性能，铸态下强度高，但塑性低，密度大，耐腐蚀性较差。该合金含有较高的硅（6%~8%），又称为锌特殊铝硅合金，合金中加入适量的镁、锰和铁，可以显著提高其耐热性能。目前，ZL401 合金主要用作各种压力铸造零件，工作温度不超过 200 ℃、结构形状复杂的汽车和飞机零件。ZL402 合金的铸造性能中等，流动性好，有中等的气密性和抗热裂性，切削加工性能良好，铸态下力学性能和冲击韧度较高，但密度大，熔炼工艺复杂，主要用于农业设备、机床工具、船舶铸件、无线电装置、氧气调节器、旋转轮和空气压缩机活塞等。

2.8.1.5　铸造铝合金的热处理特点

铸造铝合金中除了 ZL102 外，均能进行热处理强化。由于铸造铝合金零件比变形铝合金零件形状复杂、壁厚差异大、组织粗大、偏析严重，因此铸造铝合金的热处理和变形铝合金相比具有以下特点：

（1）为了防止铸造铝合金零件的变形或过热，最好在 350 ℃ 以下低温入炉，然后随炉缓慢加热到淬火温度；

（2）淬火温度要高一些，保温时间要长一些（一般均为 15~20h）；

（3）淬火冷却介质一般用 60~100 ℃ 的热水；

（4）凡是需要时效处理的铸件，一般采用人工时效处理。

铸造铝合金的热处理可以根据铸件的工作条件和力学性能要求选择不同的热处理方法。

2.8.2　变形铝合金及其应用

变形铝合金在工业领域的应用极其广泛，是国民经济中使用量最大的有色金属材料类型。根据中国有色金属加工工业协会《关于发布 2023 年中国铜铝加工材产量的通报》，2023 年，中国铝加工材综合产量为 4695 万吨，比上年增长 3.9%，其中剔除铝箔毛料后的铝加工材产量为 4115 万吨，比上年增长 4.2%，细分品种产量和铝挤压材表面处理方式构成详见表 2-20。

表 2-20　2023 年中国铝加工材总产量及构成

产量及增幅	板带材	箔材	挤压材	线材	铝粉	锻件及其他	合计
产量/万吨	1350	510	2340	455	15	25	4695
增幅/%	2.2	8.8	1.6	1.1	0	8.7	3.9

下面就变形铝合金 1×××系至 8×××系铝合金的特性及其应用进行逐一介绍。

2.8.2.1　1×××系纯铝

1×××系纯铝，具有密度小、导电性好、导热性高、溶解潜热大、光反射系数大、热中子吸收界面面积较小及外表色泽美观等特性。铝在空气中其表面能生成致密而坚固的氧化膜，阻止氧的侵入，因而具有较好的抗蚀性。1×××系纯铝用热处理方法不能强化，只能采用加工硬化方法来提高强度，因此强度较低。纯铝并非没有添加合金元素，如 1100、1120 合金含有 0.05%~0.2%Cu，1435 合金含有 0.3%~0.5%Fe；末尾 2 位数字通常表示铝的含量（纯度）。

1×××系纯铝的优势是具有优异的导电导热性和塑性加工性能，其典型应用如图 2-13 所示。1050 合金主要用于食品、化学和酿造工业用挤压盘管，各种软管，烟花粉；1060 合金主要用于要求抗蚀性与成型性均高，但对强度要求不高的场合；1100 合金用于加工需要有良好的成型性和高的抗腐蚀性，但不要求有高强度的零部件，如化工产品、食品工业装置与贮存容器、薄板加工件、深拉或旋压凹形器皿、焊接零部件、热交换器、印刷板、铭牌、反光器具；1350 合金主要用于电线、导电绞线、汇流排、变压器带材；1145 合金主要用作包装及绝热铝箔、热交换器。1199 合金主要用于电解电容器箔和光学反光沉积膜。

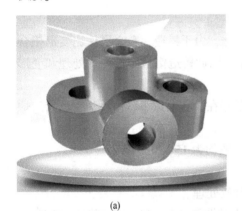

(a)	(b)	(c)

图 2-13　1×××系纯铝的典型应用
（a）电容器用铝箔；（b）电缆线；（c）食品铝箔

2.8.2.2　2×××系铝合金

2×××系铝合金是以铜为主要合金元素的铝合金，包括 Al-Cu、Al-Cu-Mg、Al-Cu-Mn、Al-Cu-Mg-Ag、Al-Cu-Li 等合金，这些合金均属热处理可强化铝合金，主要的时效析出强化相有 θ 相（Al_2Cu）、S 相（Al_2CuMg）、Ω 相（Al_2Cu）、T_1 相（Al_2CuLi），这些强化相的典型形貌特征如图 2-14 所示。2×××系铝合金的特点是强度高，通常称为硬铝合金。其耐热性能和加工性能良好，但耐蚀性不好，在一定条件下会产生晶间腐蚀。因此，板材往往需要包覆一层纯铝或一层对芯板有电化学保护的6×××系铝合金，以大大提高其耐腐蚀性能。其中，Al-Cu-Mg-Fe-Ni 合金具有极为复杂的化学组成和相组成，它在高温下有高的强度，并具有良好的工艺性能，主要用于锻压在 150~250 ℃以下工作的耐热零件；Al-Cu-Mn 合金的室温强度虽然低于 Al-Cu-Mg 合金的 2A12 和 2A14，但在 225~250 ℃或更高温度下强度却比两者的高，并且合金的工艺性能良好，易于焊接，主要应用于耐热可焊的结构件及锻件；Al-Cu-Mg-Ag 合金的主要析出强化相为 Ω 相，具有较高的耐热性，可耐 300 ℃高温。

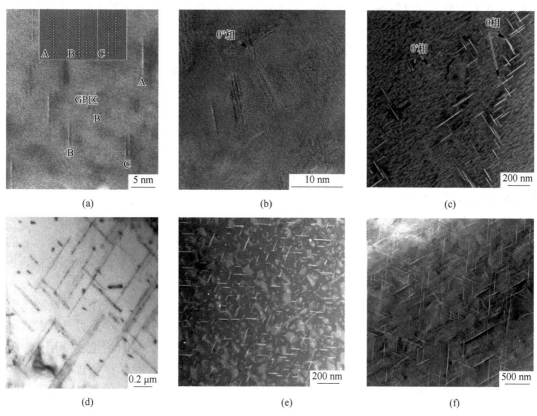

图 2-14 2×××系铝合金中典型强化相的形貌特征
(a) GP 区；(b) θ″相；(c) θ′/θ相；(d) S 相；(e) Ω 相；(f) T_1 相

2×××系铝合金因具有高的强度和耐热性，主要应用于航空航天、武器装备等重要领域。2014 合金应用于要求高强度与硬度（包括高温）的场合，如飞机重型、锻件、厚板和挤压材料，车轮与结构元件，多级火箭第一级燃料槽与航天器零件，卡车构架与悬挂系统零件；2017 合金是第一个获得工业应用的 2×××系合金，目前的应用范围较窄，主要为铆钉、通用机械零件、结构与运输工具结构件，螺旋桨与配件；2024 合金主要用于飞机结构、铆钉、导弹构件、卡车轮毂、螺旋桨元件及其他种种结构件；2048 合金主要用于航空航天器结构件与兵器结构零件；2218 合金主要用于飞机发动机和柴油发动机活塞、飞机发动机汽缸头、喷气发动机叶轮和压缩机环；2219 合金主要用于航天火箭焊接氧化剂槽、超声速飞机蒙皮与结构零件，工作温度为−270~300 ℃，焊接性好，断裂韧性高，T8 状态有很高的抗应力腐蚀开裂能力；2319 合金被开发用在 2219 合金的焊条和填充焊料；2618 合金应用于模锻件与自由锻件，活塞和航空发动机零件；2A02 合金主要用于工作温度为 200~300 ℃的涡轮喷气发动机的轴向压气机叶片；2A06 合金主要用于工作温度为 150~250 ℃的飞机结构及工作温度为 125~250 ℃的航空器结构铆钉；2A11 合金主要用于飞机的中等强度结构件、螺旋桨叶片、交通运输工具与建筑结构件、航空器的中等强度螺栓与铆钉；2A12 合金主要用于航空器蒙皮、隔框、翼肋、翼梁、铆钉等，建筑与交通运输工具结构件；2A14 合金主要用于形状复杂的自由锻件与模锻件；2A16 合金主要用于工作温度为 250~300 ℃的航天航空器零件，在室温及高温下工作的焊接容器与气密座舱；2A17 合金主要用于工作温度为 225~250 ℃的航空器零件；2A50 合金主要用于形状复杂的中等强度零件；2A60 合金主要用于航空器发动机压气机轮、导风轮、风扇、叶轮等；2A70 合金主要用于飞机蒙皮，航空器发动机活塞、导风轮、轮盘等；2A80 合金主要用于航空发动机压气机叶片、叶轮、活塞及其他工作温度高的零件。

值得强调的是，通过降低 Li 含量提高 Cu 含量而开发出的 Al-Cu-Li 第三代铝锂合金（如 2050、2060 合金）体现了新一代高强、高综合性能铝合金降低密度的发展趋势。2050-T851 厚板的性能不仅优于 7050-T7451 合金，而且密度更低，强度、韧性、疲劳裂纹扩展抗力及耐热性提高，替代 7050 合金可减重 5%。我国的 C919 大飞机大量使用了第三代铝锂合金板材、型材。

2.8.2.3   3×××系铝合金

3×××系铝合金是以锰为主要合金元素的铝合金，属于热处理不可强化铝合金。它的塑性高，焊接性能好，强度比 1×××系铝合金高，而耐蚀性能与 1×××系铝合金相近，是一种耐腐蚀性能良好的中等强度铝合金。

3003 合金用于加工需要有良好成型性、高抗蚀性及可焊性好的零部件，或既要求有这些性能又需要有比 1×××系合金强度高的工作，如厨具、食物和化工产品处理与贮存装置，运输液体产品的槽、罐，以薄板加工的各种压力容器与管道。3004 合金主要用于全铝易拉罐罐身、要求比 3003 合金更高强度的零部件、化工产品生产与贮存装置、薄板加工件、建筑加工件、建筑工具、各种灯具零部件，如图 2-15 所示。3105 合金主要用于房间

(a)   (b)

图 2-15   3×××系铝合金的典型应用

(a) 灯具外壳；(b) 易拉罐罐体

隔断、挡板、活动房板、檐槽和落水管，薄板成型加工件，瓶盖、瓶塞等。3A21合金主要用于飞机油箱、油路导管、铆钉线材、建筑材料与食品等工业装备等。

2.8.2.4　4×××系铝合金

4×××系铝合金是以硅为主要合金元素的铝合金，共晶点硅含量为12.6%，可分为亚共晶合金（如4043合金）、共晶合金（如4047合金）和过共晶合金（Al-16%Si）。其大多数Al-Si合金属于热处理不可强化铝合金，只有含铜、镁和镍等元素，以及与热处理强化合金焊接后吸纳了某些元素时，才可以通过热处理强化。该系合金由于硅含量高，熔点低，熔体流动性好，容易补缩，并且不会使最终产品产生脆性，因此主要用于制造铝合金焊接的添加材料，如钎焊板、焊条和焊丝等，如图2-16所示。另外，由于该系一些合金的耐磨性能和高温性能好，也被用来制造活塞及耐热零件。Si含量为5%的合金，经阳极氧化上色后呈黑灰色，因此适宜做建筑材料和制造装饰件。

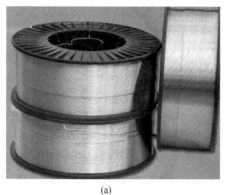  

(a)　　　　　　　　　(b)　　　　　　　　　(c)

图2-16　4×××系铝合金的典型应用

（a）焊丝；（b）活塞；（c）焊条

4032合金耐热性和耐磨性良好，热膨胀系数小，可用于活塞、汽缸头。4043合金流动性好，凝固收缩少，常用于焊接材料，其产品广泛应用于汽车、水箱、散热器，具有良好的散热性能和焊接性能。

2.8.2.5　5×××系铝合金

5×××系铝合金是以镁为主要合金元素的铝合金，属于不可热处理强化铝合金。该系合金密度小，强度比1×××系和3×××系铝合金高，属于中高强度铝合金，疲劳性能和焊接性能良好，耐海洋大气腐蚀性好。为了避免高镁合金产生应力腐蚀，对最终冷加工产品要进行稳定化处理，或控制最终冷加工量，并且限制使用温度（不超过65℃）。5×××系铝合金是铝合金中应用最为广泛的合金之一，典型应用如图2-17所示。

5005与3003合金相似，具有中等强度与良好的抗蚀性，可用作导体、炊具、仪表板、壳与建筑装饰件，阳极氧化膜比3003合金上的氧化膜更加明亮，并与6063合金的色调协调一致，主要用作焊接结构件，并应用在船舶领域。5052合金有良好的成型加工性能、抗蚀性、可烛性、疲劳强度与中等的静态强度，用于制造飞机油箱、油管，以及交通车辆、船舶的钣金件，仪表、街灯支架与铆钉、五金制品等。5154和5454合金主要用于焊接结构、贮槽、压力容器、船舶结构与海上设施、运输槽罐。5182薄板用于加工易拉罐盖，汽

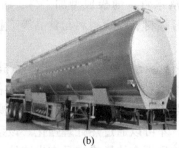
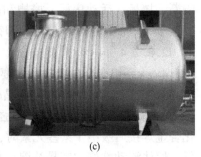

(a)　　　　　　　　　　　(b)　　　　　　　　　　　(c)

图 2-17　5×××系铝合金的典型应用

（a）快艇；（b）罐车；（c）压力容器

车车身板、操纵盘、加强件、托架等零部件。5083 合金用于需要有高的抗蚀性、良好的可焊性和中等强度的场合，如舰艇、汽车和飞机板焊接件，还用于需严格防火的压力容器、制冷装置、电视塔、钻探设备、交通运输设备、导弹元件、装甲等。5356 合金主要用作焊条和焊丝，也是目前用量最大的铝合金焊丝，可焊接镁含量大于 3% 的 Al-Mg 合金及 Al-Mg-Si 合金。5A02 合金主要用于飞机油箱与导管、焊丝、铆钉、船舶结构件。5A03 合金主要用于中等强度焊接结构、冷冲压零件、焊接容器、焊丝，可用来代替 5A02 合金。5A05 合金主要用作焊接结构件和飞机蒙皮骨架。5A06 合金主要用作焊接结构、冷模锻零件、焊拉容器受力零件、飞机蒙皮骨部件。5A12 合金主要用作焊接结构件和防弹甲板。

2.8.2.6　6×××系铝合金

6×××系铝合金是以镁和硅为主要合金元素并以 Mg_2Si 相为强化相的铝合金，属于热处理可强化铝合金，其主要强化相的形貌特征及其析出相析出序列如图 2-18 所示。该系合金具有中等强度，耐蚀性高，无应力腐蚀破裂倾向，焊接性能良好，焊接区腐蚀性能不变，成型性和工艺性能良好等优点。当合金含铜时，合金的强度可接近 2×××系铝合金的强

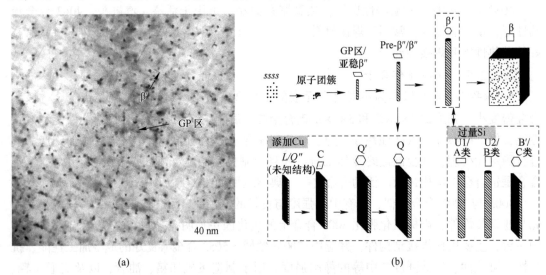

(a)　　　　　　　　　　　　　　　　　(b)

图 2-18　6×××系铝合金中的主要析出强化相形貌及特征

（a）TEM 明场像；（b）析出相析出序列示意图

度，工艺性能优于2×××系铝合金，但耐蚀性变差，合金有良好的锻造性能。该系合金中用得最多的是6061和6063合金，它们具有最佳的综合性能和经济性。其主要产品为挤压型材，该合金使用量最大的为建筑型材。

6×××系铝合金大致可分为三组：

第一组合金有平衡的镁、硅含量，镁和硅的总量质量分数不超过1.5%，Mg_2Si一般质量分数为0.8%~1.2%。典型的是6063铝合金，其固溶处理温度高，淬火敏感性低，挤压性能好，挤压后可直接风淬，抗蚀性高，阳极氧化处理效果好。

第二组合金的镁、硅总量较高，Mg_2Si含量为1.4%左右，镁硅比（质量分数）为1.73∶1的平衡成分。该组合金加入了适量的铜以提高强度，同时加入适量的铬以抵消铜对抗蚀性的不良影响。典型的是6061铝合金，其抗拉强度比6063铝合金约高70MPa，但淬火敏感性较高，不能实现风淬。

第三组合金的镁、硅总质量分数为1.5%，但有过剩的硅，其作用是细化Mg_2Si质点，同时硅沉淀后也有强化作用。但硅易于在晶界偏析，会引起合金脆化，降低塑性，加入铬（如6151铝合金）或锰（如6351铝合金）有助于减小过剩硅的不良作用。

6×××系铝合金是目前使用最为广泛的合金之一，也是最主要的铝合金挤压材，该合金的典型应用如图2-19所示。6005A合金主要为挤压型材与管材，用于要求强高大于6063合金的结构件，是轨道交通列车的主要框架结构材料之一；6009和6010合金主要用于汽车车身板；6061合金适用于要求有一定强度、可焊性与抗蚀性高的各种工业结构，如制造卡车、塔式建筑、船舶、电车、家具、机械零件、精密加工等用的管、棒、形材、板材，还是日常所用手机外壳的主要材料；6063合金主要作为建筑型材、灌溉管材及供车辆、台

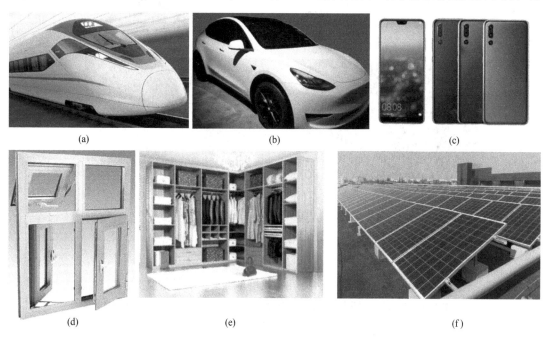

(a)　　　　　　　　　　(b)　　　　　　　　　　(c)

(d)　　　　　　　　　　(e)　　　　　　　　　　(f)

图2-19　6×××系铝合金的典型应用

（a）轨道交通列车；（b）汽车；（c）手机；（d）建筑门窗；（e）铝合金家具；（f）光伏太阳能框架

架、家具、栏栅等用的挤压材料；6463 合金是我国注册的国际牌号，主要用于建筑与各种器具型材，以及经阳极氧化处理后有明亮表面的汽车装饰件；6A02 合金主要用于飞机发动机零件、形状复杂的锻件与模锻件。

2.8.2.7　7×××系铝合金

7×××系铝合金是以锌为主要合金元素的铝合金，通常会同时添加镁，形成 Al-Zn-Mg 合金，属于热处理可强化铝合金，其主要析出强化相为 η 相（$MgZn_2$ 相），该相的亚稳相 η″/η′相形貌特征如图 2-20 所示。合金具有良好的热变形性能，淬火范围很宽，在适当的热处理条件下能够得到较高的强度，焊接性能良好，一般耐蚀性较好，有一定的应力腐蚀倾向，是高强可焊的铝合金。Al-Zn-Mg-Cu 合金是在 Al-Zn-Mg 合金基础上通过添加铜发展起来的，其强度高于 2×××系铝合金，一般称为超高强铝合金。合金的屈服强度接近于抗拉强度，屈强比高，比强度也很高，但塑性和高温强度较低，可用作常温或 120 ℃以下使用的承力结构件，合金易于加工，有较好的耐腐蚀性能和较高的韧性。

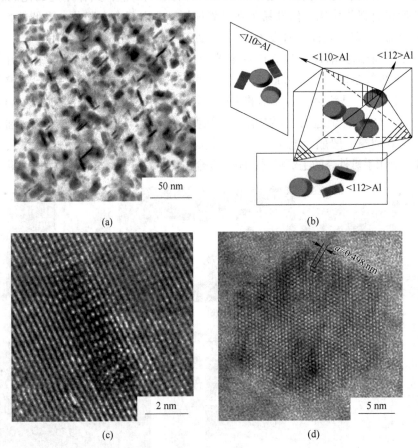

图 2-20　7×××系铝合金中析出强化相（$MgZn_2$相）的形貌及特征

（a）TEM 明场相；（b）强化相的惯析面及典型取向特征；（c）短棒状特征 HRTEM 形貌；
（d）六方形特征 HRTEM 形貌

7×××系铝合金广泛应用于航空和航天领域，并成为这个领域中最重要的结构材料之一。7005 合金多以挤压材为主，用于制造既要有高的强度又要有高的断裂韧性的焊接结构，如交通运输车辆的桁架、杆件、容器，还用于大型热交换器及焊接后不能进行固溶处理的部件，还可用于制造体育器材，如网球拍与垒球棒，也曾经作为苹果手机的外壳；7039 合金主要用于冷冻容器、低温器械与贮存箱，消防压力器材，器材、装甲板、导弹装置；7049 合金主要用于锻造静态强度与 7079-T6 合金相同而又要求有高的抗应力腐蚀开裂应力的零件，如飞机与导弹零件——起落架液压缸和挤压件，零件的疲劳性能大致与 7075-T6 合金相等，而韧性稍高；7050 合金主要用作飞机结构件用中厚板、挤压件、自由锻件与模锻件，制造这类零件对合金的要求是抗剥落腐蚀、应力腐蚀开裂能力、断裂韧性与抗疲劳性能都高；7075 合金主要用于制造飞机结构及其他要求强度高、抗腐蚀性能强的高应力结构件和模具制造；7475 合金主要用于机身用的包铝与未包铝的板材、机翼骨架、桁条等，也用作既要有高的强度又要有高的断裂韧性的零部件；7A04 合金主要用于飞机蒙皮、螺钉及受力构件，如大梁桁条、隔框、翼肋、起落架等。

2.8.2.8　8×××系铝合金

8×××系铝合金为除以上合金系列以外的其他类别铝合金，具体有 Al-Fe 合金、Al-Fe-Si 合金、Al-Fe-Mn 合金及 Al-Li 合金等，8×××系铝合金的典型应用如图 2-21 所示。Al-Fe 系合金比纯铝的强度高，具有优异的导电性和塑性加工性能，可作为导电用铝合金导线，如 8030、8176 合金等主要应用于架空导线、电线电缆线芯、电磁线、漆包线等；其他 8××× 系铝合金大部应用于铝箔产品，如 8006、8011、8021、8079 合金等；此外，8090 合金为第二代 Al-Li 系合金，可有效降低合金的密度，同时提高铝合金的比强度和弹性模量，但存在明显的力学性能各向异性，主要应用于航空航天等关键领域。

(a)　　　　　　　　　　　　　(b)

图 2-21　8×××系铝合金的典型应用
（a）架空导线；（b）航空餐用铝箔

复习思考题

2-1　为什么说铝是第一金属？铝在地壳中含量非常高，为什么没有被人们更早的认识？

2-2　铝合金材料的应用已经体现在日常生活中的方方面面，请举例说明。

2-3　铝的强度非常低，是如何成为航空航天等领域主要的结构材料？

2-4　铝合金材料种类繁多，在选用铝合金材料时，应该考虑哪些因素？

2-5　铝及铝合金已是应用最为广泛的有色金属材料，谈谈铝合金未来的发展方向和趋势。

3 铜及铜合金

3.1 铜的结构与基本特性

铜是一种过渡金属元素，原子序数为 29，摩尔质量为 63.5 g/mol，熔点为 1083 ℃，沸点为 2562 ℃，固态时密度为 8.9 g/cm³。铜元素的原子半径约为 0.128 nm，外层电子分布为 $1s^22s^22p^63s^23p^63d^{10}4s^1$，理论上存在化合价态为 0、+1、+2、+3、+4 等，但通常为 0、+1、+2 价。铜是面心立方金属，点阵常数为 0.36 nm，密排面为 {111}，密排方向为<111>。

铜是人体健康不可缺少的微量营养素，对于血液、中枢神经和免疫系统，头发、皮肤和骨骼组织及脑、肝和心等内脏的发育和功能都有重要影响。世界卫生组织建议，为了维持健康，成人每千克体重每天应摄入 0.03 mg 铜，孕妇和婴幼儿应加倍。但长期过量摄入铜会给人带来新的健康问题，如降低人体对铁、锌等微量元素的吸收，诱发缺铁症或缺锌症，甚至可能引起中毒，损害肝脏，导致肝损害、小脑功能失调等。

纯铜具有良好的导电、导热、耐蚀和加工性能，可以焊接和钎焊。通常用作电线、电缆、导电螺钉、爆破雷管、化工用蒸发器、贮藏器、电气开关、铆钉及各种管道等。微量的氧对纯铜的导电、导热和加工性能影响不大，但易引起"氢病"，且不宜在高温（如大于 370 ℃）还原气氛中加工和使用。高性能铜合金因具有高强度、高韧性、高导电性、高弹性、耐腐蚀及易切削等优异性能，被广泛应用于能源电力、电子信息、交通运输等领域。

铜作为大宗商品，市场成熟度高，兼具金融属性和商品属性，与宏观经济指数密切相关，是国内外投资者比较青睐的交易商品。2012—2022 年，全球精炼铜产量和消费量基本处于动态平衡，中国的精炼铜生产和消费增长变化情况与全球基本同步，见表 3-1。中国作为世界第一大铜消费国，已形成从上游铜矿勘探、矿石开采、选矿、废旧金属拆解，到中游铜冶炼、精炼，延伸到下游铜加工、终端用铜企业的完整铜产业链，铜产业链示意图如图 3-1 所示。

表 3-1 2012—2022 年全球和中国精炼铜产量和消费量

分布		年份										
		2012 年	2013 年	2014 年	2015 年	2016 年	2017 年	2018 年	2019 年	2020 年	2021 年	2022 年
全球	产量 /万吨	2021	2095	2245	2293	2322	2348	2365	2347	2415	2459	2580
	产量增长率 /%	3.2	3.7	7.2	2.1	1.3	1.1	0.7	-0.8	2.9	1.8	2.0
	消费量 /万吨	2032	2113	2276	2279	2319	2334	2391	2402	2484	2507	2599

续表3-1

分布		年份										
		2012年	2013年	2014年	2015年	2016年	2017年	2018年	2019年	2020年	2021年	2022年
全球	消费增长率/%	3.8	4.0	7.7	0.2	1.7	0.6	2.5	0.5	3.4	0.9	3.7
	供需平衡/万吨	-11	-18	-30	13.2	3.7	14.0	-26	-55	-69	-48	-91
中国	产量/万吨	588	667	765	796	844	889	895	945	1002	1049	1106
	产量增长率/%	13.9	13.4	14.7	4.1	5.9	5.4	0.7	5.6	6.1	4.7	5.4
	产量全球占比/%	29.1	31.8	34.1	34.7	36.3	37.9	37.8	40.3	41.5	42.7	44.1
	消费量/万吨	890	983	1130	1135	1164	1179	1248	1280	1453	1389	1607
	消费增长率/%	12.9	10.5	15.0	0.4	2.5	1.3	5.9	2.5	13.5	-4.4	15.7
	精铜自给率/%	66.1	67.8	67.7	70.1	72.5	75.4	71.7	73.8	69.0	75.5	68.8
	占全球比例/%	43.8	46.5	49.7	49.8	50.2	50.5	52.2	53.3	58.5	55.4	61.8
	供需平衡/万吨	-302	-316	-365	-339	-321	-290	-353	-335	-451	-340	-501

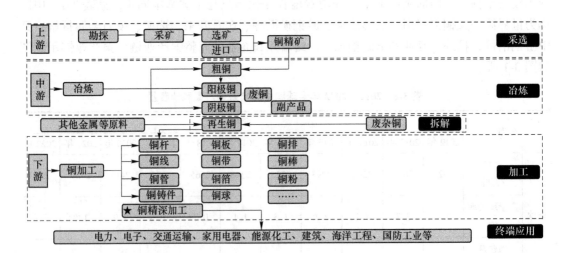

图3-1　铜产业链全景图

3.2 铜矿产资源、提取与回收

3.2.1 铜矿产资源

铜在地壳中的含量约为 0.01%，在个别铜矿床中，铜的含量可以达到 3%~5%，自然界中的铜多以化合物即铜矿物存在。根据美国地质勘查局 2023 年数据，2022 年全球铜矿储量约为 8.9 亿吨。其中，智利是世界上铜资源最丰富的国家，铜矿储量为 1.9 亿吨，占比全球 21%；澳大利亚的铜矿储量为 9700 万吨，占比 11%（见表 3-2）。

表 3-2 2022 年全球铜矿产资源储量占比

国　　家	铜矿资源储量占比/%
智利	21
澳大利亚	11
秘鲁	9
俄罗斯	7
墨西哥	6
其他	46

我国发布的《2023 年中国自然资源公报》显示，截至 2022 年底，我国铜矿查明资源储量为 4077.2 万吨。中国铜矿资源分布较为集中，主要分布在西藏、江西、云南等地，合计占比超过 60%。

斑岩型铜矿约占全国总储量的 41%，矿石矿物以黄铜矿为主，铜品位一般小于 1%，矿床常为大中型，如江西德兴、黑龙江多宝山、西藏玉龙和驱龙等矿。矽卡岩型铜矿约占我国总储量的 27%，矿石矿物主要为黄铜矿、黄铁矿，铜品位一般大于 1%，如安徽铜官山、江西城门山等矿。层状型铜矿包括变质岩中层状铜矿和含铜砂页岩型铜矿，约占全国总储量的 11%，以辉铜矿、斑铜矿、黄铜矿为主。铜镍硫化物型铜矿占全国总储量的 6.4%，以黄铜矿、镍黄铁矿为主，铜品位一般小于 1%。火山沉积型铜矿占全国总储量的 5.5%，以黄铜矿、黄铁矿为主，铜品位一般大于 1%。

3.2.2 铜冶炼提取

铜的冶炼方法大体可分为火法和湿法两类。火法炼铜是当今炼铜的主要方法，世界上 85% 左右的铜是用火法炼铜方法生产。火法炼铜的工艺流程如图 3-2 所示，主要包括硫化铜矿石（含铜量 0.4%~2%）—浮选—硫化铜精矿（含铜量 15%~30%）—造锍熔炼—冰铜（铜锍，含铜量 25%~70%）—吹炼—粗铜（含铜量 98%~99%）—火法精炼—阳极铜（含铜量 99.5%）—电解精炼—电铜（含铜量 99.95%~99.98%）。

湿法炼铜的工艺流程（见图 3-3）主要包括：

（1）浸出。浸出一般用硫酸浸出、细菌浸出等，具有成本低、选择性强的优点，所得溶液的含铜量为 1~5 g/L。

（2）萃取和反萃。采用肟类萃取剂萃取铜，可使与铁锌杂质分离；再用硫酸反萃得到含铜量为 50 g/L 的溶液。

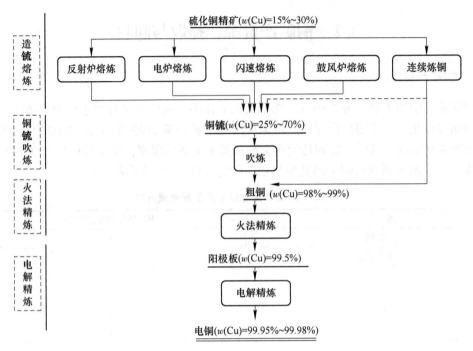

图 3-2　火法炼铜的工艺流程

（3）电积。电解硫酸铜溶液得到纯铜，电解溶液返回用作反萃液。

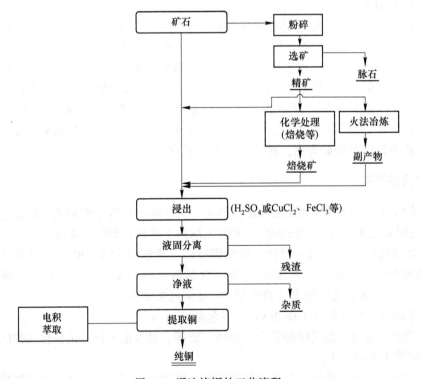

图 3-3　湿法炼铜的工艺流程

3.2.3 铜资源回收

我国冶炼企业与加工企业规模不断扩大，导致原料需求增加，供需矛盾越来越突出。国内冶炼企业产能迅速扩张，而冶炼厂对于原料的需求将越来越依赖于废铜。同时，"双碳"背景下节能环保的要求也带动了"城市矿山"中的废杂铜回收产业。国内产生的废铜主要来源于以下几个方面：

（1）有色金属加工企业产生的废料。有色金属加工企业产生的废铜有纯铜废料和铜合金废料，如切头切尾、浇冒口、边角料、废次材、含铜的灰渣等。

（2）消费领域产生的废铜资源。该领域产生的废铜数量庞大，是再生铜产业最主要原料来源，产生于国民经济建设中的各工业领域与工矿企业。主要包括加工余料、屑末、废次材（废品）、废机器零件、废电气设施等。

（3）国防、军工产生的废有色金属。此类废料主要是弹壳、废通信电子设备、废电器设施和从退役的汽车、飞机、舰艇和其他军事设施中拆解的废有色金属零部件。

对废铜进行分类有利于废铜的直接利用，可以节约能源和降低成本，同时还可综合利用其中的合金元素；废铜的分类还有利于回收和贸易。1993年，我国第一个废有色金属标准《铜及铜合金废料废件分类和技术条件》（GB/T 13587—1992）由国家标准局颁发，后续做了进一步修订。再生铜冶炼流程如图3-4所示。

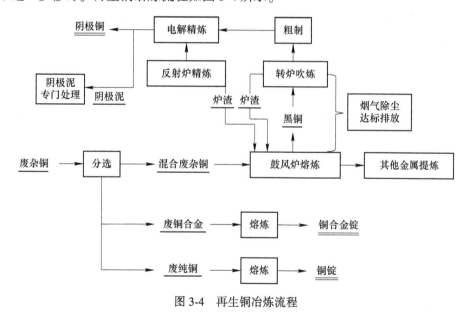

图 3-4 再生铜冶炼流程

3.3 铜及铜合金的分类

除了按照成型方法和功能分类之外，铜合金一般按照其合金系分类，有以下三个体系。

（1）美国的 ASTM 标准。按照美国 UNS 编号（ASTMDS56L）规定，其中加工纯铜为 C10000～C15999，加工铜合金为 C16000～C79999。

（2）马图哈等人在《非铁合金的结构和性能》一书中将铜及其合金分为非合金铜和合金铜。非合金铜又分为含氧韧铜、无氧铜（脱氧铜）、无氧铜（非脱氧铜）、低合金铜（分为不可硬化的铜合金和可硬化的铜合金）和导电用青铜；合金铜分为铜-锌合金、镍银、铜-锡合金、铜-铝合金、铜-镍合金及含硅、铍、锰或铅的铜合金。

（3）我国和俄罗斯按照合金系将铜及铜合金分为紫铜（纯铜）、黄铜、青铜、白铜四类。

由于纯铜外观呈紫红色，习惯上称为紫铜。紫铜按其所含杂质和微量元素的不同，又分为纯铜（T1、T2、T3）、无氧铜（TU1、TU2）、磷脱氧铜（TP1、TP2）、特种铜（银铜TAg0.1等），主要用于电线电缆（导电）、内螺纹管（导热）、铜壶（工艺品）等。

铜和锌的铜基合金称为黄铜，包括高锌黄铜、硅黄铜、铅黄铜、铋黄铜等，主要应用于冷凝管（导热）、船用阀门（耐蚀）、开关（导电）等。

以锡、铝、铍、硅、锰、铬、锆、镉、镁、铁、碲等为主要元素的铜基合金称为青铜，主要用于涡轮蜗杆（耐磨）、接触线（导电）、继电器簧片（弹性）等。

铜和镍的铜基合金称为白铜，包括普通白铜、锰白铜、铁白铜、锌白铜和铝白铜，主要应用于船用冷凝管（耐蚀）、伺服阀（弹性）等。

3.4 铜及铜合金的塑性加工

铜及铜合金的加工方法主要包括机械加工、铸造加工、塑性加工、粉末冶金加工等，常见的塑性加工（也称为压力加工）方法包括锻造加工、冲压加工、轧制加工、挤压加工、拉伸加工等。

3.4.1 铜及铜合金板带材加工

铜及铜合金板材和条材可采用热轧和冷轧的方法生产，而带材和箔材都使用冷轧法生产。冷轧的板带条箔材按其供应状态又分为软化退火软态（O60）、1/4硬态（H01）、1/2硬态（H02）、硬态（H04）及特硬态（H06）等。

热轧板（M20）的厚度一般为4~25 mm，冷轧板厚度为0.2~15 mm，带材厚度为0.06~1.5 mm，最大厚度一般不超过2 mm。厚度在0.05 mm以下的板材或带材称为箔材。

半连续铸锭加热—热轧—冷轧法是最成熟的传统生产方法，应用最广。该方法适用于大规模生产，不受合金牌号限制，除生产带材和成卷轧制横切薄板外，还适用于生产厚度与宽度大的中厚板。

水平连续铸造卷坯—成卷冷轧法属于较为现代化的铜板带生产方法，但在生产规模、合金牌号、产品宽度上都有一定的局限性，在厚度上仅适用于生产带材和宽度不大的薄板材。

块状（连续或半连续的）铸坯—冷轧与挤压坯料—冷轧法由于使用品种有限，使用不广泛。但该方法省去了铸锭加热与热轧工序，因而具有生产周期短、生产效率高及节约能耗等优点。

连续电解法用于生产电子印刷线路板和锂电池用的高纯度铜箔，具有生产工艺简单、生产效率高、成本低等优点。该方法使用不锈钢或钛合金鼓轮作为直流电负极，在硫酸铜溶液中缓慢旋转，使铜离子在其表面上不断沉积、剥离下来得到成卷的电解铜箔。

铜及铜合金板带材典型的生产工艺流程如图3-5所示。

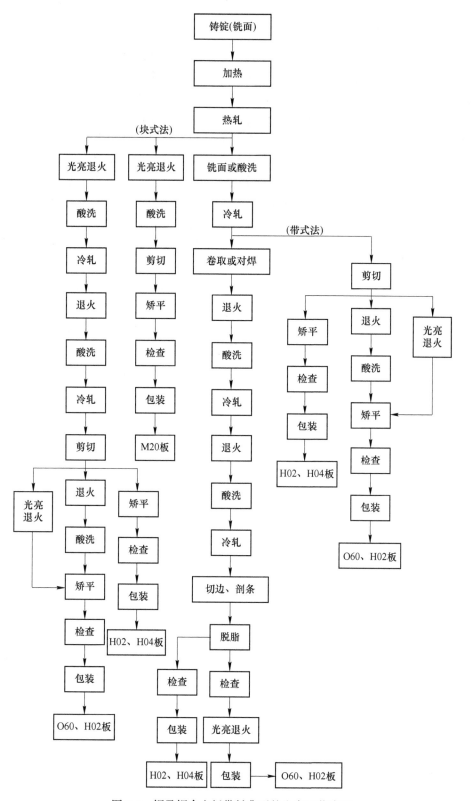

图 3-5 铜及铜合金板带材典型的生产工艺流程

3.4.2　铜及铜合金管棒型材加工

我国基本使用热挤压—冷轧—冷拉伸方法生产无缝铜及铜合金管材。对于难以冷加工的铜合金及大口径的管材，主要采用挤压法生产，挤压后的管坯经酸洗、锯切、矫直后进行冷轧或冷拉成成品管。斜轧热穿孔法是将加热到规定温度的铸锭在三辊斜轧穿孔机上轧成管坯，然后经过冷轧管机冷轧后再继续冷拉成成品管。冷轧多为中间工序，对中等规格的管材也可生产成品管。热挤压—冷拉伸方法也是一种使用普遍的生产方法，挤压的管坯不经冷轧，直接进行冷拉伸成尺寸精确、表面光洁的管材。水平连续铸造管坯—冷轧—冷拉伸方法是在铜合金熔炼后，在水平连续铸造机组上铸出铸锭后，用高速连轧机轧出管坯，再经冷拉伸拉出成品管。有缝管材生产一般采用水平连铸带坯—冷轧—冷弯焊接成型—冷轧—冷拉伸方法生产。首先，将铜合金液在水平连铸机组上连续铸成带坯，经冷轧形成铜合金带材；然后将带材冷弯成型，并用高频焊接机焊接成管坯；最后，将管坯用高速冷轧管机冷轧后，在联合拉伸机上拉制成成品管材。

铜及铜合金棒材的生产多采用热挤压生产坯料，然后经冷拉伸的方法生产出成品棒材；也有热挤压棒材直接供用户使用的。此外，采用孔型轧制方法或水平连铸连轧法制备棒坯，然后经冷拉伸生产成品棒材，也是一种生产铜及铜合金棒材的有效方法。

铜及铜合金型材的生产方法和棒材的生产方法大致相同。品种单一、大批量的产品多采用孔型轧制生产坯料，然后经冷拉伸生产成品型材；如果品种多、批量小的产品采用灵活性大的热挤压法生产坯料较为合适。

铜及铜合金管棒材各种生产方法比较见表 3-3。

表 3-3　铜及铜合金管棒材生产方法比较

生产方法	产品	优点	缺点	适用范围
铸造→热挤压→冷轧→冷拉伸	管、棒、型材	产品质量好；管坯重量大；生产灵活性大；产品种类多；生产工序少	几何废料多；设备投资贵；产品成本高	各种铜合金管、棒、型材
铸造→斜轧热穿孔→冷轧→拉伸	管材	几何废料少；设备投资比挤压法少；生产率高	生产品种少；管材质量（品质）差	紫铜、黄铜管材
连铸→冷轧→拉伸	管、棒、型材	投资少，成本低；产品坯料重量大；成品率高；生产工序少	生产品种少；管材质量（品质）差	紫铜、黄铜、青铜管、棒、型材
铸造→孔型轧制→拉伸	棒材、型材	产量高；几何废料少；设备投资比挤压法少	生产品种少；管材质量（品质）差；占地面积大	紫铜、黄铜、青铜管、棒、型材
铜带→焊接成型→拉伸	管材	成品率高；适于大批量生产；能生产长管材；生产工序少	有焊缝，耐压性能差；适于一般用途管材	黄铜管材

3.4.3　铜及铜合金线材加工

铜及铜合金线材生产加工工艺流程是从线坯起始到生产出成品线材的所有工序的总

和。铜线坯通常也称为铜盘条、铜杆，一般使用轧制、挤压、连铸和连铸连轧及上引法制备。传统轧制法生产的有氧化铜皮的铜杆称为黑杆，连铸连轧法生产的无氧化铜皮的铜杆又称为光亮杆或亮杆。

铜线材拉伸加工生产是仅次于锻造的古老塑性加工方法。单模拉伸是线材拉伸最早使用的方法，也是最基本的拉伸方法，由于拉伸速度无法提高，生产效率低，不适用于细线拉伸。目前，线材拉伸生产正朝着高速、连续、多线、"无限长坯"自动化方向发展；此外，适用于多种性能要求的双金属线材和多金属线材也不断涌现出来。

铜线材生产工艺流程如图 3-6 所示。

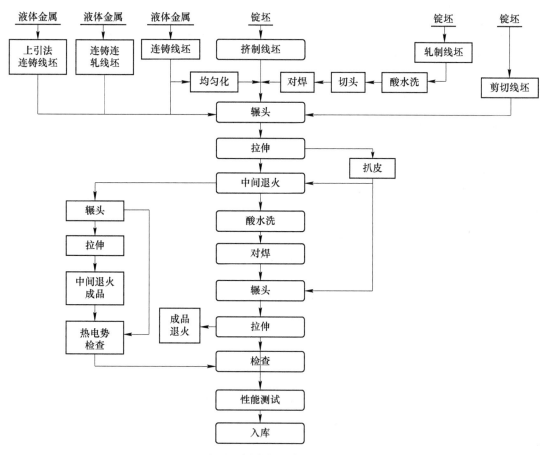

图 3-6 铜线材生产工艺流程

3.5 紫铜的特点及应用

紫铜具有优异的导电、导热与塑性加工性能，且兼具良好的耐腐蚀与焊接性，常用作电线电缆、热交换器、点焊电极、电子管材料等，在电子电器、轨道交通、高强磁场、航空航天等领域具有广泛应用。

紫铜中常含有少量杂质与微合金化元素。根据杂质和微合金元素含量的不同，可以分为工业纯铜、无氧铜、磷脱氧铜、特种铜等，其中工业纯铜的化学成分见表3-4。

表 3-4　工业纯铜的化学成分

代号	牌号	化学成分（质量分数）/%											
		Cu+Ag（最小值）	P	Bi	Sb	As	Fe	Ni	Pb	Sn	S	Zn	O
T10900	T1	99.95	0.001	0.001	0.002	0.002	0.005	0.002	0.003	0.002	0.005	0.005	0.02
T10950	T1.5	99.95	0.001	—	—	—	0.001	—	—	0.005	—	—	0.008~0.03
T11050	T2	99.90	—	0.001	0.002	0.002	0.005	—	0.005	—	0.005	—	—
T11090	T3	99.70	—	0.002	—	—	—	—	0.01	—	—	—	—

3.5.1　合金元素与固溶强化

紫铜中的微合金化元素多以固溶原子的形式存在，铍、镁、钛、锆、铬、锰、铁、钴、镍、钯、铂、银、金、锌、镉、铝、镓、铟、硅、锗、锡、磷、锑、砷等元素能溶于铜中形成铜基固溶体。只有铅、铋等难溶于铜中的元素是以第二相的形式存在于铜及其合金当中。微合金化元素的存在会在一定程度上影响铜的导电、导热、力学性能与塑性加工性能等。

3.5.1.1　微合金化元素对铜导电性的影响

固溶于铜基体中的溶质原子会降低铜的电导率，不同溶质元素对铜导电性能的影响如图3-7所示。可以看出，随溶质原子含量的增大，铜的电导率会逐步下降。此外，银、镉、铬等元素对紫铜电导率的影响较小，而添加少量的硅、铁、磷元素，则会极大恶化紫铜的导电性能。

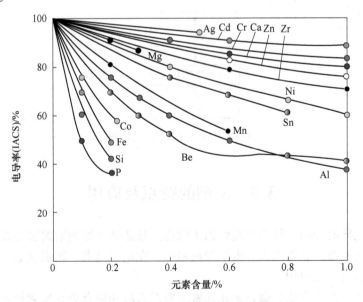

图 3-7　溶质元素对铜导电性的影响作用

3.5.1.2 微合金化元素对铜固溶强化作用的影响

溶于铜基固溶体中的溶质元素会产生一定的固溶强化作用。由于铜与微合金化元素在原子尺寸与原子间作用力方面存在差异，溶质原子添加会引起不同程度的原子尺寸失配和弹性失配，在溶质原子周围产生晶格应变，从而阻碍位错运动使铜得以强化。溶质原子与铜的原子尺寸失配和弹性失配程度越高，其固溶硬化常数越大，因此添加单位溶质原子所获得的固溶强化作用越显著。溶质原子与铜的原子尺寸失配和弹性失配程度如图 3-8（a）所示。可以看出，硅、锌等元素与铜的原子尺寸失配和弹性失配程度小。因此，相比于锡、铅等元素，固溶于铜中的硅、锌溶质元素产生的固溶强化效果较弱（见图 3-8（b））。

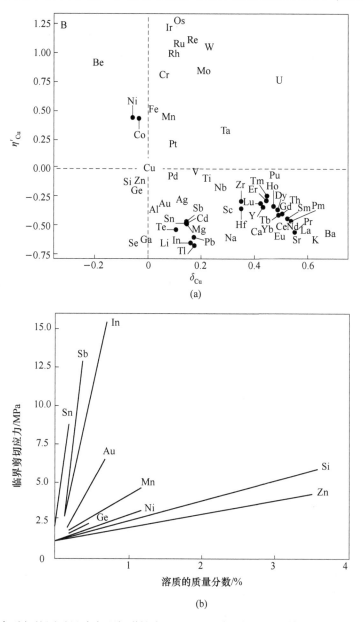

图 3-8　溶质元素引起的原子尺寸失配与弹性失配（a）及其对铜基固溶体临界分切应力（b）的影响

3.5.1.3 铜中的微合金元素

A 氧

氧在铜中的固溶度较低，几乎不溶于铜基体，但与铜易形成高熔点的氧化物 Cu_2O。脆性 Cu_2O 主要分布于铸态铜的晶界上，这将降低铜的塑性。然而，微量氧可与高纯铜中的铁、锡、磷等微量杂质进行反应，能够降低铜基固溶体中的溶质原子含量，对铜导电性的提高具有积极作用。含氧铜在含氢气气氛中进行退火时，氢易在高温条件下进入铜中与 Cu_2O 反应形成高压水蒸气，从而产生微裂纹，导致铜的塑性加工性能与力学性能恶化，这种现象称为"氢病"。

B 磷

在 714 ℃ 的温度条件下，磷在铜中的最大固溶度（质量分数）约为 1.75%，当温度下降至 200 ℃，磷在铜中的固溶度（质量分数）减小至 0.4%。磷会显著降低铜的导电性和导热性，但对铜的力学性能与焊接性能却有积极影响。磷常作为铜熔炼过程中的脱氧剂，还可有效提高熔融金属铜的流动性能。

C 铋

铋在铜中的固溶度很低。在 800 ℃ 时，铋在铜中的溶解度仅为 0.01%；随着温度的降低，铋在铜中的溶解度持续减小，当温度下降至 500 ℃，铋几乎不能溶于铜中。在凝固过程中，铋与铜形成易熔共晶，呈薄膜状分布于晶界处，在晶界处的含铋/铜共晶组织会严重恶化铜的冷、热加工性能。但铋的添加对铜导电性和导热性影响较小。含铋的铜（铋含量为 0.7%~1.0%）常用作真空开关触头，能有效防止开关粘结，从而提高开关寿命。

D 砷

砷在铜中的固溶度较大，其最大固溶度约为 7.8%。少量砷对铜的力学性能影响较小，但会显著降低铜的导电性和导热性。当砷含量升高至 0.1%，含氧铜晶界处的 Cu_2O 会与砷反应形成砷酸铜，生成的砷酸铜质点主要分布于晶粒内部替代了分布于晶界处的 Cu_2O，从而提高了铜的塑性。

E 锑

645 ℃ 时，锑在铜中的固溶度为 9.5%；当温度降低至 300 ℃，锑在铜中的溶解度急剧下降至约 4.5%。固溶于铜基体中的锑会严重降低铜的导电性和导热性，但能够提高铜的耐腐蚀性能。此外，锑与砷相似，能够与含氧铜晶界处的 Cu_2O 反应，减少晶界处的 Cu_2O 含量，从而提高材料塑性。

F 铁

铁在铜中的固溶度不大。在 1050 ℃ 时，其溶解度（质量分数）为 3.5%；当温度下降至 300 ℃ 以下，其溶解度小于 0.0004%，此时铁几乎不能溶于铜中，余量的铁将以铁相的形式脱溶析出。铁能够细化铸态铜的晶粒，减缓铜的再结晶与晶粒长大过程，能够有效提高铜的强度，但铁的添加同时也会降低铜的塑性、导电性和导热性。

G 铅

铅在铜中的固溶度极低，几乎不溶于铜。在凝固过程中铅与铜形成易熔共晶，分布于晶界处。由于铅在铜中有极低的固溶度，因此添加铅对铜的导电性影响较小。此外，铜中易熔共晶组织的存在能有效改善铜的切削加工性能，因此，对导电性与切削性具有高要求的零部件，常用含铅的铜及其合金作为加工原材料。

H 硫

硫在铜中的溶解度较低。室温条件下，硫在铜中的溶解度降低至零。硫通常以 Cu_2S 相的形式弥散分布于铜晶粒中，并常与 Cu_2O 共存。弥散分布的 Cu_2S 相粒子对铜导电性与导热性的影响较小，能够改善铜的切削性能，但会降低铜的塑性加工性能。

I 银

银在铜中的极限固溶度为 7.9%；随着温度的下降，银在铜中的溶解度急速降低，当温度达到 300 ℃，其溶解度不超过 0.1%，不溶于铜基体的银与铜形成共晶组织存在于材料中。与其他合金化元素相比，溶于铜中的银原子对铜导电性与导热性的影响作用小，并能显著提高铜的再结晶温度。当银含量为 0.03%~0.25%时，银铜合金的电导率与纯铜差别不大。

3.5.2 典型紫铜牌号及性能

部分典型的紫铜的物理、力学性能见表 3-5。

表 3-5 紫铜的物理、力学性能

合 金 牌 号	T1	T2	TU1	TU2	TP1	TP2
熔点/℃	1084.5	1065~1082	1083	1083	1083	1083
沸点/℃	2350~2600					
密度/kg·m^{-3}	8940	8890	8940	8940	8940	8940
熔化潜热/kJ·kg^{-1}	205.4~212.5					
比热容/J·(kg·K)$^{-1}$	385~420					
线膨胀系数/℃$^{-1}$	(16.92~17.0)×10^{-6}		17.0×10^{-6}		17.0×10^{-6}	
电阻率/μΩ·m	0.0172	0.017~0.01724	0.0171	0.0171	0.0187	
电导率（IACS）/%	100	97~101.5	101	101	99	
热导率/W·(m·K)$^{-1}$	388	388	391	391	350	
抗拉强度（M态）/MPa	220~275	220~275	196	196	200~275	200~275
伸长率（M态）/%	≥30	≥30	35	35	≥30	≥30

3.5.3 无氧铜

无氧铜具有电导率高、导热性好、氢渗透率小、机械加工性能优异等特点，被广泛应用于真空电子器件、导电部件等，其种类主要包括无氧铜、磷无氧铜、银无氧铜和锆无氧铜等。低氧含量是无氧铜的重要特征，无氧铜中氧含量通常小于 0.002%。其中，最为典型的无氧铜产品为 C10100（TU00）和 C10200（TU3），其成分见表 3-6。

表 3-6 典型无氧铜的化学成分

代号	牌号	Cu+Ag（最小值）	P	Ag	Bi	Sb	As	Fe	Ni	Pb
C10100	TU00	99.99	0.0003	0.00025	0.0001	0.0004	0.0005	0.001	0.001	0.0005
T10150	TU1	99.97	0.002	—	0.001	0.002	0.002	0.004	0.002	0.003

续表 3-6

代号	牌号	Cu+Ag（最小值）	P	Ag	Bi	Sb	As	Fe	Ni	Pb
C10200	TU3	99.95	—	—	—	—	—	—	—	—

代号	牌号	Cu+Ag（最小值）	Sn	S	Zn	O	Cd	Te	Se	Mn
C10100	TU00	99.99	0.0002	0.0015	0.0001	0.0005	0.0001	≤0.0002	≤0.0003	≤0.00005
T10150	TU1	99.97	0.002	0.004	0.003	0.002				
C10200	TU3	99.95	—	—	—	0.001	—			

　　TU3 无氧铜具有高的电导率（退火态无氧铜电导率（IACS）不小于 100%）、优异的热导率与良好的钎焊性能，主要用于制作高导电产品，如雷达用同轴电缆、电镀用阳极材料、波导管及电器接插件等。相比于 TU3 无氧铜，TU00 无氧铜具有更高的纯度。因此，TU00 无氧铜的电导率更高，能够达到 101%（IACS）以上。另外，因其氧含量和高温易挥发的杂质元素含量极低，在电子电器领域具有特定用途，如用于制作高频波导管、X 射线管、真空开关管和真空减压器等元件。

　　降低氧含量是无氧铜产品的重要发展方向，控制无氧铜的熔铸工艺则是制备高纯无氧铜的重要手段。普通无氧铜可在非真空环境下采用工频感应电炉进行熔炼，高纯无氧铜则应该采用真空感应电炉进行熔炼。真空熔炼不仅可以降低无氧铜中氧含量，同时对降低无氧铜中氢与杂质元素的含量也是有利的。通过真空熔炼获得的无氧铜，其氧含量可以低于 0.00005%。表 3-7 中比较了真空熔炼无氧铜与大气熔炼无氧铜的部分杂质元素含量。

表 3-7　真空熔炼无氧铜与大气熔炼无氧铜的部分杂质元素含量

熔炼方法	杂质元素含量（质量分数）/%					
	H	O	S	Se	Te	Pb
大气熔炼	0.00012	0.00045	0.00023	0.00013	0.0001	0.0005
真空熔炼	0.00008	0.00004	0.0001	0.00005	0.00005	0.0001

3.6　黄铜的特点及应用

　　黄铜按其所含合金元素的种类可分为普通黄铜（Cu-Zn 二元合金）和特殊黄铜（Cu-Zn-×合金）两类。其中，特殊黄铜包括高锌黄铜、铝黄铜、硅黄铜、铅黄铜、铋黄铜等。黄铜制品在铜合金加工材产品中的占比很大，主要用于制作水箱带、供排水管、波纹管、蛇形管、冷凝管、弹壳、船用阀门与开关等，广泛应用于航空航天、信息通信、电子电气、机械制造等领域。

　　图 3-9 所示为铜锌二元合金相图。可以看出，相图中包含 7 个单相区，分别为 α、β、γ、δ、ε、η 等 6 个固相及 1 个液相区。

　　黄铜中的主要相及特点描述如下：

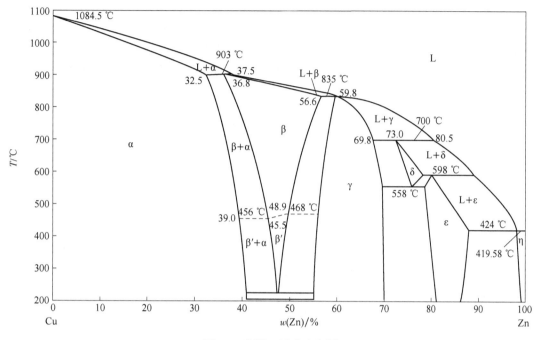

图 3-9 铜锌二元合金相图

（1）α相。锌含量在 0~38% 范围内的黄铜组织为 α 相，塑性较好的 α 相与 Cu 具有相同的晶体结构，即面心立方结构。α 黄铜的颜色会因其含锌量的提高而由紫色逐渐变成黄色。其铸态组织多为树枝状或针状，在退火后其组织变为等轴晶粒。

（2）β相。β相是锌含量超过 38% 的黄铜，且组织中会形成以 CuZn 化合物为基的固溶体。其晶格结构为体心立方，颜色为灰黄色。β 相的强度和硬度大于 α 相，但塑性小于 α 相，且比 α 相更容易被腐蚀以致在显微镜下呈暗色。此外，β 相具有较好的高温塑性。

（3）β′相。β′相为 β 相的有序化转变相，其硬度比 β 相稍大。

（4）γ相。γ相是以 Cu_5Zn_8 化合物为基的固溶体。γ 相硬而脆，其存在会恶化黄铜塑性，常予以避免。

锌在铜中的固溶度非常大，锌含量变化会显著影响合金的组织及性能。锌含量小于38% 的合金组织为 α 单相，α 黄铜塑性较好，故可冷热压力加工。在普通黄铜中 α 黄铜（H68、H70、H80 等）具有优良的冷热加工性能，能通过冷热轧、热挤、拉制和锻造等进行塑性加工成型。（α+β）两相黄铜锌含量一般为 38%~45%，室温下组织中含有由 β 相转变成的硬而脆的 β′相，因此强度高而塑性低。但与（α+β）两相黄铜中的 β′相比，β相有更好的高温塑性，因此在 β 区的温度范围区间内，（α+β）两相黄铜具有优异的热加工性能。锌含量在 45%~49% 范围内的合金组织为 β 单相，β 黄铜在室温时硬而脆，但在高温时反而比 α 黄铜更为柔软，因此 β 黄铜只适合热加工。

特殊黄铜也称为多元黄铜，是在铜和锌的基础上添加一定量的锡、铝、锰、铁、硅、镍、铅等元素，合金化元素的添加是为了提高黄铜的使役性能和工艺性能，有其特定的作用。

实际生产中可依据添加的各合金元素"锌当量系数"大致估计特殊黄铜的组织，在简单黄铜中加入少量硅、铝、镁等，通常会使铜锌系中的 α/(α+β) 相界向铜侧移动，这样就缩小了 α 相区；加入镍、钴会使相界向远离铜侧方向移动，扩大了 α 相区。表 3-8 为各元素的"锌当量系数"，合金元素添加引起的相区移动可通过虚拟锌含量来判断，这是估计复杂黄铜组织和性能的一种有效方法。

表 3-8　各元素的"锌当量系数"

元素	Si	Al	Sn	Mg	Pb	Bi	Fe	Mn	Co	Ni
系数	10	6	2	2	1	1	0.9	0.5	−0.1~1.5	−1.3~1.5

3.6.1　黄铜的微观组织

图 3-10 为典型两相黄铜的铸态组织。其中，图 3-10 (a) 为退火态 H65 黄铜的组织，合金主要由 α 相与 β 相组成，为典型的两相组织。图 3-10 (b) 为 HPb59-1 黄铜的铸态组织。相比于 H65 黄铜，HPb59-1 黄铜具有更高的锌含量，因此可在 HPb59-1 黄铜中观察到更高体积分数的 β 相。通过 SEM 和 EDS 可以确定，HPb59-1 黄铜内部弥散分布了大量的铅相粒子。

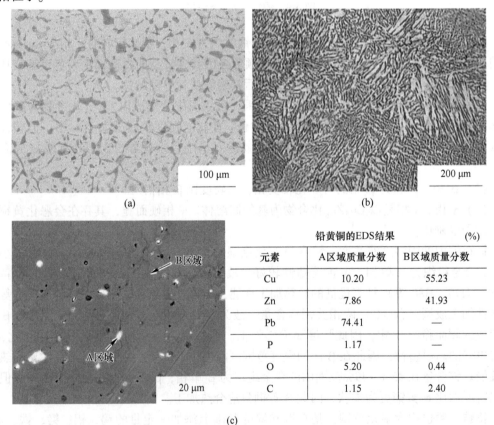

铅黄铜的EDS结果　　　　　　(%)

元素	A区域质量分数	B区域质量分数
Cu	10.20	55.23
Zn	7.86	41.93
Pb	74.41	—
P	1.17	—
O	5.20	0.44
C	1.15	2.40

(c)

图 3-10　两相黄铜的微观组织

（a）退火态 H65 黄铜的金相；（b）铸态 HPb59-1 黄铜的金相；（c）HPb59-1 黄铜的 SEM 照片及相应的 EDS 结果

3.6.2 典型黄铜牌号及性能

部分典型的黄铜牌号见表3-9。

表3-9 部分典型的黄铜牌号

分类	代号	牌号	化学成分（质量分数）/%							
			Cu	Fe	Pb	Sn	P	Al	Zn	Cu+所列元素总和
普通黄铜	T20800	H96	95.0~97.0	0.1	0.03	—	—	—	余量	99.8
	C22000	H90	89.0~91.0	0.05	0.05	—	—	—	余量	99.8
	C24000	H80	78.5~81.5	0.05	0.05	—	—	—	余量	99.8
	C27000	H65	63.0~68.5	0.07	0.09	—	—	—	余量	99.7
	T27600	H62	60.5~63.5	0.15	0.08	—	—	—	余量	99.7
	T28200	H59	57.0~60.0	0.3	0.08	—	—	—	余量	99.8
铅黄铜	C33000	HPb66-0.5	65.0~68.0	0.07	0.25~0.7	—	—	—	余量	99.6
	C37100	HPb61-1	58.0~62.0	0.15	0.6~1.2	—	—	—	余量	99.6
锡黄铜	C42200	HSn88-1	86.0~89.0	0.05	0.05	0.8~1.4	0.35	—	余量	99.7
	C48500	HSn61-0.8-1.8	59.0~62.0	0.10	1.3~2.2	0.50~1.0	0.50	—	余量	99.6
铝黄铜	C68700	HAl77-2	76.0~79.0	0.06	0.07	—	As：0.02~0.06	1.8~2.5	余量	99.5
	T68900	HAl67-2.5	66.0~68.0	0.6	0.5	—	—	2.0~3.0	余量	99.0

部分典型黄铜的物理力学性能见表3-10。

表3-10 部分典型的黄铜的物理力学性能

合金牌号	密度/g·cm⁻³	线膨胀系数/℃⁻¹	热导率/W·(m·K)⁻¹	电导率（IACS）/%	弹性模量/GPa	抗拉强度/MPa	屈服强度/MPa	疲劳强度/MPa	冲击韧性/J·cm⁻²
H90	8.8	$1.84×10^{-7}$	187.6	44	115	260（软态）/480（硬态）	120（软态）/400（硬态）	8.5/12.6	180
H80	8.66	$1.91×10^{-7}$	141.7	32	110	320（软态）/640（硬态）	120（软态）/520（硬态）	10.5/15.4	160
H75	8.63	$1.96×10^{-7}$	120.9	30	110	340（软态）/590（硬态）	110（软态）/540（硬态）	12/15	—
H65	8.47	$2.01×10^{-7}$	116.7	27	105	320（软态）/700（硬态）	70（软态）/450（硬态）	12/13.5	—
H62	8.43	$2.06×10^{-7}$	116.7	27	100	330（软态）/600（硬态）	80（软态）/420（硬态）	12/15.4	140

3.6.3　铅黄铜

铅黄铜是一种应用广泛的易切削黄铜,具有冷热成型性好、切削性能优异、耐磨性能良好、强度高及生产成本低廉等优点,主要应用于电子电气、仪器仪表、水暖卫浴、移动通信等行业。

优异的切削性能是铅黄铜的主要特点。铅不溶于 Cu-Zn 合金,通常以游离状质点分布于铜基固溶体内。当对铅黄铜进行切削加工时,弥散的铅颗粒易发生断裂而导致切屑断裂并呈崩碎状;此外,切削时温度的升高致使铅颗粒液化,起到润滑刀具的作用。因此,铅黄铜具有极高的切削性能,能够实现高速切削。铅黄铜切削制品的表面光洁,具有较好的表面质量。

3.6.4　铝黄铜

铝黄铜是一种以铝、锌为主要合金化元素的铜合金材料,具有较高强度与优异的耐蚀性,被广泛用于大型船舶与海滨发电站的冷凝器等。在黄铜内添加铝元素的主要目的有三点:

(1) 调控黄铜中的各相体积分数。铝的"锌当量系数"较大(约为6),黄铜中添加少量的铝会导致 α 相区显著缩小。当铝含量增高到一定程度,铝黄铜中会形成 γ 相,高硬度 γ 相能够提高黄铜硬度,但会降低黄铜塑性。因此,黄铜中的铝含量一般不超过4%。

(2) 改善黄铜耐腐蚀性能。铝黄铜表面铝的离子化倾向大于锌,合金中铝元素会优先与大气或溶液中的氧结合,形成致密的氧化膜。氧化铝膜能够有效隔绝黄铜与气体或溶液的接触,从而达到提高黄铜耐蚀性的目的。

(3) 细化黄铜晶粒。铝有细化晶粒的作用,在退火过程中能有效阻碍晶粒的长大。

HAl77-2 合金是一种典型的铝黄铜产品,该材料的锌含量为22%～24%,铝含量为1.0%～3.0%。HAl77-2 合金具有高强度、良好的耐腐蚀性及优异的塑性成型性。此外,铝元素添加能够缩小黄铜包晶反应的温度间隔,使得 HAl77-2 黄铜相比于普通黄铜具有更优异的铸造性能。

此外,铝黄铜中通常会添加第四组元元素以改善铝黄铜的综合性能。例如,Co、Pb 等元素会与铝发生反应,形成高硬度的金属间化合物。这些弥散分布的金属间化合物能够使铝黄铜的强度、硬度与耐磨性能提高。部分铝黄铜的性能见表3-11。

表 3-11　部分典型铝黄铜的物理力学性能

合金牌号	密度 /g·m⁻³	线膨胀系数 /℃⁻¹	热导率 /W·(m·K)⁻¹	电阻率 /μΩ·m	弹性模量 /GPa	抗拉强度 /MPa	屈服强度 /MPa	伸长率/%
HAl77-2	8.6	1.85×10^{-7}	208.4	0.075	102	360/600	80/540	50/10
HAl66-6-3-2	8.5	1.98×10^{-7}	208.4	—	—	740	400	7
HAl61-4-3-1	7.91	1.9×10^{-7}	—	0.09	—	745	—	6.5
HAl60-1-1	8.2	2.16×10^{-7}	315.2	0.09	105	450/760	200	50/9
HAl59-3-2	8.4	1.9×10^{-7}	350.1	0.079	100	380/650	304	45/12

3.7 青铜的特点及应用

以锡、铝、铍、硅、锰、铬、锡、镉、银、钛、镁等为主要合金元素的铜合金称为青铜。根据主要添加第二组元元素将青铜命名为锡青铜、铝青铜、铍青铜等。例如，以锡作为最主要合金化元素的铜合金称为锡青铜。

3.7.1 青铜的微观组织

图 3-11 为三类典型青铜的微观组织。图 3-11（a）为退火态 Cu-8Sn 合金（锡青铜）的金相照片，该锡青铜主要由铜基固溶体组成，是一种单相合金。由于锡青铜在退火过程中发生了明显的回复再结晶反应，合金组织主要由等轴晶晶粒组成。图 3-11（b）为 Cu-8Al-2Ni 合金（铝青铜）在 950 ℃保温 2h 后的金相组织。在合金中能够观察到少量的 β 相，此时铝青铜由 α+β 双相组织组成。图 3-11（c）是时效强化型 Cu-0.38Cr-0.16Co 合金

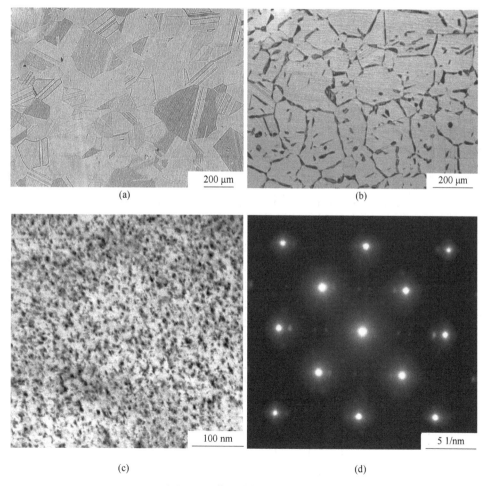

图 3-11 典型青铜的微观组织

（a）单相锡青铜的金相组织；（b）双相铝青铜的金相组织；（c）时效强化型铬青铜的 TEM 像；

（d）图（c）中相应的选区电子衍射

（铬青铜）的 TEM 照片，Cu-Cr 合金中能够观察到大量弥散分布的纳米尺度富铬相粒子，相应的选取电子衍射谱可以确定弥散析出的富铬相粒子具有面心立方结构，如图 3-11（d）所示。

3.7.2 典型青铜牌号及性能

青铜是人类应用最早的合金材料，迄今仍有广泛应用。锡青铜、铬青铜、锰青铜、铝青铜和硅青铜等都是其典型代表，合金成分见表 3-12～表 3-16。

表 3-12 典型锡青铜的化学成分

代号	牌号	化学成分（质量分数）/%								
		Cu	Sn	P	Fe	Pb	Al	Ni	Zn	Cu+所列元素总和
T50110	QSn0.4	余量	0.15~0.55	0.001	—	—	—	O≤0.035	—	99.9
T50120	QSn0.6	余量	0.4~0.8	0.01	0.020	—	—	—	—	99.9
T50130	QSn0.9	余量	0.85~1.05	0.03	0.05	—	—	—	—	99.9
C50500	QSn1.5-0.2	余量	1.0~1.7	0.03~0.35	0.10	0.05	—	—	0.30	99.5
T50501	QSn1.4	余量	1.0~1.7	0.15	0.10	0.02	—	—	0.20	99.5
C50700	QSn1.8	余量	1.5~2.0	0.30	0.10	0.05	—	—	—	99.5
T50701	QSn2-0.2	余量	1.7~2.3	0.15	0.10	0.02	—	0.10~0.40	0.20	99.5
T50800	QSn4-3	余量	3.5~4.5	0.03	0.05	0.02	0.002	—	2.7~3.3	99.8
C51000	QSn5-0.2	余量	4.2~5.8	0.03~0.35	0.10	0.05	—	—	0.30	99.5
T51010	QSn5-0.3	余量	4.5~5.5	0.01~0.40	0.1	0.02	—	0.2	0.2	99.8
C51100	QSn4-0.3	余量	3.5~4.9	0.03~0.35	0.10	0.05	—	—	0.30	99.5
T51510	QSn6.5-0.1	余量	6.0~7.0	0.10~0.25	0.05	0.02	0.002	—	0.3	99.6
T51520	QSn6.5-0.4	余量	6.0~7.0	0.26~0.40	0.02	0.02	0.002	—	0.3	99.6
T51530	QSn7-0.2	余量	6.0~8.0	0.10~0.25	0.05	0.02	0.01	—	0.3	99.6
C51900	QSn6-0.2	余量	5.0~7.0	0.03~0.35	0.10	0.05	—	—	0.30	99.5
C52100	QSn8-0.3	余量	7.0~9.0	0.03~0.35	0.10	0.05	—	—	0.20	99.5
C52400	QSn10-0.2	余量	9.0~11.0	0.03~0.35	0.10	0.05	—	—	0.20	99.5
T53300	QSn4-4-2.5	余量	3.0~5.0	0.03	0.05	1.5~3.5	0.002	—	3.0~5.0	99.8
C53400	QSn4.6-1-0.2	余量	3.5~5.8	0.03~0.35	0.10	0.8~1.2	—	—	0.30	99.5
T53500	QSn4-4-4	余量	3.0~5.0	0.03	0.05	3.0~4.0	0.002	—	3.0~5.0	99.8

表 3-13 典型铬青铜的化学成分

代号	牌号	化学成分（质量分数）/%												
		Cu	Cr	Fe	Ni	Mn	P	Zn	Sn	Si	Pb	Ti	Sb	Bi	Cu+所列元素总和
T55600	QCr4.5-2.5-0.6	余量	3.5~5.5	0.05	0.2~1.0	0.5~2.0	0.005	0.05	—	—	—	1.5~3.5	—	—	99.9

表 3-14 典型锰青铜的化学成分

代号	牌号	化学成分（质量分数）/%													
		Cu	Al	Fe	Ni	Mn	P	Zn	Sn	Si	Pb	As	Sb	Bi	Cu+所列元素总和
T56200	QMn2	余量	0.07	0.1	—	1.5~2.5	—	—	0.05	0.1	0.01	0.01	0.05	0.002	99.5
T56300	QMn5	余量	—	0.35	—	4.5~5.5	0.01	0.4	0.1	0.1	0.03	—	0.002	—	99.1

表 3-15 典型铝青铜的化学成分

代号	牌号	化学成分（质量分数）/%													
		Cu	Al	Fe	Ni	Mn	P	Zn	Sn	Si	Pb	As	Sb	Bi	Cu+所列元素总和
T60700	QAl5	余量	4.0~6.0	0.5	—	0.5	0.01	0.5	0.1	0.1	0.03	—	—	—	98.4
C60800	QAl6	余量	5.0~6.5	0.10	—	—	—	—	—	—	0.10	0.02~0.35	—	—	99.5
C61000	QAl7	余量	6.0~8.5	0.50	—	—	—	0.20	—	0.10	0.02	—	—	—	99.5
T61700	QAl9-2	余量	8.0~10.0	0.5	—	1.5~2.5	0.01	1.0	0.1	0.1	0.03	—	—	—	98.3
T61720	QAl9-4	余量	8.0~10.0	2.0~4.0	—	0.5	0.01	1.0	0.1	0.1	0.01	—	—	—	98.3
T61740	QAl9-5-1-1	余量	8.0~10.0	0.5~1.5	4.0~6.0	0.5~1.5	0.01	0.3	0.1	0.1	0.01	0.01	—	—	99.4
T62200	QAl11-6-6	余量	10.0~11.5	5.0~6.5	5.0~6.5	0.5	0.1	0.6	0.2	0.2	0.05	—	—	—	98.5
C61300	QAl17-3-0.4	余量	6.0~7.5	2.0~3.0	0.15	0.20	0.015	0.10	0.20~0.50	0.10	0.01	—	—	—	99.8
C62300	QAl19-3	余量	8.5~10.0	2.0~4.0	1.0	0.50	—	—	0.6	0.25	—	—	—	—	99.5
C62400	QAl11-3	余量	10.0~11.5	2.0~4.5	—	0.30	—	—	0.20	0.25	—	—	—	—	99.5
C63000	QAl10-5-3	余量	9.0~11.0	2.0~4.0	4.0~5.5	1.5	—	0.30	0.20	0.25	—	—	—	—	99.5

表 3-16　典型硅青铜的化学成分

代号	牌号	化学成分（质量分数）/%													Cu+所列元素总和
		Cu	Al	Fe	Ni	Mn	P	Zn	Sn	Si	Pb	As	Sb	Bi	
C64700	QSi0.6-2	余量	—	0.10	1.6~2.2	—	—	0.50	—	0.4~0.8	0.09	—	—	—	99.5
T64705	QSi0.6-2.1	余量	—	0.2	1.6~2.5	0.1	—	—	—	0.4~0.8	0.02	—	—	—	99.7
T64720	QSil-3	余量	0.02	0.1	2.4~3.4	0.1~0.4	—	0.2	0.1	0.6~1.1	0.15	—	—	—	99.5

部分典型青铜物理性能见表 3-17。

表 3-17　部分典型青铜的物理性能

分　类	合金牌号	热导率/W·(m·K)$^{-1}$	比热容/J·(kg·℃)$^{-1}$	线膨胀系数/℃$^{-1}$	电导率（IACS）/%
锡青铜	QSn4-0.3	87.6	377	1.73×10^{-7}（20~100℃）	20
	QSn6.5-0.1	54.4	307	1.73×10^{-7}（20℃）	13
	QSn6.5-0.4	87.12	370	1.7×10^{-7}（20~100℃）	10
	QSn7-0.2	54.4	376.8	1.81×10^{-7}（20~100℃）	12
铝青铜	QAl9-2	71.2	—	1.7×10^{-7}	—
	QAl94	58.6	376.3	1.9×10^{-7}	14.2
	QAl10-3-1.5	58.6	356	1.6×10^{-7}	9.1
	QAl10-4-4	77.13	376.8	1.65×10^{-7}	9.0
硅青铜	QSi3-1	37.68	—	1.85×10^{-7}	6.4（硬态） 7（软态）
	QSi1-3	105	—	1.8×10^{-7}	—
铬青铜	QCr0.5	171（固溶） 324（时效）	385	1.76×10^{-7}	40（固溶） 80（时效）

部分典型锡青铜的力学性能见表 3-18。

表 3-18　部分典型锡青铜的力学性能

合金牌号	状态	弹性模量/GPa	抗拉强度/MPa	比例极限/MPa	屈服强度/MPa	伸长率/%	布氏硬度
QSn6.5-0.1	软态	—	350~450	—	200~250	60~70	70~90
	硬态	124	700~800	450	590~650	7.4~12	160~200
QSn6.5-0.4	铸件	—	250~350	100	140	15~30	—
	软态	—	350~450	—	200~250	60~70	70~90
	硬态	112	700~800	450	590~650	7.4~12	160~200

合金牌号	状态	弹性模量/GPa	抗拉强度/MPa	比例极限/MPa	屈服强度/MPa	伸长率/%	布氏硬度
QSn7-0.2	软态	108	360	85	230	64	75
	硬态	—	500	—	—	15	180
QSn4-0.3	软态	100	340	—	—	52	55~70
	硬态	—	600	350	540	8	160~180

3.7.3 铬青铜

铬青铜是一类以铬为主要合金元素的铜合金，其具有高强度、高电导率及良好的耐腐蚀性能，常被用于制作引线框、铁路接触线及电接触材料等。

铬青铜是一种典型的时效强化型合金。由 Cu-Cr 二元相图可知（见图 3-12），铬原子在铜基体中的极限固溶度（摩尔分数）约为 0.645%（1080 ℃）；在室温条件下，铬原子在铜中的固溶度（摩尔分数）仅为 0.04%。因此，铬原子难以溶质原子的形式固溶于铜基体，铬主要以第二相的形式存在于合金中。在固溶时效处理后，Cu-Cr 系合金能够弥散析出纳米级富铬相，并产生显著的沉淀强化效果，使铬青铜获得高强度。

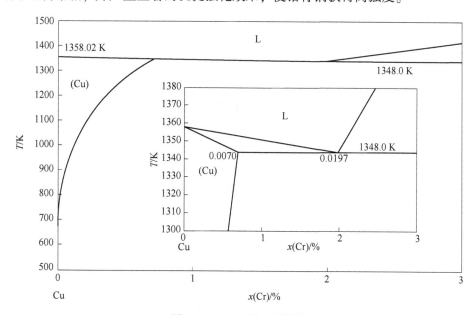

图 3-12 Cu-Cr 系二元相图

含铬相粒子的析出是提升 Cu-Cr 系合金强度与电导率的有效手段。时效过程中形成的富铬相具有两种不同的晶体结构：其一是面心立方结构（fcc）；其二是体心立方（bcc）结构。随着时效时间的延长，富铬相中的铬含量逐渐增大，从而导致析出相的结构发生变化。Cu-Cr 合金在时效过程中第二相的析出顺序如下：过饱和固溶体→富铬纳米原子团簇→fcc 结构富铬相→bcc 结构铬相。在时效初期，铬原子会发生聚集，形成原子团簇；随着时效时间的延长，铬原子团簇逐渐长大形成亚稳态的 fcc 结构富铬相；随着析出相中铬含量的增大，富铬相会发生 fcc→bcc 转变，合金中 fcc 结构的富铬相最终转变为稳态的 bcc 结构。bcc 结构的富铬相与基体间存在两种不同的晶体学取向关系，一种是 K-S 关系，另一种是 N-W 关系。

添加第三组元元素是改善 Cu-Cr 合金强度、电导率与高温软化温度等性能的有效方法。第三组元元素通常以三种形式存在于 Cu-Cr 合金中。

(1) 第三组元元素以溶质原子的形式存在于铜基体中，如银、镍等元素。固溶于基体中的银、镍等合金化元素能够产生一定的固溶强化效果，从而提升合金的强度、硬度。

(2) 第三组元元素会与铜或铬反应形成新相，如锆、铪、铁等。在 Cu-Cr-Zr 中，锆与铜会反应形成 Cu_4Zr 等金属间化合物，这些新相与富铬相共同作用，可以进一步强化 Cu-Cr 合金。

(3) 第三组元元素会溶与富铬相中，如钛、钴等。在 Cu-Cr-Ti 合金中，钛元素分布在铬相表面，使析出相形貌呈现类似三明治结构，分布于析出相外层的钛原子能够有效阻碍铬元素的扩散，降低铬元素的聚集速度，从而抑制了 Cu-Cr 合金中 fcc-bcc 结构转变。

3.7.4　锡青铜

锡青铜是一种以铜为基体，以锡为主要合金化元素的金属材料，具有优异的力学性能、导电性能、耐腐蚀性及耐磨性能，常被用于制作集成电路的引线框架、继电器、轴承等关键部件，在电子电工、信息通信、能源、国防等领域应用广泛。

由 Cu-Sn 二元相图（图 3-13）可知，当锡含量为 0~20% 时，锡青铜中存在 5 种不同的固相，分别为 α 相、β 相、γ 相、δ 相和 ε 相。其中，α 相是含锡的铜基固溶体，其晶体结构是面心立方结构，该相具有较好的塑性加工性能。β 相是一种在高温时才能稳定存在的面心立方结构的 Cu_3Sn 金属间化合物，其高温塑性好，当温度低于 586 ℃ 时，该相会发生分解，转变为由 α 相与 γ 相组成的混合物。γ 相是一种在 520~586 ℃ 温度区间稳定存在的 CuSn 金属间化合物，当温度低于 520 ℃ 会逐渐转变为 δ 相和 α 相。δ 相是一种具有复杂立方结构的 $Cu_{31}Sn_8$ 金属间化合物，该相硬且脆，若在退火过程中大量形成会降低锡青铜的塑性加工性，当温度低于 350 ℃，δ 相则会转变为 ε 相和 α 相。ε 相是一种密排立方结构的金属间化合物。

工业用锡磷青铜中锡含量一般为 3%~14%，此时合金的液相线与固相线相差较大。由于原子直径较大的锡原子在铜中的扩散较为困难，且扩散速度较慢，锡原子难以通过扩散方式使固相中的锡含量达到相平衡状态，这将造成合金中产生成分偏析现象，导致合金铸坯的成分不均匀。锡元素在锡青铜中的反偏析造成含锡化合物存在于树枝晶间，这样严重恶化合金的塑性和导电性。消除锡元素的反偏析是高品质锡青铜制备所需解决的关键技术问题。此外，为了能获得较好的塑性加工性能，加工锡青铜中的锡含量一般不超过 8%。

3.7.5　钛青铜

钛青铜是以钛作为主要合金化元素的一类铜合金，其具有强度高、硬度高、弹性模量高、耐磨性与耐蚀性能良好、冷热加工性能优异等特点，常用于制作继电器弹性元件、真空管插座、振动交流器振动片等零部件。

钛在铜中溶解度较低，当温度达到 896 ℃ 时，钛在铜中的溶解度达到最大值，约为

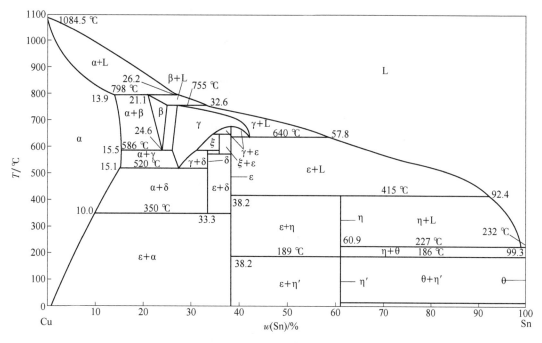

图 3-13　Cu-Sn 二元合金相图

4.7%；当温度下降至室温，其溶解度小于 0.4%。因此，钛青铜是一种可热处理强化型铜合金。在经过适合的热处理后，钛青铜中能够析出含钛的金属间化合物，从而提高合金强度。

　　Cu-Ti 合金在时效过程中的相变顺序为：过饱和基体固溶体（面心立方结构）经调幅分解形成两个钛含量差异明显的面心立方结构相（贫钛相和富钛相）；随后，富钛相逐步转变为亚稳态的 β′-Cu₄Ti 相，该相具有正方结构，属于 $I4/m$ 空间群；随着时效时间的延长，亚稳态的 β′-Cu₄Ti 相转变为稳态的 β-Cu₄Ti 相，该相具有正交结构，属于 $Pnma$ 空间群。β′-Cu₄Ti 相的 TEM 照片及相结构示意图如图 3-14 所示。

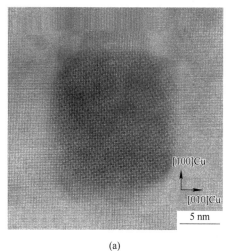

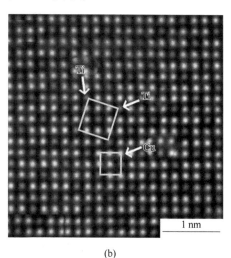

(a)　　　　　　　　　　　　　　　　(b)

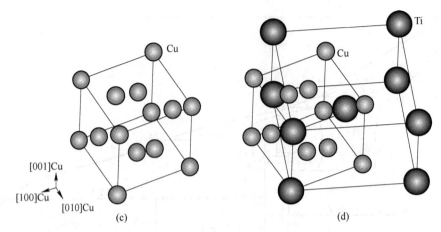

图 3-14　Cu-Ti 合金中亚稳态 β′-Cu₄Ti 相的 TEM 照片及相结构示意图

（a）β′-Cu₄Ti 相的形貌图；（b）β′-Cu₄Ti 相的高分辨 TEM 像；（c）合金中铜基体晶胞结构；
（d）铜基体晶胞与 β′-Cu₄Ti 相晶胞的位向关系

3.8　白铜的特点及应用

　　白铜是以镍为主要合金元素的铜合金。其中，由铜、镍两种元素组成的二元铜镍合金称为普通白铜，这类材料具有耐蚀性优异、弹性好、易于塑性成型等特点。为了拓展白铜的应用范围，通常会在普通白铜中添加第三组元元素，以获得综合性能更为优异的锰白铜、铁白铜、铝白铜等合金。

　　Cu-Ni 二元相图如图 3-15 所示。可以看出，铜与镍能无限互溶。因此，普通白铜只由铜基固溶体组成，不存在第二种金属间化合物。铜基固溶体具有面心立方结构，因此，白

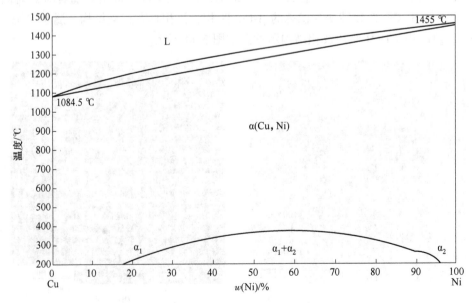

图 3-15　Cu-Ni 二元相图

铜通常具有优异的塑性加工性能。随着镍含量的增加，白铜的强度有所提高，但导电性与导热性会有明显下降。

3.8.1 白铜的微观组织

普通白铜是一种单相合金，主要由铜基体相组成。此时，合金的结构与纯铜相同，为面心立方结构。白铜在 800 ℃均匀化处理后，合金组织为等轴晶组织（见图 3-16）。

500 μm

图 3-16 白铜的金相组织

3.8.2 典型白铜牌号及性能

典型白铜的合金成分见表 3-19。

表 3-19 典型白铜的合金成分

| 分类 | 代号 | 牌号 | 化学成分（质量分数）/% | | | | | | | | | | | | | |
			Cu	Ni+Co	Al	Fe	Mn	Pb	P	S	C	Mg	Si	Zn	Sn	Cu+所列元素总和
普通白铜	T70110	B0.6	余量	0.57~0.63	—	0.005	—	0.005	0.002	0.005	0.002	—	0.002	—	—	99.9
	T70380	B5	余量	4.4~5.0	—	0.20	—	0.01	0.01	0.01	0.03	—	—	—	—	99.5
	T71200	B25	余量	24.0~26.0	—	0.5	0.5	0.005	0.01	0.01	0.05	0.05	0.15	0.3	0.03	98.2
	T71400	B30	余量	29.0~33.0	—	0.9	1.2	0.05	0.006	0.01	0.05	—	0.15	—	—	97.7
铁白铜	C70400	BFe5-1.5-0.5	余量	4.8~6.2	—	1.3~1.7	0.30~0.8	0.05	—	—	—	—	—	1.0	—	99.5
	C70600	BFe10-1.4-1	余量	9.0~11.0	—	1.0~1.8	1.0	0.05	—	—	—	—	—	1.0	—	99.5

续表 3-19

分类	代号	牌号	化学成分（质量分数）/%													Cu+所列元素总和
			Cu	Ni+Co	Al	Fe	Mn	Pb	P	S	C	Mg	Si	Zn	Sn	
铁白铜	C70610	BFe10-1.5-1	余量	10.0~11.0	—	1.0~2.0	0.50~1.0	0.01	—	0.05	0.05	—	—	—	—	99.5
	T70620	BFe10-1.6-1	余量	9.0~11.0	—	1.5~1.8	0.5~1.0	0.03	0.02	0.01	0.05	—	—	0.20	—	99.6
	T71510	BFe30-1-1	余量	29.0~32.0	—	0.5~1.0	0.5~1.2	0.02	0.006	0.01	0.05	—	0.15	0.3	0.03	99.3
	T71520	BFe30-2-2	余量	29.0~32.0	—	1.7~2.3	1.5~2.5	0.01	—	0.03	0.06	—	—	—	—	99.5
锰白铜	T71620	BMn3-12	余量	2.0~3.5	0.2	0.20~0.50	11.5~13.5	0.020	0.005	0.020	0.05	0.03	0.1~0.3	—	—	99.5
	T71660	BMn40-1.5	余量	39.0~41.0	—	0.50	1.0~2.0	0.005	0.005	0.02	0.10	0.05	0.10	—	—	99.1
	T71670	BMn43-0.5	余量	42.0~44.0	—	0.15	0.10~1.0	0.002	0.002	0.01	0.10	0.05	0.10	—	—	99.4
铝白铜	T72400	BA16-1.5	余量	5.5~6.5	1.2~1.8	0.50	0.20	0.003	—	—	—	—	—	—	—	99.6
	T72600	BA13-3	余量	12.0~15.0	2.3~3.0	1.0	0.50	0.003	0.01	—	—	—	—	—	—	99.6
锌白铜	C75200	BZn18-18	63.0~66.5	16.5~19.5		0.25	0.50	0.05						余量		99.5
	T75210	BZn18-17	62.0~66.0	16.5~19.5		0.25	0.50	0.03						余量		99.1

普通白铜的力学性能见表 3-20。

表 3-20　普通白铜的力学性能

性能		分类				
		B0.6	B5	B10	B19	B30
抗拉强度/MPa	软态	250~300	270（板材）	350	400	380
	硬态	450（加工率80%）	470（板材）	585	800（加工率80%）	—
伸长率/%	软态	<50	50（板材）	35	35	23
	硬态	2（加工率80%）	4（板材）	3	5（加工率60%）	—

性能	分类				
	B0.6	B5	B10	B19	B30
比例极限/MPa	—	—	—	100（软态）	—
屈服强度/MPa	—	—	—	600（硬态）	—
布氏硬度	50~60	38（软态）	—	70（软态）	—

3.8.3　铁白铜

含有少量铁元素的白铜称为铁白铜。铁元素在 Cu-Ni 固溶体中的溶解度较低（见图 3-17），在 950 ℃时，铁在 Cu-10Ni 合金中的溶解度是 4.8%；当温度下降至 300 ℃，其溶解度下降至 0.1%。铁元素的添加能够有效提高白铜的力学性能与耐腐蚀性。在 B10 白铜中添加 1%~2% 的铁对提高抗海水的冲刷腐蚀有显著效果。但白铜中的铁含量不应超过 2%，当铁含量超过 2%，易引起白铜发生腐蚀开裂；当铁含量超过 4%，铁白铜的腐蚀加剧，保护层更易剥落。

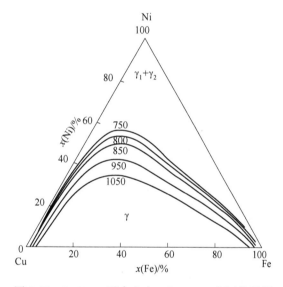

图 3-17　Cu-Ni-Fe 系合金中 γ 和 $\gamma_1+\gamma_2$ 相区的界限

3.8.4　锰白铜

锰白铜是一类以镍、锰为主要合金化元素的铜合金。根据 Cu-Ni-Mn 三元相图可知，镍、锰含量较低的锰白铜，通常只由 α 相组成；当锰白铜中镍、锰含量提升，锰白铜中会形成 NiMn 强化相。例如，当锰白铜中 Ni 含量为 20%、Mn 含量为 10%~28% 时，锰白铜通过固溶、时效处理能够析出大量的 NiMn 相粒子，以获得具有高强度的白铜。此外，锰元素的添加能够显著提高白铜的抗湍流冲击腐蚀能力，当白铜中铁含量较低时，还能够弥补铁的作用。

单相锰白铜具有较低的电阻温度系数，高的电阻系数，良好加工性能，优异的耐磨、耐蚀和抗氧化性等特点，通常作为精密电阻用的合金，是通信设备、仪器、仪表中必不可少的关键材料，常见的电阻合金用锰白铜性能见表 3-21。

表 3-21　电阻合金用锰白铜性能

性　　能		合金牌号		
		BMn3-12	BMn40-1.5	BMn43-0.5
液相点/℃		1011.2	—	1291.8
固相点/℃		961	1261.7	1221.7
密度/g·cm^{-3}		8.4	8.9	8.9
比热容（18℃）/J·(kg·℃)$^{-1}$		409.5	410.3	—
线膨胀系数（100℃）/℃$^{-1}$		16×10^{-6}	14.4×10^{-6}	14×10^{-6}（20℃）
热导率（20℃）/W·(m·K)$^{-1}$		21.8	20.9	24.4
电阻率（20℃）/μΩ·m		0.435	0.480	0.49~0.50（0℃，软态）
电阻温度系数/℃$^{-1}$		3×10^{-5}	2×10^{-5}（20~100℃）	1.4×10^{-4}（0℃）
和铜配对时每 1℃ 的热电势/mV		1	电极电位 0.35	—
直径 0.03~0.54 mm 线材的击穿电压/V		400	—	—
弹性模量/GPa		126.5	166	95（软态），120（硬态）
热膨胀/mm·m^{-1}	150℃	—	—	2
	500℃	—	—	8

康铜（牌号为 BMn40-1.5）是一种典型的精密电阻合金。该合金具有低的电阻温度系数，而且电阻-温度曲线的线性关系好于 BMn3-12 合金，可以在较宽的温度范围内使用。此外，BMn40-1.5 合金还具有优异的加工性和钎焊性，适于制作精密电阻、滑动电阻、电阻应变计等。

当镍、锰含量同时超过 15%，锰白铜可作为一种时效强化型的铜合金材料。该类锰白铜在时效过程中能够析出大量纳米尺度的高硬度 NiMn 相，产生显著的弥散强化效果，从而实现锰白铜的高强度（见图 3-18）。NiMn 相具有面心四方结构，是一种有序结构相（L10 有序结构），其结构示意图如图 3-18（c）所示。

通过时效引入的纳米尺度 NiMn 相粒子使锰白铜的强度与弹性模量显著提高，其抗拉强度能够达到 1200MPa 以上，弹性模量可以达到 130GPa 以上（见表 3-22）。相比于 Cu-Ni-Sn、Cu-Be 等弹性铜合金材料，Cu-Ni-Mn 合金在强度及弹性性能方面表现优异，是一种极具潜力的高强度铜基弹性材料。

NiMn 相的析出是锰白铜获得高强度的主要强化途径。在锰白铜中，NiMn 强化相主要以两种方式脱溶析出：其一为不连续脱溶转变（见图 3-19（a）），其二为连续脱溶转变（见图 3-19（c））。在不连续脱溶转变过程中，铜基过饱和固溶体优先在晶界上发生脱溶析出反应，形成为由富铜相和 NiMn 相构成的不连续析出胞状组织，并逐渐向晶粒内部长大（见图 3-19（b））。在连续脱溶转变过程中，NiMn 相粒子均匀形核于基体中，逐渐长大为球形颗粒，通过连续析出脱溶转变形成 NiMn 相，其形貌如图 3-19（d）所示。

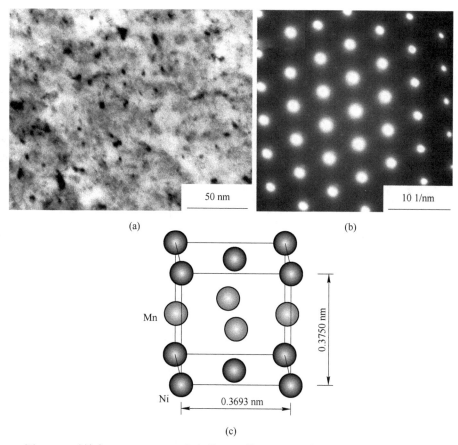

图 3-18 时效态 Cu-30Ni-30Mn 合金的 TEM 像（a）、相应的选区电子衍射谱（b）
及 NiMn 相的晶体结构模型（c）

表 3-22 不同铜基合金的抗拉强度和弹性模量

合　金	牌　号	抗拉强度/MPa	弹性模量/GPa
Cu-Be	QBe2	1250	133
	C17200	1300～1500	130
Cu-Ni-Sn	Cu-9Ni-6Sn	1110	120～130
	Cu-15Ni-8Sn	1220	120～130
Cu-Ni-Mn	Cu-20Ni-20Mn	1250～1450	135～153
	Cu-20Ni-35Mn	≥1470	—

　　研究发现，NiMn 在低温条件下会优先发生不连续脱溶反应。随着时效温度的升高，锰白铜中 NiMn 相的脱溶析出方式逐渐转变为连续脱溶析出方式。例如，在 Cu-20Ni-20Mn 合金中，当时效温度为 200～350 ℃时，NiMn 相主要以不连续脱溶转变的方式脱溶析出；当时效温度提高至 400 ℃以上，NiMn 强化相的脱溶析出方式则主要以连续脱溶转变为主。

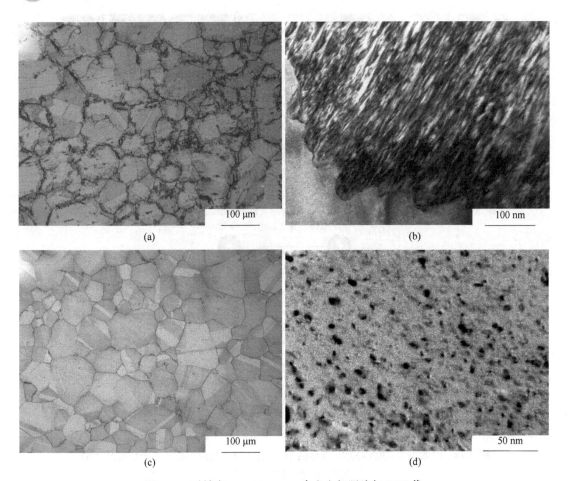

图 3-19　时效态 Cu-20Ni-20Mn 合金金相照片与 TEM 像

（a）不连续脱溶组织金相照片；（b）不连续脱溶组织的 TEM 像；（c）连续脱溶组织金相照片；
（d）连续脱溶组织的 TEM 像

复习思考题

3-1　简述如何通过优化废杂铜回收的管理达到铜加工企业降本增效的目的？

3-2　在无氧铜的熔铸生产过程中，降低无氧铜氧含量的方法有哪些？

3-3　铅黄铜切削性能优异，其原因是什么？哪些元素可替代铅用以制备易切削黄铜，并简述其原理。

3-4　在时效过程中，铬青铜强化相成分与结构的演变规律是什么？举例说明第三组元添加对铬青铜强化
　　相成分、形貌与结构的影响。

3-5　通过连续脱溶析出与不连续脱溶析出两种方式形成的 NiMn 相对锰白铜力学性能的影响有何异同？
　　并简述抑制 NiMn 相不连续脱溶析出的方法。

4 钛及钛合金

钛是 20 世纪 50 年代初走向工业化生产的一种重要金属。钛性质优良，储量丰富，其重要性仅次于铁、铝，被誉为正在崛起的"第三金属"。钛具有许多重要的特性，如密度小、比强度高、耐腐蚀、膨胀系数低、热导率低、无磁性、生理相容性好、表面可磁性强，还具有储氢、超导、形状记忆、超弹和高阻尼等特殊功能。它既是优质的轻型耐腐蚀结构材料，又是新型的功能材料及重要的生物医用材料。在众多特性中，钛有两个最为显著的优点，比强度高和耐腐蚀性好，从而使它在空中、陆地、海洋和外层空间都有广泛的用途，包括航空航天、常规兵器、舰艇及海洋工程、核电及火力发电、化工与石油化工、冶金、建筑、交通、体育与生活用品等方面。与钢铁及铝合金等量大面广的金属材料相比，钛及钛合金虽然具有很多性能优势，但其生产和应用的规模及发展依然存在一定的限制因素，最主要的是成本偏高。

4.1 钛的起源与发展

钛是地壳中分布最广的元素之一，约占地壳总质量的 0.6%，居第九位，钛资源仅次于铝、铁、镁，居第四位。在自然界主要以金红石（TiO_2）和钛铁矿石（$FeO \cdot TiO_2$）的形式存在，此外还有锐钛矿石（TiO_2）、板钛矿石（TiO_2）和低品位的黑砂等。目前国外已经勘察的矿产地有美国、澳大利亚、印度、加拿大等地。

钛元素最早是在 1791 年被英国的矿物学家和化学家 William Gregor 发现。1795 年，德国化学家 Martin Heinrich Klaproth 从匈牙利产的矿石（即金红石）中分解出了氧化钛，并以古代希腊神话中的"大地之子"的名字 Titans 来命名。尽管在 200 多年前就发现了钛元素，并且钛资源在地壳中的储量丰富，但是由于钛与氧、氢、氮、碳等元素和绝大多数耐火材料在高温下容易发生反应，从而使金属钛的提取工艺变得非常复杂和困难。因此，早期的钛主要用于绘画、造纸和塑料用白色颜料，全世界大部分白色颜料为二氧化钛。

在此后的 100 多年里，世界各国的学者对钛的提炼工艺进行了不断探索和改进。但是早期提取的钛由于含有少量的杂质，如氧、氮、碳、氢等而呈现出极大的脆性，限制了其实际应用。1910 年，美国的 Mathew Albert Hunter 在钢瓶中用钠还原出高纯的 $TiCl_4$，制得高温下可变形、含氧量低的钛，后来发展成为工业上的钠还原法。真正具有商业应用价值的钛金属提取方法是卢森堡化学家 Wilhela Justin Kroll 于 1932 年提出的镁热法，该工艺包含在惰性气体环境中用镁还原 $TiCl_4$。目前仍然被广泛采用，称为"Kroll 工艺"。

第一个商业化的钛产品是在 1950 年由美国钛金属公司（TMCA）生产的，从此拉开了钛金属大规模工业化生产的序幕。英国钛的大规模生产是帝国金属工业公司（IMI）从 1951 年开始的；日本海绵钛的生产是从 1952 年大阪钛公司开始的；苏联从 1954 年开始生产海绵钛，并于 1979 年成为世界上最大的海绵钛生产厂家。

第二次世界大战之后，世界上许多国家都意识到钛合金对国防工业的重要性，钛合金迅速发展成为航空、航天等高技术领域不可缺少的关键材料，并在舰船、兵器、石油、化工、能源、生物医学等领域得到越来越多的应用。目前，世界上已研制出的钛合金有数百种，最著名的有二三十种，如 Ti-6Al-4V、Ti-5Al-2.5Sn、Ti-6242、Ti-6246、Ti-1023、Ti-15-3、Ti-6-22-22、IM1834 等合金。

第一个实用的钛合金是 1954 年美国研制成功的 Ti-6Al-4V 合金，由于它具有良好的综合性能、成型性能和焊接性能等优势，因而成为钛合金工业中的王牌合金，该合金的使用量占全部钛合金的 50% 以上。从世界钛工业的发展趋势来看，钛的发展速度是非常快的，大约以每年 8% 的速度增长。但是，中间经历了几次大起大落，每次都与飞机和发动机的制造有关。1950 年，美国首次在 F-84 战斗轰炸机上用钛制作机身隔热板、导风罩等非承力构件。20 世纪 60 年代，开始使用钛合金代替结构钢制造隔框、梁、襟翼滑轨等重要承力构件，钛合金在军机中的用量迅速增加到 20%~25%。20 世纪 70 年代开始，民用飞机开始大量使用钛合金，如波音 757 客机的钛合金用量占整个结构质量 5%，用量高达 3640 kg。麦道公司生产的 DC10 飞机，钛合金用量达 5500 kg，占结构质量的 10%。与此同时，钛合金大量在航空发动机中使用，一般占结构总质量的 20%~30%，主要用于制造压气机部件，如风扇盘、压气机盘和叶片、压气机机匣、轴承壳体和尾喷口调节器等。20世纪 80—90 年代，钛合金在飞机和发动机中的用量大幅度提高。美国的第四代战斗机 F22 的用钛量占全机质量的 41%，其动力装置 F119 发动机的用钛量占总质量的 36%。钛合金已成为现代飞机和发动机不可缺少的结构材料之一。

21 世纪以来，世界进入以空客 380 和波音 787 型飞机为代表的大型宽体客机的研制高峰，同时军机也处于一个三代机向四代机过渡的时期，世界航空工业对钛合金的需求迅猛增长。中国钛工业生产起步较晚，但是近年来，随着中国大飞机项目、探月工程等项目的实施，推动了中国钛工业的迅速发展。到 2007 年为止，我国海绵钛的总产量已居世界第一位，钛加工材的产量也已超过 23000 t，成为一个钛工业大国。然而，我国在钛冶金和加工技术方面与国外尚有一定差距。如何缩小与发达国家的差距，把我国从一个钛工业大国建设成为钛工业强国，是历史赋予我国钛业工作者的责任。

4.2　钛的结构与基本特性

4.2.1　钛的原子构造及晶体结构

钛在元素周期表中位于第ⅣB 族第四长周期中，原子序数为 22。钛原子的 22 个外层电子在各子层的分布为 $1s^2 2s^2 2p^6 3s^2 3p^6 3d^2 4s^2$，其特点是 d 电子层不充满，属于过渡金属。钛的相对原子质量为 47.867，其主要的同位素相对原子质量有 46、47、48、49、50，其相对原子质量为 48 的同位素在自然界中的相对含量最高，达到 73.45%。纯钛的熔点为 1640~1670 ℃，密度为 4.50 g/cm³。钛有两种同素异晶体即 α 相和 β 相，其同素异晶体转变温度为 882.5 ℃；转变温度以下为密排六方结构（hcp）的 α 相，而在 882.5 ℃ 以上为体心立方结构（bcc）的 β 相。α-Ti 在 25 ℃ 时的点阵常数为 $a = 2.9503 \times 10^{-10}$ m，$c = 4.6831 \times 10^{-10}$ m，$c/a = 1.5873$；β-Ti 在 25 ℃ 时的点阵常数为 $a = 3.2320 \times 10^{-10}$ m。

4.2.2　钛的电性能

钛的过渡金属原子构造决定了它具有高电阻。由于氧、氮、碳、铁等杂质对钛的电阻影响很大，因此钛的电阻测定分散性较大。纯度最高的碘化钛的电阻率 $\rho = 0.45\ \mu\Omega \cdot m$，随温度增高比电阻增加。当发生 $\alpha \rightarrow \beta$ 转变时，比电阻下降，$\beta\text{-Ti}$ 的平均电阻率为 $\rho = 0.16\ \mu\Omega \cdot m$。许多研究表明，当温度接近绝对零度时，钛具有超导性，但因冷作硬化和微量杂质的影响很大，故纯钛的超导物理数据的分散性较大。

4.2.3　钛的热性能

钛和钛合金的线膨胀系数和比热容比较低，其热导率大约只是铝及铝合金热导率的 1/15、钢的 1/5。

4.2.4　钛的化学及腐蚀性能

钛具有很高的化学活性，并且其化学活性随温度升高而急剧增强。钛的活性表面在室温就开始吸氢，在 300 ℃ 时吸氢量加大；钛与氧开始明显发生作用的温度是 600 ℃，而与氮发生作用的温度则高于 700 ℃。通过真空退火，几乎可以完全除去氢，而氧、氮则不可能除去。钛在空气介质中加热时，会在表面生成一种薄、致密而且稳定的氧化膜，起保护作用。钛在 500 ℃ 以下的空气中是稳定的，在 800 ℃ 以上时，氧化膜分解，氧原子会进入晶格从而使金属变脆。熔融状态的钛与已知的所有耐火材料都能发生剧烈反应。钛剧烈氧化能发生燃烧，干钛粉的自燃温度为 300~600 ℃。粉状、海绵状、尘状、细屑状钛很容易由于火星或一个小火苗而引起燃烧。

钛及钛合金对大部分化学介质都具有优异的耐腐蚀性能。但有 4 种无机酸（氢氟酸、盐酸、硫酸和磷酸）和 4 种热浓有机酸（草酸、甲酸、二氟乙酸和三氟乙酸）及腐蚀性极强的氯化铝对钛及钛合金都有严重的腐蚀作用。钛对一些无水化学试剂（如甲醇和四氯化碳）的腐蚀也很敏感。在高温下，钛及钛合金对干燥的氯化钠的应力腐蚀也是敏感的。

在与大多数金属构成的原电池系统中，钛及钛合金的电位是属于高价的正电位，从而使其他金属与其接触时被腐蚀。钛的电位仅低于镍基合金，有良好的抗电化学腐蚀性能。

对钛及钛合金来说，氢脆是一个重要问题。钛容易从酸洗液、腐蚀液和热加工的高温气氛中吸氢。钛及钛合金的氢脆可以表现为以下两种：（1）对工业纯钛和 α 合金，氢脆表现为塑性降低，而强度稍有增加，同时在低于 93 ℃ 时合金冲击韧性降低；（2）类似于钢的脆化，在恒载荷或持续载荷下，进行慢速拉伸试验时出现的一种脆化现象。

4.2.5　钛的力学性能

钛中的杂质含量对钛的力学性能影响很大，杂质含量增多可以提高其强度而降低塑性。氧、碳、氮是钛中常见的杂质，它们能提高钛的强度而降低其塑性，其中氮的影响最大，碳最小，而氧居中。

氢对钛的力学性能的影响主要体现在氢脆上。在钛中，氢的含量达到一定数值后，将大大提高钛对缺口的敏感性，从而急剧降低缺口试样的冲击韧性等性能。一般认为，钛中氢的质量分数应低于 0.007%~0.008%，而不允许高于 0.0125%~0.015%，因为高于这个含量，在组织上将析出氢化物，并出现明显的氢脆现象。

除氧、碳、氮外，对提高钛的强度影响较大的元素是硼、铍和铝，其他元素对钛的强度影响不那么强烈，影响程度依次排列为铬、钴、铌、锰、铁、钒和锡。

4.3 钛与人体健康

钛不是人体需要的微量元素，并不能够通过服用或接触等方式被人体吸收，因此对于改善或维护人体的健康水平没有明显作用。钛被广泛应用于医疗器械的制造中，是一种常用的人体置换材料，毒性小，与人体接触后不会出现重金属中毒的副作用。钛具有生物兼容性、与人体骨相似的力学特性、耐腐蚀性等特性。

（1）生物兼容性。由于钛的生物兼容性，在进行植入替换人体损伤组织后，可以和组织较好地兼容，有助于人体组织较好地生长。

（2）与人体骨相似的力学特性。钛的力学性能与人体的骨组织较为相似，因此可以起到较好的替代作用，不会产生明显的应力变化，有助于人体术后尽早适应。

（3）耐腐蚀性。由于钛性质稳定，因此可以抵抗人体分泌物的侵蚀，不易发生腐蚀损害现象，并且对人体不会产生有毒有害影响。

钛的危害如下：如果患者不慎将钛吸入或者误食，可能会对呼吸系统产生强烈的刺激，容易导致患者出现憋喘、咳嗽、呼吸困难等不适症状，在剧烈咳嗽的时候，还可能会引起疼痛感。另外，部分人群还可能会对钛这种物质过敏，当皮肤直接接触这种物质的时候，可能会出现过敏反应。

4.4 钛资源与冶炼

4.4.1 钛资源

钛在地球上的储量十分丰富，地壳丰度为 0.61%，海水含钛 1×10^{-7}，其含量比常见的铜、镍、锡、铅、锌都要高。已知的钛矿物约有 140 种，但工业应用的主要是钛铁矿（$FeTiO_3$）和金红石（TiO_2）。

全球有 30 多个国家拥有钛资源，但是钛主要分布在澳大利亚、南非、加拿大、中国和印度等国。加拿大、中国和印度主要是岩矿；澳大利亚、美国主要是砂矿；南非的岩矿和砂矿都十分丰富。

4.4.1.1 全球钛资源储量分布

据美国地质调查局（USGS）2022 年公布的数据表明，全球钛储量（以 TiO_2 计）约为 7 亿吨，其中钛铁储量为 6.5 亿吨，占比 92.86%，较去年下降 7.14%，主要受澳大利亚老矿山关停影响，金红石储量为 0.49 亿吨，占比 7.54%。钛铁矿主要分布在亚洲、大洋洲和欧洲，储量前 5 的国家分别为中国（29.23%）、澳大利亚（24.62%）、印度（13.08%）、巴西（6.62%）、挪威（5.69%），其中中国和澳大利亚两国的储量占比达到全球储量的一半以上。金红石主要分布在北美洲、非洲和亚洲，澳大利亚储量占比达 63.27%。储量前 5 的国家分别为澳大利亚（63.27%）、印度（15.10%）、南非（13.27%）、乌克兰（5.10%）、莫桑比克（1.82%）。

4.4.1.2 我国钛资源概况

我国钛资源非常丰富，是世界钛资源大国，其储量位于世界前列。我国钛矿床的矿石工业类型比较齐全，既有原生矿也有次生矿，原生钒钛磁铁矿为我国的主要工业类型。钛铁矿占我国钛资源总储量的 98%，金红石仅占 2%。

我国共有钛矿床 142 个，分布于 20 个省区，主要产地为四川、河北、海南、湖北、广东、广西、山西、山东、陕西、河南等。在钛铁矿型钛资源中，原生矿占 97%，砂矿占 3%；在金红石型钛资源中，绝大部分为低品位的原生矿，其储量占全国金红石资源的 86%，砂矿为 14%。全国原生钛铁矿约有 45 处，主要分布在四川攀西和河北承德。钛铁砂矿资源约有 85 处，主要分布在海南、云南、广东、广西等地。相比之下，金红石矿资源较少，资源产地约 41 处，主要分布在河南、湖北和山西等地。

4.4.1.3 全球钛产品产量

（1）海绵钛。根据美国地质调查局（USGS）统计，2022 年全球海绵钛行业产量为 27.9 万吨，同比增长 14.6%。其中，中国海绵钛产量占到 62.7%，达到 15.7 万吨，居全球第一，是名副其实的海绵钛大国。具体来看，2017—2022 年我国海绵钛产量年复合增长率达 20.42%，海绵钛产业呈飞速发展态势。

（2）钛白粉。根据美国地质调查局（USGS）统计，2022 年全球钛白粉总产量约为 940 万吨，中国为 391 万吨，约占全球总量的 41%，其次，美国钛白粉产量 137 万吨，约占全球总量的 15%，两国总产量占全球钛白粉总产出半壁江山。

4.4.2 钛冶炼

海绵钛是制取工业钛合金的主要原料，外表呈疏松的多孔海绵状，性质活泼，极易氧化。这种多孔的海绵钛无法直接使用，必须将它们熔化成液体，才能铸成钛锭、钛棒等金属钛材。

海绵钛的生产工艺主要包括钠还原—蒸馏法（简称钠还原法）和镁还原—蒸馏法（简称镁还原法，即克劳尔法）两种方法，其中以克劳尔法生产为主。克劳尔法生产流程如下：矿→电炉熔炼生产高渣→氯化生产四氯化钛→精制提纯生产精四氯化钛→镁还原-蒸馏生产海绵钛→成品破碎包装。

4.4.2.1 钠还原法

四氯化钛主要用于生产海绵钵、钛白粉及三氯化钛。四氯化钛的制取方法很多，主要有沸腾氯化、熔盐氯化和竖炉氯化 3 种方法。沸腾氯化是现行生产四氯化钛的主要方法，其次是熔盐氯化，而竖炉氯化基本已被淘汰。沸腾氯化一般是以钙镁含量低的高品位富钛料为原料，而熔盐氯化则可使用含高钙镁的原料。

（1）沸腾氯化。沸腾氯化是采用细颗粒富钛料与固体碳质（石油焦）还原剂，在高温、氯气流的作用下呈流态化状态进行氯化反应，从而制取四氯化钛的方法。该法具有加速气–固相间传质及传热过程，提高生产的特点。国内外目前沸腾氯化使用的原料有高钛渣、天然金红石、人造金红石等。

（2）熔盐氯化。熔盐氯化是将磨细的钛渣或金红石和石油焦悬浮在熔盐（主要由KCl、NaCl、$MgCl_2$和$CaCl_2$组成）介质中并通入氯气，从而制取四氯化钛的方法。一般也可使用电解镁的废电解质，在700~800 ℃条件下充入氯气，但氯化反应的速度受到熔体的性质、熔体的组成、还原剂的种类、原料的性质、氯化温度、氯气浓度及通入速度、熔体高度、配碳量等因素的影响。

（3）竖炉氯化。竖炉氯化是将被氯化的钛渣（或金红石）与石油焦细磨，加黏结剂混匀制团并经焦化将制成的团块料堆放在竖式氯化炉中，呈固体层状态与氯气作用从而制取四氯化钛的方法，也称为固定层氯化或团料氯化。该法目前基本已被淘汰。

4.4.2.2　镁还原法

镁还原的实质是在880~950 ℃下的氩气气氛中，使四氯化钛与金属镁进行反应得到海绵状的金属钛和氯化镁，用真空蒸馏除去海绵钛中的氯化镁和过剩的镁，从而获得纯钛。蒸馏冷凝物可经熔化回收金属镁，氯化镁经熔盐电解回收镁和氯气。从精制四氯化钛中制取金属钛分为还原和蒸馏两个步骤。在较长一段时间，还原、蒸馏都是分步进行的，而目前已趋向联合化、大型化。

A　镁还原

镁还原的主要反应为 $TiCl_4 + 2Mg = Ti + 2MgCl_2$。在还原过程中，$TiCl_4$中的微量杂质，如 $AlCl_3$、$FeCl_3$、$SiCl_4$、$VOCl_3$ 等均被镁还原生成相应的金属，这些金属全部混在海绵钛中。而混杂在镁中的杂质钾、钙、钠等也是还原剂，它们分别将 $TiCl_4$ 还原并生成相应的杂质氯化物。镁还原过程包括 $TiCl_4$ 液体的气化→气体 $TiCl_4$ 和液体镁的外扩散→$TiCl_4$ 和镁分子吸附在活性中心→在活性中心上进行化学反应→结晶成核→晶粒长大→$MgCl_2$ 脱附→$MgCl_2$ 外扩散。这一过程中的关键步骤是结晶成核，随着化学反应的进行伴有非均相成核。

B　真空蒸馏

经排放 $MgCl_2$ 操作后的镁还原产物含钛 55%~60%、镁 25%~30%、$MgCl_2$ 10%~15%，以及少量 $TiCl_3$ 和 $TiCl_2$，常用蒸馏法将海绵中的镁和 $TiCl_2$ 分离。还原产物海绵钛在真空蒸馏过程中经受长期高温烧结，逐渐致密化，毛细孔逐渐缩小，树枝状结构消失，最后呈一坨状整块，俗称钛坨。

C　镁还原、蒸馏工艺及设备

大型的钛冶金企业都是镁钛联合企业，多数厂家采用还原—蒸馏一体化工艺。这种工艺被称为联合法或半联合法，它实现了原料 Mg—Cl_2—$MgCl_2$ 的闭路循环。镁还原法制取海绵钛的工艺流程如图 4-1 所示。

还原—蒸馏一体化设备分为倒"U"形和"T"形两种。倒"U"形设备是将还原罐（蒸馏罐）和冷凝罐之间用带阀门的管道连接而成，设专门的加热装置，整个系统设备在还原前一次组装好。"T"形一体化工艺的系统设备如在还原前一次性组装好，即称为联合法设备；而先组装好还原设备，待还原完毕，趁热再将冷凝罐组装好进行蒸馏作业的系统设备则称为串联合设备，中间用带镁塞的"过渡段"连接。

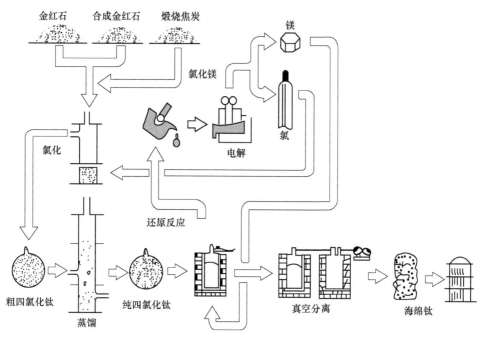

图 4-1　镁还原法制取海绵钛的工艺流程

4.5　钛合金的分类

　　钛合金的分类方法很多，早期大多采用麦克格维纶提出的按照退火状态相的组成对钛合金进行分类。然而，在钛合金的实际生产和应用中，经常遇到的是非平衡状态下的组织。因此，目前普遍按照亚稳状态下的相组织和 β 稳定元素含量对钛合金进行分类，可将钛合金分为 α 型、α+β 型和 β 型三大类，进一步可细分为近 α 型和亚稳定 β 型钛合金，这种分类如图 4-2 所示。我国钛合金牌号分别以 TA、TB 和 TC 开头，分别表示 α 型钛合金、β 型钛合金和 α+β 型钛合金。

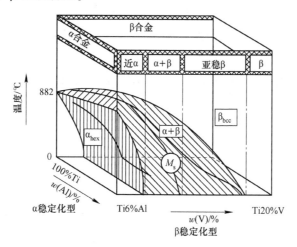

图 4-2　钛合金分类的三维相图示意图

此外，按照性能特点，钛合金又可以分为结构钛合金、高温钛合金、耐腐蚀钛合金和功能钛合金四大类。按照应用领域，钛合金可分为航空航天用钛合金和非航空航天用钛合金两大类。

由于钛合金中 β 相的数量及稳定程度与 β 稳定元素种类及含量有直接关系，为了衡量钛合金中 β 相的稳定程度或 β 稳定元素的作用，提出了按照 β 相稳定系数来对钛合金进行分类。β 相稳定系数是指合金中各 β 稳定元素浓度与各自的临界浓度的比值之和。

$$K_\beta = \frac{C_1}{C_{K1}} + \frac{C_2}{C_{K2}} + \frac{C_3}{C_{K3}} + \cdots + \frac{C_n}{C_{Kn}} \qquad (4\text{-}1)$$

常用钛合金的 β 稳定元素的临界浓度见表 4-1。

表 4-1　常用钛合金的 β 稳定元素的临界浓度　　　　　（%）

元　素	Mo	V	Cr	Nb	Ta	Mn	Fe	Co	Cu	Ni	W
临界浓度 C_K（质量分数）	10	15	7	33	40	6.4	5	7	13	9	20

根据 β 相稳定系数划分合金类型为：α 型钛合金 K_β 为 0~0.07；近 α 型钛合金 K_β 为 0.07~0.25；α+β 型钛合金 K_β 为 0.25~1.0；近 β 型钛合金 K_β 为 1.0~2.8；β 型钛合金 K_β>2.8。

4.5.1　α 型钛合金

α 型钛合金主要包括 α 稳定元素和中性元素，在退火状态下一般具有单相 α 组织，β 相转变温度较高，具有良好的组织稳定性和耐热性。α 型焊接性能好，焊缝性能与基体接近。但 α 型钛合金对热处理和组织类型不敏感，不能通过热处理来提高材料的强度，一般只具有中等强度。典型的 α 型钛合金有工业纯钛（TA1、TA2、TA3）、TA5（Ti-4Al-0.005B）和 TA7（Ti-5Al-2.5Sn）等。

工业纯钛的强度不高，工艺塑性好，一般用于对耐腐蚀性能要求高而强度要求不高的场合，如化工管道、压力容器等。为了满足更高强度的要求，α 型钛合金还通过添加中性元素（如锡）来强化，典型的例子是 TA7（Ti-5Al-2.5Sn）合金，它是最早开发的钛合金之一，在室温和高温下具有良好的断裂韧性，耐热强度较好，长期工作温度达 500 ℃，可用于制作机匣壳体、壁板等零件。TA7 合金的铝含量高，热加工性差，工艺塑性较低。α 型钛合金典型牌号及其钼当量和 β 稳定系数见表 4-2。

表 4-2　α 型钛合金典型牌号及其钼当量和 β 稳定系数

合金牌号	名义化学成分	钼当量	β 稳定系数
TA1、TA2、TA3	工业纯钛	—	—
TA5	Ti-4Al-0.005B	—	—
TA7	Ti-5Al-2.5Sn	—	—
TA16	Ti-2Al-2.5Zr	—	—

4.5.2　近 α 型钛合金

近 α 型钛合金是合金中含有少量（小于 2%）的 β 稳定元素，退火组织中含有少量

（8%~15%）的 β 相或金属间化合物。近 α 型钛合金具有良好的焊接性和高的热稳定性，对热处理不敏感。由于近 α 型合金添加了少量 β 稳定元素（如钼、钒、硅等）和中性元素（如锆、锡等），可进一步提高常温及高温性能，具有较高的蠕变强度和高温瞬时强度，最高使用温度可到 600 ℃。常用近 α 型钛合金典型牌号及其钼当量和 β 稳定系数见表 4-3。

表 4-3 近 α 型钛合金典型牌号及其钼当量和 β 稳定系数

合金牌号	名义化学成分	钼当量	β 稳定系数
TA10	Ti-0. 3Mo-0. 8Ni	1. 2	0. 12
TA11	Ti-8Al-1Mo-1V	1. 7	0. 17
TA15	Ti-6. 5Al-2Zr-1Mo-1V	1. 7	0. 17
TA18	Ti-3Al-2. 5V	1. 7	0. 17
TA19	Ti-6Al-2Sn-4Zr-2Mo	2. 0	0. 2
TA21	Ti-1Al-1Mn	1. 6	0. 16
TC1	T-2Al-1. 5Mn	2. 3	0. 23
TC2	Ti-4Al-1. 5Mn	2. 3	0. 23

TC1 和 TC2 合金是典型的低铝当量近 α 型钛合金。这类合金的主要特点是室温拉伸强度比较低，但塑性较高，热稳定性好，具有良好的焊接性能和成型性能，长期工作温度可达 350 ℃，适用于制作形状复杂的板材冲压和焊接的零件。

高铝当量的钛合金主要用于发展高温钛合金。最早开发的商用高温钛合金是 Ti-8Al-1Mo-1V（TA11），但由于其高铝当量导致的应力腐蚀问题，以及 Ti_3Al（α_2）脆性相析出的危险性，目前使用的其他传统钛合金的铝含量都控制在 7% 以下。20 世纪 70 年代，RMI 公司在研制高温钛合金 Ti-6Al-2Sn-4Zr-2Mo（TA19）过程中，发现添加少量的硅就可以显著提高合金的抗蠕变性能，这一发现已成为高温钛合金设计的一条重要途径。国内外目前使用温度最高（600 ℃）的高温钛合金都属于这类合金，如英国的 IMI834（Ti-5. 8Al- 4Sn-3. 5Zr-0. 7Nb-0. 5Mo-0. 35Si-0. 06C）、美国的 Ti-1100（Ti-6Al-2. 75Sn-4Zr-0. 4Mo-0. 45Si）、俄罗斯的 BT36（Ti-6. 2Al-2Sn-3. 6Zr-0. 7Mo-5. 0W-0. 15Si）和中国的 Ti60（Ti-5. 7Al-4. 0Sn-3. 5Zr-0. 4Mo-0. 4Si-0. 4Nb-1. 0Ta-0. 05C）等。这类合金的特点是具有最好的高温蠕变抗力、良好的热稳定性和较好的焊接性能，适用于长期工作温度为 500~600 ℃。

4.5.3 α+β 型钛合金

α+β 型钛合金又称为马氏体 α+β 型钛合金，退火组织为 α+β 相，β 相含量一般为 5%~40%。α+β 型钛合金中同时加入了 α 稳定元素和 β 稳定元素，使 α 相和 β 相都得到强化。α+β 型钛合金具有优良的综合性能，室温强度高于 α 型钛合金，热加工工艺性能良好，可以进行热处理强化，适用于作航空结构件等。但是其耐热性和焊接性能低于 α 型钛合金，组织不够稳定，使用温度一般只能到 500 ℃ 左右。常用 α+β 型钛合金典型牌号及其钼当量和 β 稳定系数见表 4-4。

表 4-4　常用 α+β 型钛合金典型牌号及其钼当量和 β 稳定系数

合金牌号	名义化学成分	钼当量	β 稳定系数
TC4	Ti-6Al-4V	2.7	0.27
TC6	Ti-6Al-2.5Mo-1.5Cr-0.5Fe-0.3Si	5.6	0.56
TC11	Ti-6.5Al-3.5Mo-1.5Zr-0.3Si	3.5	0.35
TC16	Ti-3Al-5Mo-4.5V	8.0	0.8
TC17	Ti-5Al-2Sn-4Mo-4Cr	9.7	0.97
TC19	Ti-6Al-2Sn-4Zr-6Mo	6.0	0.6

中等强度 α+β 型钛合金的典型代表是 TC4（Ti-6Al-4V）合金，它是目前使用最广泛的合金，具有优异的综合性能和加工性能，能进行固溶时效强化，但淬透截面一般不超过 25 mm，在航空航天及民用等领域中得到了广泛的应用，主要用于制造发动机的风扇、压气机盘及叶片，飞机结构件中的梁、接头、隔框等主要承力构件。高强 α+β 型钛合金的典型代表有 TC17（Ti-5Al-2Sn-2Zr-4Mo-4Cr）、TC19（Ti-6Al-2Sn-4Zr-6Mo）和 TC21（Ti-6Al-2Zr-2Sn-3Mo-1Cr-2Nb-0.1Si）等，其特点是含有较多的 β 稳定元素，具有较高的强度和淬透性，TC21 合金还具有高损伤容限性能，适合于制作截面尺寸较大的结构件。

α+β 型钛合金还包含某些高温钛合金，如 TC6（Ti-6Al-2.5Mo-1.5Cr-0.5Fe-0.3Si）和 TC11（Ti-6.5Al-3.5Mo-1.5Zr-0.3Si）等。其特点是在合金中除了含有 6% 以上的铝和一定数量的锡和锆之外，还含有一定数量的 β 稳定元素，特别是添加少量的 β 共析元素硅，可进一步提高合金的抗蠕变能力，其使用温度大多为 400~500 ℃。

4.5.4 亚稳定 β 型钛合金

亚稳定 β 型钛合金是含有高于临界浓度的 β 稳定元素，采用空冷或水淬几乎可以全部得到亚稳定 β 相。这类合金在退火或固溶状态具有非常好的工艺塑性和冷成型性，焊接性能良好，可热处理强化，经时效处理后可达到很高的强度水平，是发展高强钛合金的基础。这类合金具有优于 α+β 合金的室温强度、断裂韧性和淬透性，可制造大型结构件。亚稳定 β 型钛合金的缺点是对杂质元素敏感性高，尤其是对氧高度敏感，组织不够稳定，耐热性较低，一般只能在 300 ℃ 以下使用。常用近 β 型钛合金典型牌号及其钼当量和 β 稳定系数见表 4-5。

表 4-5　常用近 β 型钛合金典型牌号及其钼当量和 β 稳定系数

合金牌号	名义化学成分	钼当量	β 稳定系数
TB2	Ti-5Mo-5V-8Cr-3Al	19.8	1.98
TB3	Ti-10Mo-8V-1Fe-3.3Al	17.3	1.73
TB5	Ti-15V-3Cr-3Sn-3Al	14.3	1.43
TB6	Ti-10V-2Fe-3Al	10.7	1.07
TB8	Ti-15M0-3Al-2.7Nb-0.2Si	15.8	1.58
TB9	Ti-3Al-8V-6Cr-4Mo-4Zr	17.9	1.79
TB10	Ti-5Mo-5V-2Cr-3Al	11.2	1.12

世界上第一个商用亚稳定 β 钛合金是 20 世纪 50 年代由 REM Cru Titanium 公司开发的 Ti-13V-11Cr-3Al 合金，该合金强度高，淬透性好，曾在洛克希德公司的 SR-71 "黑鸟" 飞机上大量应用。但是，由于存在熔炼、加工和再现性方面的问题，特别是 TiCr$_2$ 化合物析出造成的合金脆性，限制了其广泛的应用。

4.5.5　稳定 β 型钛合金

β 稳定元素的含量超过一定数值后，其转变温度就会降至室温以下，退火后全为稳定的单相 β 组织，这种合金称为稳定 β 型钛合金。目前稳定 β 型钛合金很少，只有耐蚀材料 TB7（Ti-32Mo）、阻燃钛合金 Alloy C（Ti-35V-15Cr）和 Ti40（Ti-25V-15Cr-0.2Si）。TB7 合金具有优异的耐蚀性能（耐 H$_2$SO$_4$、HCl 等），因此可以选用其作为一些化工设备等的零件。Alloy C 和 Ti40 合金具有良好的抗燃烧性能和高温性能，长期工作温度为 500 ℃左右，但是这类合金密度较大，熔炼比较困难，铸态技术塑性有限，变形抗力大，铸锭开坯有一定的困难。美国阻燃钛合金 Alloy C 已经应用到实际生产中，中国的 Ti40 阻燃钛合金正在研究中。常用 β 型钛合金及其钼当量和 β 稳定系数见表 4-6。

表 4-6　常用 β 型钛合金及其钼当量和 β 稳定系数

合金牌号	名义化学成分	钼当量	β 稳定系数
TB7	Ti-32Mo	32	3.2
Ti40	Ti-25V-15Cr-0.2Si	38.1	3.81

4.6　钛合金的热处理

钛合金在加热和冷却过程中会发生相变，对于不同合金体系可以通过控制其各自的相变过程，从而得到不同的组织结构。通过控制适宜的热处理工艺参数，获得所希望的显微组织，由此实现合金力学性能和工艺性能的改善。换言之，通过控制合理的热处理工艺参数，实现钛合金组织与强韧性控制是行之有效的强韧化手段。为此，有必要首先系统了解钛合金热处理的特点。

（1）马氏体相变不会使钛合金的性能发生显著变化。这个特点与钢的马氏体相变不同，钛合金的热处理强化只能依赖淬火形成的亚稳相（包括马氏体相）的时效分解，况且对于纯 α 型钛合金热处理的方法基本上不适用，即钛合金的热处理主要用于 α+β 型钛合金。

（2）热处理应该避免形成 ω 相。形成 ω 相会使钛合金变脆，正确选择时效工艺（例如，采用较高的时效温度）即可使 ω 相分解。

（3）利用反复相变难以细化钛合金晶粒。这一点也不同于钢铁材料，大多数的钢可以利用奥氏体与珠光体（或铁素体、渗碳体）的反复相变控制新相形核与长大，达到晶粒细化的目的，而钛合金中没有这样的现象。

（4）导热性差。导热性差可导致钛合金，尤其是 α+β 钛合金的淬透性差，淬火热应力大，淬火时零件易翘曲。由于导热性差，钛合金变形时易引起局部温升过高，使局部温

度有可能超过 β 转变点而形成魏氏组织。

（5）化学性活泼。热处理时，钛合金易与氧和水蒸气反应，在工件表面形成具有一定深度的富氧层或氧化皮，使合金的性能降低。同时钛合金热处理时容易吸氢，引起氢脆。

（6）β 转变点差异大。即使是同一成分，但由于冶炼炉次的不同，其 β 转变温度有时差别很大。

（7）在 β 相区加热时，β 晶粒长大倾向大。β 晶粒粗化可使合金塑性急剧下降，故应严格控制加热的温度和时间，并慎用在 β 相区加热的热处理。

4.6.1 钛合金的热处理类型

钛合金的相变是钛合金热处理的基础，为了改善钛合金的性能，除采用合理的合金化外，还要配合适当的热处理才能实现。钛合金的热处理种类较多，常用的有退火处理、淬火时效处理、形变热处理和化学热处理等。

4.6.1.1 退火处理

退火处理适用于各种钛合金，其主要目的是消除应力，提高合金塑性及稳定组织。退火的形式包括去应力退火、普通退火、完全退火（即再结晶退火）、双重退火和等温退火等，钛合金各种方式退火温度范围如图 4-3 所示。

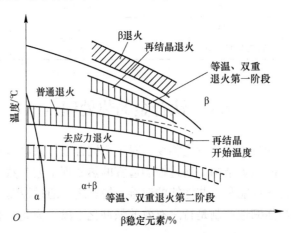

图 4-3 钛合金各种方式退火温度范围示意图

（1）去应力退火。为了消除铸造、冷变形及焊接等工艺过程中产生的内应力，可采用去应力退火。去应力退火的温度应低于再结晶温度，一般为 450~650 ℃，所需的时间取决于工件的截面尺寸、加工历史及所需消除应力的程度。

（2）普通退火。普通退火的目的是使钛合金半成品消除基本应力，并具有较高的强度和符合技术条件要求的塑性。退火温度一般与再结晶开始温度相当或略低，此种退火工艺一般冶金产品出厂时使用，因此又可以称为工厂退火。

（3）完全退火。完全退火的目的是完全消除加工硬化，稳定组织和提高塑性。这一过程主要发生再结晶，故也称再结晶退火。退火温度最好介于再结晶温度和相变温度之间，如果超过了相变温度会形成魏氏组织而使合金的性能恶化。对于各种不同种类的钛合金，退火的类型、温度和冷却方式均不同。

（4）双重退火。为了改善合金的塑性、断裂韧性和稳定组织可采用双重退火，退火后的合金组织更加均匀和接近平衡状态。耐热钛合金为了保证在高温及长期应力作用下组织和性能的稳定，常采用双重退火。双重退火是对合金进行两次加热和空冷。第一次高温退火加热温度高于或接近再结晶终了温度，使再结晶充分进行，又不使晶粒明显长大，并控制 α_p 相的体积分数。空冷后组织还不够稳定，需进行第二次低温退火，退火温度低于再结晶温度并保温较长时间，使高温退火得到的亚稳 β 相充分分解。

（5）等温退火。等温退火可获得最好的塑性和热稳定性，适用于 β 稳定元素含量较高的双相钛合金。等温退火采用分级冷却的方式，即加热至再结晶温度以上保温后，立即转入另一较低温度的炉中（一般 600~650 ℃）保温，而后空冷至室温。

4.6.1.2　淬火时效处理

淬火时效是钛合金热处理强化的主要方式，利用相变产生强化效果，故又称强化热处理。钛合金热处理的强化效果决定于合金元素的性质、浓度及热处理规范，因为这些因素影响合金淬火所得的亚稳定相的类型、成分、数量和分布，以及亚稳定相分解过程中析出相的本质、结构、弥散程度等，而这些又与合金的成分、热处理工艺规范和原始组织有关。

对于成分一定的合金，时效强化效果取决于所选的热处理工艺。淬火温度越高，时效强化效果越明显，但高于 β 转变温度淬火，会由于晶粒过分粗大而导致脆性。对于浓度较低的两相钛合金可采用较高温度淬火，以获得更多的马氏体，而浓度较高的两相钛合金则选用较低温度淬火，以得到较多的亚稳 β 相，这样可以获得最大的时效强化效果。冷却方式一般选用水冷或者油冷，淬火的过程要迅速，以防止 β 相在转移过程中发生分解，降低时效强化效果。时效温度和时间的选择应以获得最好的综合性能为准则，一般 α+β 型钛合金时效温度为 500~600 ℃，时间 4~12 h；而 β 型钛合金的时效温度为 450~550 ℃，时间 8~24 h，冷却方式均采用空冷。

4.6.1.3　形变热处理

形变热处理是将压力加工（锻、轧等）与热处理工艺有效地结合起来，可同时发挥形变强化与热处理强化作用，得到与单一强化方法所不能获得的组织与综合性能。不同类型的形变热处理可按照变形温度与再结晶温度和相转变温度的关系进行分类，按变形温度分类如下：

（1）高温形变热处理。高温形变热处理是加热到再结晶温度以上，变形 40%~85% 后迅速淬火，再进行常规的时效热处理。

（2）低温形变热处理。低温形变热处理是在再结晶温度以下进行变形 50% 左右，随后再进行常规的时效处理。

（3）复合形变热处理。复合形变热处理是将高温形变热处理和低温形变热处理结合起来的一种工艺。

4.6.1.4　化学热处理

钛合金的摩擦系数较大，耐磨性差（一般比钢约低 40%），在接触表面上容易产生黏结，引起摩擦腐蚀。在氧化介质中钛合金的耐腐蚀性较强，但在还原介质（盐酸、硫酸等）中的抗腐蚀性较差。为了改善这些性能，可采用电镀、喷涂和化学热处理（渗氮、渗氧等）等方法。渗氮后的氮化层硬度比未氮化时表层高 2~4 倍，可明显提高合金的耐磨性，同时还改善合金在还原性介质中的抗蚀性；渗氧可将合金耐蚀性提高 7～9 倍，但合金的塑性和疲劳强度会有不同程度的损失。

4.6.2　钛合金的显微组织特征

在钛合金特别是 α+β 双相钛合金中，可以观察到各式各样的组织。这些组织在形貌、晶粒尺寸和晶内结构上均各不相同，主要取决于合金成分、变形工艺和热处理过程。一般钛合金的组织有两个基本相，即 α 相和 β 相。钛合金的力学性能在很大程度上取决于这两个相的比例、形态、尺寸和分布。钛合金的组织类型基本上可分为四大类，即魏氏组织（片层组织）、网篮组织、双态组织及等轴组织。图 4-4 为钛合金各类典型组织形貌特征。表 4-7 给出了 TC4 钛合金在四种典型组织状态下对应的合金性能指标，可见不同组织下的性能差异较大。

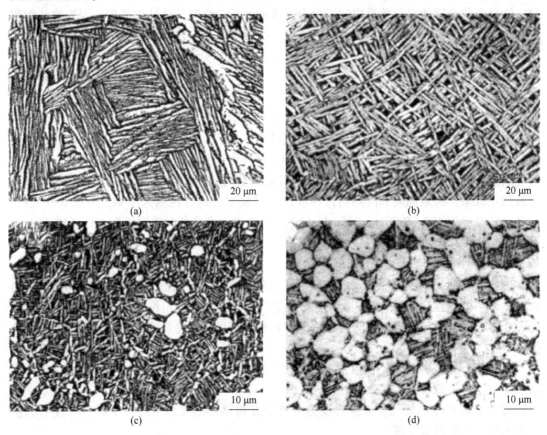

图 4-4　钛合金的典型组织

（a）片层组织；（b）网篮组织；（c）双态组织；（d）等轴组织

表 4-7　TC4 钛合金四种典型组织对性能的影响

机械性能	抗拉强度 R_m/MPa	伸长率 A/%	冲击韧性 a_k/kJ·m^{-2}	断裂韧性 K_{IC}/MPa·m$^{1/2}$
片层组织	1012	9.5	355.3	102
网篮组织	1010	13.5	533	—

机械性能	抗拉强度 R_m/MPa	伸长率 A/%	冲击韧性 a_k/kJ·m^{-2}	断裂韧性 K_{IC}/MPa·m$^{1/2}$
双态组织	980	13	434.3	—
等轴组织	961	16.5	473.8	59.8

4.6.2.1　片层组织

片层组织的特点是粗大的原始 β 晶粒和完整的晶界 α 相，在原始 β 晶粒内形成尺寸较大的"束集"，同一"束集"内有较多的 α 片彼此平行，呈同一取向。这种显微组织是合金在 β 相区加热后未变形或变形量不大的情况下，较慢地从 β 相区冷却下来形成的组织。当合金具有这种组织时，其断裂韧性、持久性和蠕变强度好，但塑性、疲劳强度、抗缺口敏感性、热稳定性和抗热应力腐蚀性很差，它们随 α "束集"的大小和晶界 α 的厚度而异，α "束集"变小，晶界 α 变薄，综合性能好转。

4.6.2.2　网篮组织

网篮组织特点是原始 β 晶粒边界在变形过程中被破坏，不出现或仅出现少量分散分布的颗粒状晶界 α，原始 β 晶粒内的 α 片变短，α "束集"尺寸较小，各片丛交错排列，犹如编织网篮状。当合金在 β 相区加热或开始变形，或者在（α+β）双相区的变形量不够大时一般会形成这种显微组织。细小的网篮组织不仅有较好的塑性、冲击韧性、断裂韧性和高周疲劳强度，还具有较好的耐热性。

4.6.2.3　双态组织

双态组织特点是在 β 转变组织的基体上分布有互不相连的初生 α，但总含量不超过 50%。当钛合金热变形或热处理的加热温度低于 β 转变温度较少时，一般可获得双态组织。双态组织指组织中的 α 相有两种形态，一种为等轴状的初生 α 相；另一种为 β 转变组织中的片状 α 相，与初生 α 相对应，这种片状 α 相也称为次生 α 相或二次 α 相。当合金在（α+β）双相区较高温度和较大变形时会形成这种组织。

4.6.2.4　等轴组织

等轴组织特点是在均匀分布的含量超过 50% 的初生 α 相基体上，分布着一定数量的转变 β 组织。钛合金的变形加工和热处理全部在（α+β）双相区或 α 相区进行，且加热温度低于 β 转变温度较多时，一般可获得等轴组织。同其他组织相比，这类组织的塑性、疲劳强度、抗缺口敏感性和热稳定性好，但断裂韧性、持久、蠕变强度差一些。由于这类组织有较好的综合性能，目前采用最广泛。

4.7　钛及钛合金的锻造加工

钛及钛合金的主导工艺流程是海绵钛的制备、钛锭的熔炼和钛材的加工。钛锭的熔炼和钛材的加工工艺流程比较复杂，主要包括海绵钛的破碎精制和电极的压制焊接，然后采用真空自耗电极法熔炼数次形成钛锭，再锻压开坯，热轧和冷轧，最后经真空退火成卷材供应。钛合金的锻造是钛合金材料制备中的重要环节。

4.7.1　钛合金的锻造特性

锻造是钛合金零件生产的重要途径之一。通过锻造方法不仅可以获得合适的锻件形状，更重要的是可提高合金的力学性能，以满足用户的需求。钛合金固有的晶体结构和对工艺参数的敏感性等，导致其比其他合金（如钢和铝合金）更难加工，属于难变形材料。与其他合金相比，钛合金锻造具有以下几个显著的特点：

（1）变形抗力大，对锻造温度比较敏感。与普通合金钢相比，钛合金的变形抗力较大。钛合金在锻造温度范围内的变形抗力明显比 4340 钢高，Ti-6Al-4V 合金在 871 ℃ 锻造所需的压力约为 4340 钢的 2 倍，锻造钛合金所需的设备吨位为普通合金钢的 2~3 倍。钛合金是一种对加热温度比较敏感的材料，加热温度的微小变化会导致变形抗力急剧下降。如 Ti-6Al-4V 合金加热温度下降 100 ℃，其变形抗力增加约 200 MPa，增加了将近 1 倍，而 4340 钢的变形抗力随温度的变化很小。因此，钛合金采用普通模锻时所需的设备吨位较大，采用等温锻造或者近等温锻造可降低变形抗力。

（2）对应变速率敏感。钛合金是一种应变速率敏感性材料，即在锻造成型过程中，随着应变速率的增加，变形抗力显著增加，其应变速率的敏感性比铝合金与合金钢强烈。当钛合金的应变速率从 $10\ \mathrm{s}^{-1}$ 下降到 $10^{-3}\ \mathrm{s}^{-1}$ 时，钛合金的流动应力最多可降低到原来的 1/10。因此，提高锻造温度和降低变形速度都是降低变形抗力的有效方法。由于钛合金的热传导系数低，高应变速率下大变形容易因为变形热效应产生温升，使局部温度超出合金的锻造温度范围，影响锻件的力学性能。因此，在变形速度比较高的设备，如锻锤或机械压力机上，变形热是需要重点考虑的因素。钛合金的自由锻造或模锻时打击频率不能太快，一锤的变形量不能太大，即应该控温打钛，防止局部温升。在机械压力机上模锻时，变形量一般不应超过 40%~50%，否则容易产生温升效应。

（3）锻造温度范围窄。钛合金锻造受材料的热加工性、变形抗力和组织性能的影响，在实际生产中应合理选择锻造温度范围。钛合金锻造的加热温度一般在 β 转变温度以下 30~100 ℃，温度太低除了变形抗力急剧增加外，材料的热加工性也严重下降，容易出现表面开裂。提高温度虽然可以解决上述问题，但是，当加热温度超过 β 转变温度以后，β 晶粒迅速长大，容易造成 β 脆性，使材料的性能特别是塑性严重下降。因此，钛合金的锻造温度范围很窄，大多数钛合金锻造温度区间不超过 150 ℃（见表 4-8），远小于钢的锻造温度范围，这也是造成钛合金难锻造的原因之一。

表 4-8　常用钛合金的锻造温度范围

合金牌号	相变点/℃	开坯温度/℃	锻造温度/℃
TA7（Ti-5Al-2.5Sn）	1040	1120~1175	900~1000
TA11（Ti-8Al-1Mo-1V）	1040	1120~1175	930~1010
IMI834（Ti-5.8Al-4Sn-4Zr-1Nb-0.5Mo-0.35Si）	1040	1130~1185	1010~1075
Ti-1100（Ti-6Al-2.75Sn-4Zr-0.4Mo-0.45Si）	1015	1145~1195	1025~1125
TC4（Ti-6Al-4V）	995	1095~1150	860~980
TC17（Ti-5Al-2Sn-2Zr-4Mo-4Cr）	890	950~1050	800~930
TC19（Ti-6Al-2Sn-4Zr-6Mo）	940	1030~1090	850~910

合金牌号	相变点/℃	开坯温度/℃	锻造温度/℃
Ti-6242（Ti-6Al-2Sn-4Zr-2Mo）	990	1095~1150	920~975
Ti-6-22-22（Ti-6Al-2Sn-2Zr-2Mo-2Cr）	980	1070~1130	870~955
TB5（Ti-15V-3Cr-3Sn-3Al）	760	1150~1200	790~925
TB6（Ti-10V-2Fe-3Al）	800	760~1150	700~870
TB8（Ti-15Mo-3Al-2.7Nb-0.2Si）	805	1150~1200	790~850
Beta C（Ti-3Al-8V-6Cr-4Mo-4Zr）	730	955~1065	815~980
Alloy C（Ti-35V-15Cr）		1150~1200	930~1070

4.7.2　钛合金的锻造方法

　　钛合金的锻造方式很多，包括自由锻、模锻、轧制、环轧、挤压等。按照锻造温度与 β 转变温度的关系可以分为 α+β 锻造（又称常规锻造）和 β 锻造。近年来，随着新型的锻造工艺不断涌现，又出现了近 β 锻造工艺和准 β 锻造工艺等。近 β 锻造工艺和准 β 锻造工艺的锻造温度都在非常接近 β 转变温度的范围，只是分别位于 α+β 两相区的上部和 β 区的下部。

4.7.3　α+β 锻造工艺

　　钛合金的 α+β 锻造通常是指在 β 转变温度以下 30~100 ℃ 的 α+β 两相区内进行的变形，也称常规锻造。常规锻造过程中，初生 α 相和 β 相都同时参与变形，获得典型的等轴 α 组织。α 相的体积分数和形态与合金的成分及变形温度和变形量等工艺参数有关，图 4-5 所示为 α+β 锻造时的组织形成规律，随着变形量逐渐增加，原始 β 晶粒逐渐被压扁和破碎，沿金属变形流动方向拉长，片状 α 发生扭曲、碎化并沿变形方向排列。当变形程度超过 60%~70% 后形成带状组织，在适当的条件下片状 α 发生再结晶，转变为等轴状 α 相。没有经过再结晶的 α 相可能呈现出盘状（常见于锻件和模锻件）、杆状（见于挤压半成品）或者纤维状（见于轧制和锻造棒材中）。

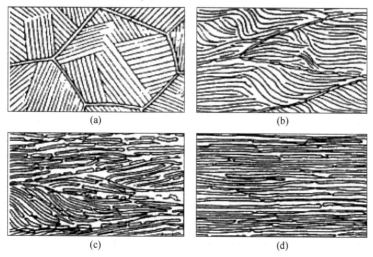

(a)　　　　　　　　　　　(b)

(c)　　　　　　　　　　　(d)

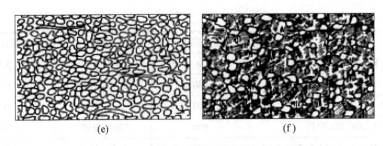

(e)　　　　　　　　　　　　　　　(f)

图 4-5　α+β 锻造时组织形成规律示意图

（a）~（d）随着变形量增加，原始 β 相晶粒逐渐压扁和破碎，沿金属变形流动方向拉长，片状 α 相发生扭曲、碎化并沿变形方向排列；（e）（f）随着变形进一步进行，片状 α 相产生动态再结晶，在形变的片状 α 相内形成新的等轴 α 晶粒

　　α+β 两相区锻造是目前钛合金锻造中应用最广泛的成型方式之一，应用于生产航空发动机叶片、风扇盘、压气机盘、机匣和飞机结构件等。图 4-6 所示是国产某航空发动机压气机盘采用 TC11 钛合金常规锻造获得的显微组织。表 4-9 和表 4-10 列出了 TC11 钛合金常规锻造后的力学性能。可以看出，常规锻造获得含量为 50% 左右的等轴 α 组织具有较好强度-塑性和高周疲劳性能的良好匹配，但其高温性能、断裂韧性和抗裂纹扩展能力稍差一些。

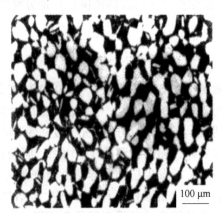

100 μm

图 4-6　某发动机 TC11 钛合金压气机盘常规锻造后的显微组织

表 4-9　TC11 钛合金压气机盘常规锻造后的室温力学性能

室温拉伸性能				冲击韧性 a_k /kJ·m^{-2}	断裂韧性 K_{IC}/MPa·m$^{1/2}$	高周疲劳强度（$R=-1$，疲劳循环次数大于 10^7）/MPa
R_m/MPa	$R_{P0.2}$/MPa	A/%	Z/%			
1100	1040	12.4	38.5	552	75	490
1100	1060	14.8	38.5	503	70	

表 4-10　TC11 钛合金压气机盘常规锻造后的高温力学性能

500 ℃、100 h 热稳定性能			500 ℃高温拉伸性能			500 ℃、100 h 持久强度/MPa	500 ℃高温蠕变残余变形/%
R_m/MPa	A/%	Z/%	R_m/MPa	A/%	Z/%		
1140	670	1140	790	15.0	59.9	670	0.0476
1120	668	1120	795	17.8	61.0	668	0.0556

4.7.4 β锻造工艺

4.7.4.1 β锻造工艺的提出

钛合金β锻造是在20世纪50年代后期提出来的，它是将钛合金加热到（α+β）/β转变温度以上30~100 ℃进行锻造，最终在（α+β）/β转变温度以上的β区或以下的α+β两相区内结束锻造。根据锻造终止的温度，β锻造又可以分为全β锻造和跨β锻造。

β锻造后来引起学者广泛关注的原因在于采用在（α+β）/β转变温度以上成型时，大幅度降低了变形抗力和裂纹开裂倾向，从而使成本降低，同时还能显著改善蠕变强度、断裂韧性和疲劳裂纹扩展速率。β锻造要求严格控制加热和模锻温度，否则质量无法保证。通过几十年的探索和实践，β锻造已成为钛合金锻件生产的重要手段之一，用于生产发动机压气机盘件、鼓筒和飞机结构件等。

4.7.4.2 β锻造工艺的优势

为了提高锻件成型技术和最大限度地降低合金结构件的成本提出了β锻造工艺。与普通的α+β锻造相比，β锻造的加热温度大幅度提高，大大提高了合金的工艺性能，具有以下优点：

（1）变形抗力小，可降低能耗，减少模具磨损，提高模具寿命。以Ti-6Al-4V合金为例，薄壁锻件（小于25 mm）的变形抗力是常规锻造的1.3倍，是厚壁锻件（大于25 mm）的2.2倍。

（2）金属流动性好，可成型结构复杂的零件，锻件的尺寸精度高，切削损耗小，材料利用率高。

（3）热加工性好，出现裂纹的倾向性小。许多钛合金在低于（α+β）/β转变温度变形时，对裂纹倾向非常敏感，使合金的锻造温度范围变得很窄。即钛合金在β锻造时具有良好的抗裂纹性，具体见表4-11。

（4）锻造成本降低。上述因素综合作用的结果使β锻造过程的成本降低。

表4-11 钛合金在α+β和β相区的可锻性比较

合　　金	（α+β）/β转变温度/℃	α+β区抗裂纹性	β区抗裂纹性
Ti-6Al-4V	993	好或优	优
Ti-8Al-1Mo-1V	1038	较好	优
Ti-7Al-4Mo	1004	好	优
Ti-6Al-6V-2Sn	946	好或优	优
Ti-6Al-2Sn-4Zr-2Mo	988	较好	优

4.8　钛及钛合金的应用

钛合金是极其重要的轻质结构材料，它具有比强度高、耐蚀性强、高低温性能良好、弹性模量低等特点，在航空、航天、航海及化工、医疗等领域有着非常重要的应用价值和广阔的应用前景。1948年杜邦公司首先开始商业化生产金属钛，并用于航空发动机、导弹、卫星的制造中，而后逐渐推广应用于化工、能源、冶金等领域。随着现代化装备的高性能化和轻量化制备的发展需求，世界各国越来越重视钛及钛合金的研发和推广应用。直到今天，航空航天工业仍然是钛及钛合金的主要应用领域，其他领域如海洋、能源化工、建筑、体育休闲及交通运输等的应用需求也正日益增加。

4.8.1 钛合金在航空领域的应用

随着现代航空工业的发展，对飞机的综合性能要求越来越高，既要求飞机具有良好的机动性能和更快的飞行速度，也要求飞机具有良好的稳定性和可靠性。高推重比航空发动机对先进战斗机机动性、短距起飞、超声速巡航等应用特性起到至关重要的影响。钛合金因其密度小、比强度高、耐高温等一系列优点，使它在高推重比航空发动机的研制和发展中变得越来越重要。自 20 世纪 50 年代开始，钛合金越来越多地应用于飞机横梁、蒙皮等整体结构件和发动机涡轮盘、叶片的设计和制造。

1949 年，美国 Douglas Aircraft 从 Remington Arms 订购了用于飞行目的的第一批钛合金材料，从此开辟了钛在航空领域应用的先河。其最早采用的飞机用工业纯钛的抗拉强度达到 550MPa，接近高强度铝合金的水平，且塑性好、易焊接（焊缝强度可达基体的 90%），用作 350 ℃以下的飞机蒙皮、隔热板等构件材料。钛合金在航空领域中的应用主要集中在发动机及飞机机身上，其常用钛合金加工的部件见表 4-12。

表 4-12 航空领域中常用钛合金加工的部件

应　用	钛合金部件
发动机	低压压气机风扇叶片、隔板、风扇阀、压气机盘、前轴、涡轮后轴、高压压气机鼓轮等
飞机机身	防火墙、发动机断舱、蒙皮、机架、纵梁、舱盖、龙骨、速运制动闸、开裂停机设备、紧固件、支撑梁、前机轮、拱形架、襟翼滑轨、隔框盖板等

20 世纪 60 年代中期，美国研制的 YF-12A/SR-71 全钛飞机用钛量更是达到了 95%。波音 777 客机同时使用了 Ti1023、β21S、Ti153 这三种牌号的 β 型钛合金。空客 A380 客机起落架使用的 Ti1023 钛合金锻件有 3.2 t 重、4.2 m 长，是目前世界上最大的钛合金锻件。从美国民用波音飞机的发展历程及美国军用飞机钛合金使用比例中都可以看出钛合金在航空领域中的应用日趋广泛。

4.8.2 钛合金在航天领域中的应用

几十年来，随着航天技术的不断发展，出现了如卫星运载火箭、宇宙飞船、空间站、洲际导弹和航天飞机等各类飞行器和相关的空间装备系统。新型航天器对新材料和新技术的需求越来越广泛，航天技术的发展与新材料，尤其是轻质高强的钛合金材料的发展和应用密切相关。

运载火箭是发射洲际导弹、人造卫星和宇宙飞船的工具。火箭的性能常用质量比（推进器质量与火箭总质量之比）来表征。这个比值越大，火箭的性能就越好。因此，采用钛合金一类质轻高、比强度高的材料是火箭设计和制造的首选材料之一。

为了减轻卫星的结构质量，增加有效载荷，要求结构材料必须具有高的比强度，因此钛合金是卫星结构材料的首选。卫星质量每减少 1 kg，可减少 10 kN 推力，节省 20 多万美元的发射费用。而通信卫星每减少 10 kN 推力，可创效益 400 美元。

宇宙飞船是一种运送航天员、货物到达太空并安全返回的一次性使用的航天器。钛及钛合金能够满足宇宙飞船所要求的高强度、轻质量和耐 482 ℃ 高温的要求，因此被选为宇宙飞船舱体的主要结构材料。"水星"号、"双子星座"号宇宙飞船的船舱内蒙皮都是使用工业纯钛薄板点焊和缝焊而成的。此外，"阿波罗"号宇宙飞船的指挥舱、服务舱和登月舱也大量使用了钛合金。

航天飞机（又称为太空穿梭机）是一种有人驾驶可重复使用的航天器，是一个非常庞大而复杂的系统，不仅体积大，而且质量也大。如哥伦比亚号航天飞机总系统高 65.1 m、总重 2020 t。在航天飞机上使用钛材的部位主要有：用 Ti-6Al-4V 制造的高压容器及机翼前缘部；用纯钛板制造的飞船船舱内壁；用 Ti-3Al-2.5V 制造的油压配管；用 Ti-6Al-4V 制造的发动机推力支架等。

4.8.3 钛合金在航海领域的应用

众所周知，海水是含有 Na^+、Mg^{2+}、K^+ 和 Cl^- 等 10 多种离子的水溶液，有很强的腐蚀性。而钛的比强度高、耐蚀性强，在海水、海洋大气及潮汐环境中均有极好的耐蚀性，既耐均匀腐蚀，又抗局部腐蚀。从技术性能而言，钛远优于普通钢铁、不锈钢、铝和铜等常用金属材料。大量的实验表明，钛及钛合金的确是舰船制造和海洋工程中最佳的结构材料。

严酷的海洋工作环境要求舰艇使用综合性能匹配优良的钛合金材料。使用钛合金制造舰船螺旋桨、声呐导流罩和其他辅助设备，可以充分发挥出装备的耐蚀、抗压等应用性能，提高装备的可靠性、延长使用寿命、提高战斗力。潜艇与核潜艇必须具有下潜深和水下隐蔽性好的特点。另外，其船体巨大，不能在焊后进行热处理，行驶过程中需承受巨大的静载荷和动载荷。因此要求材料的强度高，塑性、韧性和抗疲劳性能好。此外，钛无磁性，不易被发现也不易成为磁性水雷的攻击目标，十分适合作为潜艇壳体的制作材料。俄罗斯在核潜艇用钛合金的研究和制造方面处于国际领先地位，俄罗斯研制的第四代"亚森"级弹道导弹核潜艇船壳采用双层钛合金制造，性能更为优异。

深潜器作为可以潜入深海的装置，被广泛用于完成海洋探测、深海打捞、救生及军事行动等方面的工作，而高强且耐蚀的钛合金非常适合用作制造深潜器的耐压壳体及其他部件。目前美国和日本在深潜器的研制方面居于领先地位。各国海上载人深潜器用材经历了从高强钢向钛合金的发展过程。目前潜深超过 3000 m 的深潜器载人舱球壳材料几乎全部采用钛合金。

此外，在海洋工程中，如海水淡化装置、海洋石油钻探等方面也使用了大量的钛合金。据统计，海底蕴藏着大约 1300 亿吨石油，占全球石油储量的 30%。随着社会对资源需求的不断增加，海底石油钻采意义重大。对于所需的海上采油设备，不仅要与海水、原油等接触，还要承担海上风浪的冲击及采油平台的工作载荷，由于工作环境恶劣、设备庞大，对材料各项性能要求十分苛刻，因此钛合金在海洋资源开发装备水平提升方面有非常重要的意义。钛对海水及原油的耐蚀性良好，用其制造的零部件不仅工作寿命长而且安全系数高，降低了维护修理成本，因此海洋平台用闭式循环发动机中的冷凝管、换热器，以及泵、阀等对抗腐蚀性要求更高的部件均选用钛制造。

4.8.4 钛合金在化工领域的应用

我国最大的用钛量集中在化工领域。我国化学工业用钛主要由氯碱、纯碱、塑料、有机、无机5部分构成，化工设备主要是利用钛的抗腐蚀性，以纯钛为主，用于各种氧化塔、反应釜、蒸馏塔、储槽、热交换器、泵、阀、管道、电极等。氯碱工业是化工生产中最早应用钛的行业。主要的钛制氯碱工业设备有金属阳极电槽、湿氯冷却器、精制盐水预热器、脱氯塔、氨碱冷却洗涤塔、离子膜电槽等。

纯碱在生产过程中会严重腐蚀铸铁和碳钢设备，国外已经广泛使用了钛设备（见图4-7），其耐蚀性比不锈钢高出100倍以上。制造纯碱的主要设备有钛板换热器、钛外冷器、碳化塔冷却钛管及钛铸件和钛泵、阀等。外冷器一般用作冷却结晶器内的氯化铵母液，由于母液有着极强的腐蚀性，一般碳钢制造的外冷器寿命仅有不到4年，而钛制外冷器的寿命可达25年且兼具质量小、传热效率高、结疤速度慢及清洗时间短等优点。有机化肥制备工业生产中，尿素在高温高压下反应制得。其反应为放热反应，反应速度较慢。由于反应的中间产物氨基甲酸铵溶液具有很强的腐蚀性，同时制造三聚氰酰胺、真空制盐等具有高温高压或腐蚀介质的服役环境，普通的钢材不能满足使用要求，其生产设备都会选择钛及钛合金制造。

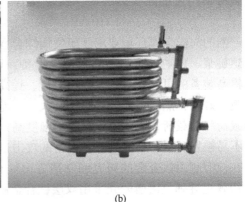

(a)   (b)

图 4-7 化工用钛设备
(a) 钛管检测设备；(b) 钛冷却器

4.8.5 钛合金在武器装备领域的应用

用钛及钛合金制造武器符合兵器轻量化的发展方向，不仅可以降低武器质量，提高装弹量，同时能够大大提升部队的机动性，适合空降部队和地形复杂作战使用。美国在研究和应用钛制武器装备方面处于世界领先地位，早在1946年，美国的陆军机械部就开始研究与兵器有关的钛合金工艺。目前，钛合金被大量用于制造导弹、火炮、多种类型装甲及其他方面部件，主要用于取代钢制部件以实现减重的目的。

20世纪50年代，美国在M28型120mm原子无后坐力炮的研制中，使用Ti-6Al-4V-2Sn、Ti-6Al-4V、Ti-7Al-4Mo 和 Ti-5Al-1.5Fe-1.4Cr-1.2Mo合金分别制造炮管、药室、喷管和发射活塞，使全炮质量从钢制的102 kg降低到49kg，减重超过50%。据报道，美军研制的

155 mm 口径 M777A1 型榴弹炮，同样是大量使用钛合金制造的地面作战系统，可比其将要替代的 M198 型火力系统轻约 3150 kg。火炮质量减轻后，并未影响其射程和精度，使得运输更加便利，机动性和灵活性大为提高。钛合金还被广泛用来制造火炮制退器，如俄罗斯的"联盟"152 mm 双管自行火炮，每门炮管均配有钛合金火炮制退器，具有火力强，射速快、生存能力强及机动性好等优良综合作战性能。

由于钛合金铸件具有比强度高、耐腐蚀和复杂件便于成型等优点，适合从小型空空导弹到大型洲际弹道导弹的发展需要，从而得到广泛应用。目前使用较为普遍的钛合金导弹部位有尾翼、火箭、弹头壳体、连接座等。钛合金性能优良，但价格仍限制它的应用。近年来美国对低成本钛合金的研究力度加大，开发了一系列军用低成本钛合金，如 Timet 62S、Ti-6Al-4V-0.25O 等，低成本钛合金的力学性能和抗弹能力等指标均与 Ti-6Al-4V 相当，甚至更高。在未来战车和火炮系统的应用中，低成本钛合金将成为取代轧制均质装甲钢和铝合金的重要选材。

为减轻装甲车质量，提高机动性和防弹性能，美国从 20 世纪 50 年代开始就进行了一系列试验和研制，最终确定钛合金是一种良好的装甲材料，在保证防弹性能的同时减轻质量约 25%。另外，美国采用爆炸成型工艺使用 Ti-4Al-3Mn 合金制造的 M-1 型标准钢盔，在避弹效果相同的前提下比标准的钢盔轻 0.45 kg，质量仅有 0.794~1.02 kg。

在其他方面，采用 Ti-5Al-2.5Sn 合金制造的防弹背心，可防炮弹、地雷、手榴弹碎片的伤害，质量仅为 2.95kg。纯钛、Ti-3Al-2.5V 等钛合金还被用来制造轻型喷火器，其射程可达 70 m，比钢制的轻 3 kg。此外，钛还用于制作保安防爆手套等。

4.8.6 钛在其他领域中的应用

4.8.6.1 汽车工业

汽车工业发展的主要方向是降低燃油消耗，减少有害废气排放。而汽车自重每降低 10%，就可以节省 8%~10% 燃油消耗，因此汽车结构轻量化是节能减排的首要途径。选用高比强度的轻质材料替代传统材料显得尤为重要。自 20 世纪 50 年代起，钛就在汽车上得到应用，但由于钛的成本较高，加工制备技术落后，因此未能得到重视和充分的应用。2015 年，世界汽车用钛量接近亿吨，并因此成立汽车厂专门制造钛合金及其零部件（见表 4-13）。汽车制造商大量使用钛制零部件标志着世界钛工业的发展朝向更广阔的应用领域拓展。钛在汽车工业中的应用主要为发动机系统、底盘系统及车体系统。

表 4-13　钛在汽车工业中的应用

特　征	应　用
密度低	不仅可以减轻整车质量，对高速运动的部件可减小运动惯量
比强度高	在各种金属材料中，钛的比强度几乎是最高的，可做承重部件
弹性模量小	抗疲劳强度大，适合做弹簧
耐热性好	适合做高温部件
热膨胀系数小	适合做发动机气门等部件
耐蚀性好	可抗大气、雨水、防冻路面湿气及含硫化氢高温废气的腐蚀，适合做尾喷管等部件
抗冻性好	在 -100 ℃ 也不会产生低温脆性
装饰性好	可通过氧化处理形成色彩鲜艳的装饰材料

4.8.6.2　生活用品

随着钛加工技术的发展和钛制品制造成本的降低，钛的应用领域日益广泛。钛制眼镜架、手表、照相机、自行车、乐器、厨房工具、工艺品等都获得消费者的青睐（见图4-8）。日本的钛手表销量在 2001 年就已占市场份额的 6%，其他国家甚至已占一半左右，市场潜力极大。钛开始用于手表大约是在 20 世纪 70 年代到 80 年代初，如 Omega 公司推出的防水体育用手表，Hoya 公司推出的附有计时功能的体育用表，IWC 公司推出的防水且附计时功能的体育用手表，它们的共同点都是属于高档体育用手表。现今，用钛材制作壳体和表带的低成本加工方法也已确定，并用于从中档到大众化的体育用手表上，加上钛表面技术的改进，使钛在手表行业中扩大了应用领域。

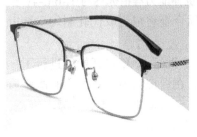

图 4-8　钛生活用品

日本 JOY 公司 1990 年首次销售钛制高尔夫球棍，Ti-6Al-4V 钛合金所制高尔夫球棍比普通球棍有更大的抗扭转力，且可以在不增加球棍总重的前提下增大球头，如图 4-9 所示。大的球头使得打击面与容积更大，可以提高击中率和击球距离。目前高尔夫球头钛合金精密铸件的制造已经形成具有一定生产规模的产业。

图 4-9　高尔夫球棍

20 世纪 80 年代中期，钛开始应用于自行车上（见图 4-10 (a)），主要由工业纯钛、Ti-6Al-4V、Ti-3Al-2.5V 合金管材加工成车架。目前 Ti-3Al-2.5V 占据了钛车架材料的主导地位，成为自行车应用最广泛的钛合金。意大利 Campagnolo 公司已经制造出多种竞赛用钛制自行车零件，包括前后轮毂轴、左右脚蹬轴、无销曲柄轴等。我国已经有很多批量供应钛合金车架及零部件的公司，品质可达国际高档自行车水平。此外，钛合金还被用于制造轮椅等，如图 4-10 (b) 所示。

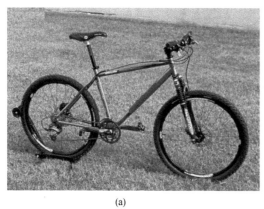
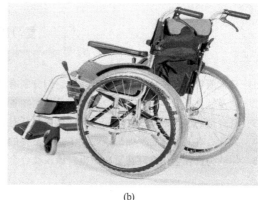

(a)

(b)

图 4-10 钛制自行车 (a) 及钛制轮椅 (b)

4.8.6.3 医用材料

钛和人体有很好的生物相容性，弹性模量与人体组织最接近，并且耐腐蚀，可以用于人体硬组织修复的同时不被人体组织液腐蚀。医疗用钛在牙科、心脏手术、人体骨骼等方面都有着广泛的应用（见图4-11）。

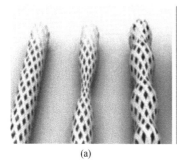
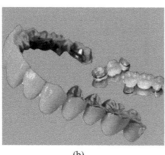
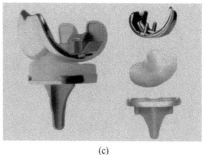

(a)

(b)

(c)

图 4-11 钛在医用领域的应用

(a) 医用钛镍记忆合金；(b) 牙科用钛合金；(c) 医用钛合金膝关节

4.8.6.4 建筑行业

建筑领域用钛主要是港湾设施、桥梁、海底隧道、雕塑、装饰物、纪念碑、栏杆、管道、防腐包覆等。钛作为建筑装饰材料，不仅具有质量小、强度好且不易生锈的优点，也很容易与其他材料相配，调整、控制色彩。日本一直在建筑用钛方面处于领先地位，有上百例用钛建筑物，是建筑用钛最多的国家。目前，中国、美国、西班牙、荷兰、加拿大、英国、比利时、瑞士、法国、瑞典、新加坡、埃及等国家或地区均有建筑使用了钛作为屋顶和幕墙。美国 Timet 公司为推动钛在建筑领域的应用提出了 100 年的质量保证，于 1997年为西班牙 Bilbao Guggenheim 博物馆的外壁提供 80 t 装饰钛板。荷兰阿姆斯特丹网凡-高博物馆的建造使用了 4.3 t、0.5 mm 厚 2 级工业纯钛。世界上第一个用钛作为结构材料的机场（法国阿布扎比机场）屋顶采用的结构用钛量达 800 t。我国杭州大剧院是国内首家大型建筑用钛工程，后屋盖金属幕墙使用了 6000 余块工业纯钛板，国家大剧院由 18398块金属钛板和 1226 块超白玻璃巧妙拼接成独特的壳体造型。

复习思考题

4-1 日常所见有哪些钛及钛合金产品，它们分别有哪些特点？

4-2 钛及钛合金好制备吗，钛合金产品是如何制备出来的？

4-3 钛合金的种类有哪些，它们的典型显微特征有哪些？

4-4 为什么有人说钛合金的出现改变了结构材料的固有格局，是可寄予厚望的未来金属材料？

4-5 你认为钛合金目前存在哪些短板？谈谈钛合金未来的发展方向和趋势。

5 镁及镁合金

镁是一种储量非常丰富的轻质有色金属，其资源可以用"取之不尽，用之不竭"来形容，镁不仅可以从地壳表层金属矿（如白云石、菱镁矿等）中提取，还可以从海洋和盐湖中获得。镁是工程应用中密度最小的金属结构材料，其密度约为 1.7 g/cm³，为铝的 2/3、钛的 2/5、钢铁的 1/4，具有高比强度/刚度、高比模量、低污染、高阻尼性、电磁屏蔽、可再生等优点，是 21 世纪最具生命力的"绿色工程材料"。镁合金结构材料在电子产品、汽车、航空工业等领域有着广泛的应用前景，是实现结构轻量化的重要合金材料。

5.1 镁的起源与发展

镁是自然界中分布最广的 10 种元素之一，但由于它不易从化合物中还原成单质状态，因此迟迟未被科学家发现。直至电池发明以后，化学家们利用电解方法分离出它的单质，才作为元素被确定下来。镁的英文名称为 magnesium，它的命名取自希腊文，原意是"美格尼西亚"，因为在希腊的美格尼西亚城附近当时盛产一种名叫苦土的镁矿（氧化镁），古罗马人把这种矿物称为"美格尼西亚·阿尔巴（magnesia alba）"，"alba"的意思是"白色的"，即"白色的美格尼西亚"。我国则根据这个词的第一音节音译成镁，镁的元素符号为 Mg。

1755 年，英国的 Joseph Black 在爱丁堡通过辨别石灰（氧化钙）中的苦土（氧化镁），首次证实镁是一种元素。1792 年，Anton Rupprecht 首次通过加热苦土和木炭的混合物制取出了不纯的金属镁。1799 年，Thomas Henry 发现了另一种镁矿石——海泡石（硅酸镁），这种矿石在土耳其主要用于制作烟斗。1808 年，英国化学家 Humphry Davy 通过电解汞和氧化镁的混合物，得到镁汞齐，再将镁汞齐中的汞蒸馏后，得到了纯度高但含量极少的银白色金属镁。1831 年，法国科学家 Antoine Alexandre Brutus Bussy 使用氯化镁和钾反应制取了大量的金属镁，之后他就开始研究金属镁的性质。1852 年，德国人 Robert Bunsen 建成了一个小型的实验室用电解槽，用于电解熔融状态的氯化镁。1886 年，德国使用经过改进的 Bunsen 电解槽开始镁的商业化生产，并于 1896 年创建了世界上唯一的镁金属生产厂。此后，镁产量迅速增长，1910 年世界镁产量约为 10 t，1930 年世界镁产量增长到 1200 t 以上。20 世纪 30 年代初，E. V. McCollum 及其同事首次用鼠和狗作为实验动物，系统地观察了镁缺乏的反应，于 1934 年首次发表了少数人在不同疾病的基础上发生镁缺乏的临床报道，证实镁是人体的必需元素。

第二次世界大战期间，镁工业获得了飞速发展。1935 年，德国、法国、苏联、奥地利、意大利等分别建立镁厂，美国的镁产量扩大了 10 倍，1943 年，世界镁产量约为 23.5 万吨。其间，镁主要用于制造燃烧弹、照明弹、曳光弹、信号弹及飞机等军用设备的零部件。第二次世界大战结束后，1946 年，世界镁产量降低到 2.5 万吨，世界各国开始考虑镁合金在民用工业的开发和应用。在以后的 20 年中，美国 Dow 化学公司在开发镁合金及其生产技术方面取得突出成就，为镁及其合金在冶金、航空、电子、兵器、汽车、化学及防腐、印刷、纺织等民用工业部门的应用开辟了道路。到 20 世纪 90 年代，随着镁的研究和应用水平的提高，1998 年，镁消耗量提高到 36 万吨，此后每年以 7%~9% 的速度递增。我国自 20 世纪 90 年代初开始出口金属原镁，1999 年，我国原镁产量达到 12 万吨，首次超过美国成为世界上第一大镁生产国，之后连续 10 年位居产量第一位，年总产量占全世界年总产量的 70% 以上。近年来我国的镁产业规模连续跨越，经济效益不断提高，国际影响力显著增强。

5.2　镁的结构与特性

5.2.1　基本性质

镁的原子序为 12，相对原子质量为 24.3，是典型的二价金属，具有金属的共有特性。由于镁的氧化物性质与钙一样介于"碱性"和"土性"之间，故称为碱土金属。金属镁外观呈银白色，在元素周期表中属于 ⅡA 族元素，有 ^{24}Mg（78.98%）、^{25}Mg（10.05%）、^{26}Mg（10.97%）三种同位素。镁的基本性质见表 5-1。

表 5-1　镁的基本性质

性　质	数值		性　质	数值
原子序数	12		熔点/K	923±1
化合价	+2		沸点/K	1380±3
相对原子质量	24.3		再结晶温度/K	423
摩尔体积/$cm^3 \cdot mol^{-1}$	14.0		熔化潜热/$kJ \cdot kg^{-1}$	360~377
原子半径/nm	0.162		气化潜热/$kJ \cdot kg^{-1}$	5150~5400
离子半径/nm	0.065		升华热/$kJ \cdot kg^{-1}$	6113~6238
泊松比	0.33		燃烧热/$kJ \cdot kg^{-1}$	24900~25200
室温密度/$g \cdot cm^{-3}$	1.738		比热容（293~373 K）/$kJ \cdot (kg \cdot K)^{-1}$	1.03
电阻温度系数（273~373 K）/$℃^{-1}$	3.9×10^{-3}		热膨胀系数（298 K）/K^{-1}	26×10^{-6}
电阻率 ρ/$n\Omega \cdot m$	47		MgO 生成热 Q_p/$kJ \cdot mol^{-1}$	0.6105
电导率（273 K）/$\Omega \cdot m$	23×10^6		结晶时的体积收缩率/%	3.97~4.2
热导率 λ/$W \cdot (m \cdot K)^{-1}$	153.6556		磁化率 φ（MKS 单位制）	$6.27 \times 10^{-3} \sim 6.32 \times 10^{-3}$
表面张力（945 K）/$N \cdot m^{-1}$	0.563		声音在固态镁中的传播速度/$m \cdot s^{-1}$	4800
收缩率/%	固-液转变	4.2	标准电极电位/V　氢电极	−1.55
	熔点至室温	5	甘汞电极	−1.83

5.2.2　镁的结构

镁的晶体结构为密排六方（hcp），单胞内沿主要晶面和晶向的原子排布如图 5-1 所示。低于 225 ℃时，镁的主滑移系为 $\{0001\}\{11\bar{2}0\}$，次滑移系为 $\{10\bar{1}0\}\{11\bar{2}0\}$；高于 225 ℃时，滑移还可以在 $\{10\bar{1}1\}\{11\bar{2}0\}$ 上进行。孪晶主要出现在 $\{10\bar{1}2\}$ 晶面族上，二次孪晶出现在 $\{30\bar{3}4\}$ 晶面族上。在高温下，$\{10\bar{1}3\}$ 晶面族上也可能出现孪晶。

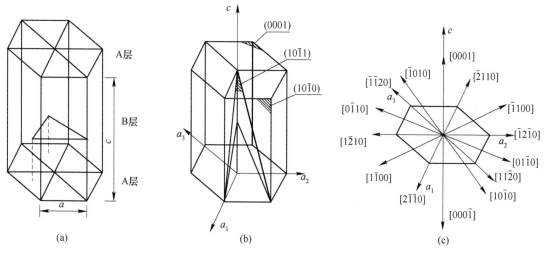

图 5-1 镁单胞的原子结构、主要晶面和晶向
（a）原子位置；（b）典型晶面；（c）典型晶向

在室温下，镁的晶格常数为 $a = 0.32092$ nm，$c = 0.52105$ mm，$c/a = 1.6236$。由于原子层按 ABAB 顺序堆积，理想钢球模型的 c/a 值为 1.633。因此，可以认为晶格的原子堆积接近理想紧密堆积。在镁中加入锂、铟、银等金属元素能使 c/a 值小于 1.618，提高晶格的对称性，可激活晶格的 $\{10\bar{1}0\}\{11\bar{2}0\}$ 等棱面滑移系。

5.2.3 镁的力学性能

铸造状态的镁的力学性能较低，常温下其抗拉强度为 80~110 MPa，伸长率为 6%~8%，硬度 HB 为 30，弹性模量为 45 GPa，泊松系数为 0.33。表 5-2~表 5-4 为在不同状态下镁的力学性能。

表 5-2　20 ℃时镁的力学性能

材料状态	R_m/MPa	$R_{p0.2}$/MPa	$A/\%$	$Z/\%$	硬度 HB
铸态	115	25	8.0	9.0	30
变形态	200	90	11.5	12.5	36

表 5-3　高温下铸态镁的力学性能

温度/℃	R_m/MPa	$A/\%$	温度/℃	R_m/MPa	$A/\%$
100	93	18	350	14.0	72
200	56	28	400	8.5	80
250	41	40	450	5.0	78
300	25	58	500	3.5	81

表 5-4　高温下变形态镁的力学性能

温度/℃	R_m/MPa	$R_{p0.2}$/MPa	A/%	Z/%	a_H/kJ·cm^{-2}
200	60	25	42.5	36.5	2.3
250	30	20	41.5	92.5	5.0
300	20	16	58.5	95.5	12.5
350	18	12	95.0	98.0	17.0
400	10	5	60.0	93.5	10.3
450	6	4	65.5	93.5	13.5

5.2.4　镁的化学性质

镁是化学性质非常活泼的金属，它和氧及卤素的结合能较大，可用作还原剂置换钛、锆、铀、铍等金属。在原镁生产、合金熔炼、合金化处理、金属传输及铸造过程中，极易与氧、氮、水发生化学作用。一般来说，镁耐碱不耐酸，室温下，与氢氧化钠等碱性溶液几乎不发生反应，但加热时会发生反应；然而，除氢氟酸、铬酸、脂肪酸外，其他无机或有机酸均能够迅速与镁发生反应将镁溶解。同时，镁与大多数有机化合物是不发生反应的。镁能与二氧化碳发生燃烧反应，因此，燃烧时不能用二氧化碳灭火器灭火。表5-5列举了镁及其化合物的热力学参数。

表 5-5　镁及其化合物的热力学参数

参　　数	Mg	MgO	MgCl$_2$	MgF$_2$
熔点/℃	651	2800	712	1396
沸点/℃	1107	3600	1412	2239
熔化潜热/kJ·kmol^{-1}	2.16	18.5	8.1	5.9
气化潜热/kJ·kmol^{-1}	32.552	—	32.69	69.8
比热容（25℃）/kJ·(kg·℃)$^{-1}$	23.90	37.80	71.33	—
标准热容/kJ·(kg·℃)$^{-1}$	—	611.56	320.43	552.12
标准熵（25℃）/kJ·(kg·℃)$^{-1}$	32.52	27.42	89.58	58.60

在空气中，镁的表面容易生成氧化薄膜使表面颜色迅速变暗。氧化镁具有体心立方结构，其晶格参数 $a=0.4192$ nm。25℃时，氧化镁的结合能为610.30 kJ/(kg·K)。当温度低于450℃时，氧化薄膜对表面具有保护作用；当温度高于450℃时，氧化镁薄膜将变得不稳定且易被破坏，从而导致镁的进一步氧化，该氧化反应是放热反应，若氧化放出的热量不能被及时转移，镁将会燃烧。在空气中，镁的燃点是623℃，随着大气压的变化，镁在氧气中的燃点也会发生变化。氧化镁薄膜并不致密，其致密系数为0.79，这是镁和镁合金耐蚀性不及铝和铝合金的主要原因。一般来说，镁合金必须经过特殊的表面防护技术才能保证其长久储存。

5.2.5　镁合金的特性

镁合金具有许多优良的特性，主要表现在以下几个方面：

（1）比强度、比刚度高。镁合金的比强度高于铝合金和钢铁，略低于比强度最高的纤维增强塑料。其比刚度与铝合金和钢铁相当，但却远高于纤维增强塑料。因此在相同强度和刚度情况下，用镁合金作结构件可以减轻零件质量，这对国防、航空、汽车及便携式电子器材等行业均有很重要的意义。

（2）减振性能好。镁合金与铝合金、钢铁等材料相比具有较低的弹性模量，在同样受力条件下，可消耗更大的变形功，具有降振、减振功能，可承受较大的冲击振动负荷。镁合金具有极好的滞弹吸振能力，其减振性是铝合金的 5~30 倍，塑料的 20 倍，钢铁的 50~1000 倍。在汽车中使用镁合金可提供舒适安静的搭乘条件，提高安全保障；镁合金也被用于航空航天、国防等尖端领域，如鱼雷、战斗机和导弹等的减振部位。

（3）良好的铸造性能。镁与铁几乎不发生反应，熔炼时可用铁坩埚。熔融镁对坩埚的侵蚀小，压铸时对压铸模的侵蚀小。与铝合金压铸相比，镁合金的压铸模使用寿命可提高 2~3 倍，通常可维持 20 万次以上。镁合金的比热容和结晶潜热小，流动性好，其充型流动速度大约是铝合金的 1.25 倍，用于压铸生产时生产效率比铝合金提高 40%~50%，且镁制品壁厚可小于 0.6 mm，而铝合金为 1.2~1.5 mm，塑胶制品在相同强度下是无法达到的。

（4）尺寸稳定性高。不需要退火和消除应力就具有尺寸稳定性是镁合金的一个很突出的特性，体积收缩率仅为 4%~6%，是铸造金属中收缩量最低的一种合金。

（5）优良的切削加工性能。镁合金的切削速度大大高于其他金属，可减少切削加工时间，切削时对刀具的损耗很低。镁合金、铝合金、铸铁、低合金钢切削同样零件消耗的功率比值为 1∶1.8∶3.5∶6.3。镁合金机加工不用切削液便可改善零件表面加工质量、减少摩擦力和提高刀具寿命，不需磨削和抛光便能获得平滑光洁的表面。

（6）良好的磁屏蔽性。镁合金具有优于铝合金的磁屏蔽性能，能更好地阻隔电磁波，适合制作发出电磁干扰的电子产品的壳、罩，尤其是紧靠人体的手机。而采用塑料制造电子器件时，为了提高其电磁屏蔽能力，一般在表面喷涂导电漆、表面镀层、金属喷涂，在塑料内部添加导电材料，辅助金属箔或金属板等，但这会增加生产工艺的复杂性，提高产品的生产成本和价格，且电磁屏蔽效果仍然很有限。

（7）高散热性。镁合金的导热能力是工程塑料 ABS 的 350~400 倍，适用于元件密集的电子产品。镁合金的散热性能不但比塑料好很多，与铝合金相比也略胜一筹。在相同体积下，镁合金件的蓄热能力远比铝合金件低，但两者的散热能力相差甚微。由于镁合金压铸成型性比铝合金的成型性好，镁合金压铸件可以比铝合金压铸件的壁厚做得更薄、形状更复杂，考虑到这些尺寸因素对散热性的影响，镁合金压铸件加热与散热往往比铝合金压铸件快，工程塑料 ABS 更是无法与之相比。

（8）再生性。废旧镁合金铸件可再熔化，并作为 AZ91、AM50 或 AM60 的二次材料可再铸造。镁合金的熔化潜热比铝合金低，熔炼消耗的能量低。更为重要的是，镁合金中的杂质可以通过相对简单的冶金法清除，这种方法符合环保要求，使镁合金比许多塑胶材料更具有吸引力。

同时，镁合金也存在一些不足，主要表现在化学稳定性差、抗蚀能力差；镁元素极为活泼，熔炼和加工过程中极易氧化燃烧；现有工业镁合金的高温强度、蠕变性能较低；镁合金的强度和塑韧性有待进一步高；镁合金使用时要采取防护措施，如氧化处理、涂漆保护等。

5.3　镁与人体健康

20 世纪 30 年代的临床研究证实镁是维持人体生命活动的必需元素。镁具有调节神经和肌肉活动、增强耐久力的功能，镁也是高血压、高胆固醇、高血糖的"克星"，还有助于防治中风、冠心病、糖尿病、心脏病等。

镁的生理功能有促进心脏、血管健康，预防心脏病发作；激活多种酶的活性（镁作为多种酶的激活剂，参与 300 多种酶促反应）；抑制钾、钙通道，防止钙沉淀在组织和血管壁中，防止产生肾结石、胆结石；维护骨骼生长和神经肌肉的兴奋性，使牙齿更健康；维护胃肠道和激素功能，改善消化不良；能协助抵抗抑郁症，与钙并用，可作为天然的镇静剂。

美国 RDN 新标准要求成年男性每天镁的摄入量为 350 mg，女性一般为 180 mg。一般成年人的体内含镁量大致保持 20~25 g，其中 70% 以磷酸盐和碳酸盐的形式参与骨骼和牙齿的组成；25% 存在于软组织中，主要与蛋白质结合成络合体。镁失调对人体的危害较大，缺镁早期表现常伴有厌食、恶心、呕吐等症状。缺镁加重可有记忆力减退、精神紧张、易激动、神志不清、烦躁不安、手足徐动症，严重缺镁时，可有癫痫发作。日常生活中可多选择含镁较多的食物，避免喝太多太浓的咖啡和茶，节制鱼、虾、肉、蛋类含磷量过多的食物。然而，过量摄入镁也会产生不利的影响。过量镁摄入常伴有恶心、胃肠痉挛等胃肠道反应，嗜睡、肌无力、膝腱反射弱、肌麻痹；严重缺镁时可能发生心脏完全传导阻滞或心搏停止。

镁不但是植物的必需元素，也是人体的必需元素。在我们日常生活中可通过食物吸收补充身体的镁元素。紫菜含镁量最高，每 100 g 紫菜中含镁 460 mg，被喻为"镁元素的宝库"。

含镁元素丰富的食物有海参、榛子、西瓜子、鲍鱼、燕麦片、苋菜、小茴香、黑芝麻、葵花籽、砖茶、绿茶、花茶、海蜇皮、黄豆、木耳、海米、咖啡、可可粉、棉籽粉、花生粉、小米、虾皮、大豆粉。

含镁元素较丰富的食物有松子、绿豆、青豆、芸豆、口蘑、豆腐粉、海带、小豆、黑米、香菇、蚕豆、莲子、干贝、姜、豌豆、金针菜、坚果、花生酱、全谷物（如小麦、大麦和燕麦等）。

含镁元素一般的食物有香蕉、牛肉、面包、玉米、鱼及海产品、猪肉及大多数绿叶蔬菜。

含微量镁元素的食物有卷心菜、茄子、蛋类、动植物油脂、冰淇淋、大多数水果、糖和香肠等。

5.4　镁资源与冶炼

5.4.1　镁资源

镁在自然界分布广泛，主要以固体矿和液体矿的形式存在。固体矿主要是地壳中含镁的矿物（见图5-2）；液体矿主要来自海水、天然盐湖水、地下卤水等。虽然逾百种矿物中均蕴含镁，但全球所利用的镁资源主要是白云石、菱镁矿、水镁石、光卤石和橄榄石这几种矿物，其次为海水苦卤、盐湖卤水及地下卤水。

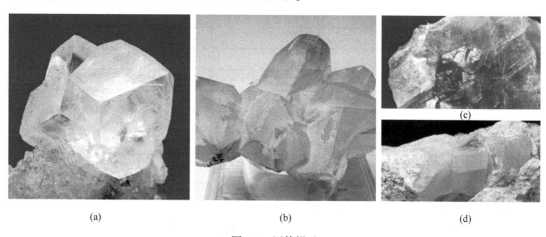

图 5-2　固体镁矿
(a) 白云石；(b) 菱镁矿；(c) 光卤石；(d) 水镁石

　　镁在地壳中的分布广且极其丰富，是自然界中分布最广的元素之一，约占地壳质量的2.35%，仅次于氧、硅、铝、铁、钙、钠和钾，居第八位，在结构金属中仅次于铝和铁，居第三位。镁在地球上的分布极为广泛，几乎到处都可以找到镁的矿物。在已知的 1500种矿物中，含镁矿物大约有 200 种。镁的化学性质活泼，在自然界中仅以化合物的形式存在，含镁矿物大致可分为硅酸盐、碳酸盐、氯化物和硫酸盐 4 类，多属于地壳造岩矿物。我国是世界上镁矿资源最丰富的国家之一，镁资源占全球总储量的 22.5%，矿石品位超过40%的菱镁矿储量占世界的 60% 以上。

　　除了储量丰富的固态含镁矿物，海水和盐湖中的液态镁矿资源可谓是"取之不尽、用之不竭"。镁是海水中的第三富有元素，约占海水质量的 0.13%。每立方米海水中大约含有 1 kg 镁，在大洋的海水及一些海湾的海水中，镁盐的浓度可达 0.25%~0.55%。海水中镁总量约为 2.3×10^{15} t，如果每年用海水生产 100 万吨镁，可以持续生产 23 万年。盐湖水中的氯化镁浓度比海水高，故盐湖水也是生产镁的重要资源。位于美国犹他州的大盐湖及以色列与约旦间的死海均闻名世界，拥有丰富的镁资源，周围建有大型镁厂。我国的盐湖镁盐主要分布于西藏自治区的北部和青海省柴达木盆地。柴达木盆地内的镁盐储量占全国已查明镁盐总量的99%，居全国第一位。天然盐湖卤水可以看作一种可回收的资源，因而人类开采的镁在相对较短的时间内就会再生。

5.4.2　镁冶炼

　　20 世纪，整个世界原镁产量的 80% 由电解法生产，20% 由热还原法生产，进入 21 世纪后，热还原法产镁量迅速增加。我国目前 98% 以上的金属镁由热还原法生产。依据所用原料及处理原料的方法不同，镁冶炼技术又可细分为以下几种具体的方法，详见表5-6。

表 5-6　镁冶炼技术与镁矿原料

镁冶炼技术		镁矿原料
电解法	道屋法	海水卤水
	氧化镁氯化法	菱镁矿
	光卤石法	光卤石
	AMC 法	盐湖卤水
	诺斯克法	海水或 $MgCl_2$ 含量较高的卤水
热还原法	皮江法	白云石
	波尔扎诺法	
	半连续法	

5.4.2.1　电解法

电解法制镁是以 $MgCl_2$ 与 NaCl、KCl、$CaCl_2$ 等混合盐为电解质，以铸钢为阴极，石墨为阳极，在直流电作用下，阴极析出金属镁，阳极析出氯气的生产方法。其工艺过程包括氯化镁的生产和电解制镁。该方法又可分为以菱镁矿为原料的无水氯化镁电解法和以海水为原料制取无水氯化镁的电解法。

电解法炼镁的技术发展与技术水平是当代硅热法炼镁（皮江法炼镁、内热法炼镁、半连续硅热法炼镁）无法比拟的。其工艺要求较高，易实现自动化和规模化生产，但投资高，美国、加拿大、俄罗斯等国家都采用该法，其中最有代表性的有 DOW 工艺、IGFarben 工艺、Magnola 工艺等。在电解法方面以美国道屋（DOW）化学公司自由港镁厂的海水炼镁、苏联的光卤石电解及挪威希得罗公司的卤水在 HCl 气氛下脱水后的无水氯化镁为电解炼镁代表。

采用菱镁矿颗粒氯化制取熔体氯化镁是我国现行镁厂电解槽用料的主要方法，它的特点是工艺流程较短、设备少、投资少，但氯气消耗高。这样就造成了氯化炉尾气处理困难并且成本也相应提高，电耗也高，氯化镁质量差，影响电解槽的稳定运行。电解法镁厂的环保问题也十分突出，因为氯化炉尾气和电解槽阴极气体处理效果一直不理想。但自从引进无隔板电解槽技术后，氯气回收率有所提高，这样大大减少了阴极气体含氯量，并采用了一些洗涤设备，环境条件也有了一定的改善。菱镁矿炼镁主要由无水氯化镁熔体制取和无水氯化镁熔体电解两步骤组成，现行的菱镁矿炼镁工艺流程如图 5-3 所示。

电解法炼镁的原理是在高温下电解熔融的无水氯化镁，使之分解成金属镁和氯气。高温情况下水对熔盐性质的影响是致命的，因此，高纯度的无水氯化镁是电解法制镁关键所在。依据所用原料及处理原料的方法不同，电解法炼镁又可细分为以下几种具体的方法：道屋法、光卤石法、氧化镁氯化法、AMC 法、诺斯克法。

海水盐分中镁的含量仅次于氯和钠，位居第三。从卤水中提取的产品主要是氯化镁、硫酸镁、氧化镁和氢氧化镁等。以海水为原料制取镁的电解法工艺流程如图 5-4 所示，具体工艺步骤如下：

（1）将贝壳煅烧后制成石灰乳：

$$CaCO_3 \xrightarrow{\text{高温}} CaO + CO_2 \uparrow$$

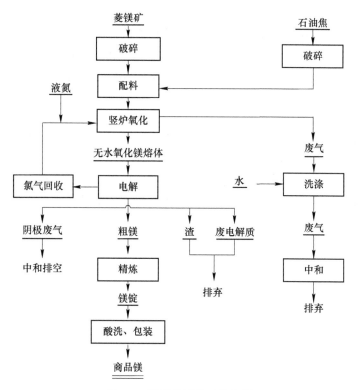

图 5-3　菱镁矿炼镁工艺流程

$$CaO + H_2O \longrightarrow Ca(OH)_2$$

（2）在引入的海水中加入石灰乳，沉降、过滤、洗涤得到 $Mg(OH)_2$：

$$MgCl_2 + Ca(OH)_2 \longrightarrow Mg(OH)_2\downarrow + CaCl_2$$

（3）将沉淀物与盐酸反应，反应后的溶液经结晶、过滤、干燥得 $MgCl_2 \cdot 6H_2O$ 产物；

（4）将 $MgCl_2 \cdot 6H_2O$ 产物在一定的条件下加热失去结晶水：

$$Mg(OH)_2 + HCl \longrightarrow MgCl_2 + H_2O$$

（5）熔融 $MgCl_2$ 进行电解得镁和氯气：

$$MgCl_2(熔融) \xrightarrow{\text{电解}} Mg + Cl_2\uparrow$$

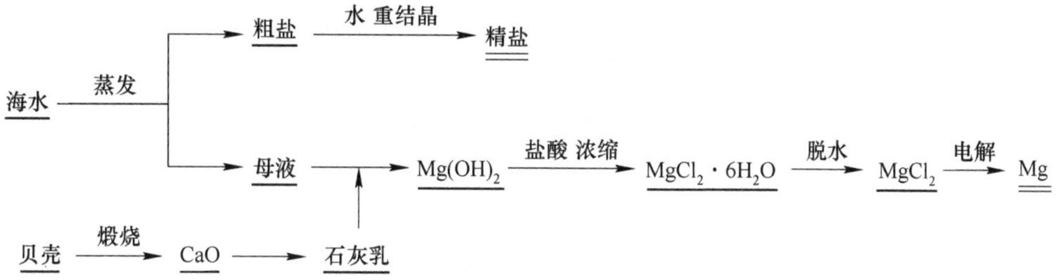

海水 $\xrightarrow{\text{蒸发}}$ 粗盐 $\xrightarrow{\text{水 重结晶}}$ 精盐

母液 $\longrightarrow$ $Mg(OH)_2$ $\xrightarrow{\text{盐酸 浓缩}}$ $MgCl_2 \cdot 6H_2O$ $\xrightarrow{\text{脱水}}$ $MgCl_2$ $\xrightarrow{\text{电解}}$ Mg

贝壳 $\xrightarrow{\text{煅烧}}$ CaO $\longrightarrow$ 石灰乳

图 5-4　海水提镁工艺流程

5.4.2.2　热还原法

热还原法炼镁是以硅、铝、碳及碳化钙等作还原剂，从氧化镁中还原金属镁的一种方法。根据还原剂不同，热还原法又分为硅热还原法、碳化物热还原法和碳热还原法，后两种在工业上较少采用。在热还原法炼镁中，硅热还原法占有重要地位，它是以白云石为原料，以硅铁作还原剂，在高温和真空条件下通过还原制得金属镁。生产工艺有 Pidgeon 工艺（皮江法）、Magnetherm（马格内姆）工艺及 Bolzano（波尔扎诺）工艺。皮江法属于外热法，马格内姆工艺和波尔扎诺工艺属于内热法。

皮江法炼镁的实质是在高温和真空条件下，通过硅（或铝）还原氧化镁生成镁蒸气，与反应生成的固体硅酸二钙（$2CaO \cdot SiO_2$）相互分离，并经冷凝得到结晶镁。该工艺过程可分为白云石煅烧、原料制备、还原和精炼四个阶段，具体工艺如图 5-5 所示。皮江法具有工艺简单、投资少、建设周期短、产品质量好等优点。但也存在以下突出问题，如不能连续生产、单炉产量小、单位产品热耗高、生产自动化水平低、合金罐消耗量大、环境污染严重等。近年来国内很多大中小型企业都采用皮江法工艺生产镁，使原镁产量急剧增加。加拿大、日本、中国均建有皮江法生产工厂。

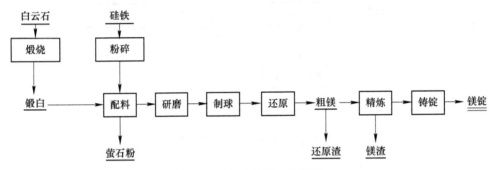

图 5-5　皮江法炼镁工艺流程

马格内姆工艺是在带有炭石墨内衬和装设有固定石墨电极的密封电弧炉中，用硅铁还原制团的煅烧白云石，并添加铝土矿或氧化铝作助熔剂制取金属镁。马格内姆工艺是 1947年由法国发展起来的一种炼镁新工艺，也称为半连续熔渣导电法。马格内姆工艺生产的产品质量差、硅含量高、非生产时间较长，但该工艺具有生产半连续化、原料单耗较低、单台设备产能大、环境污染小等优点。

波尔扎诺工艺是将煅烧后的白云石和硅铁经过压团放入内热真空还原电炉内，以电加热（还原温度一般为 1250 ℃），镁金属蒸气在外部冷凝制成金属镁。

相较于皮江法而言，马格内姆工艺和波尔扎诺工艺不需要昂贵的合金罐，同时炉容可以增大，反应温度可以适当提高，从而提高还原反应镁的平衡蒸气压，增加反应区与结晶区镁蒸气压之差，使反应速度加快，缩短还原周期，提高镁的产出率，降低单位产品能耗。

5.5　镁的合金化

纯镁的力学性能很低，不适宜用作结构材料。为了提高纯镁的强度，可以在纯镁中加入一些合金元素，产生固溶强化、第二相强化和细晶强化，以提高合金的抗蚀性和耐热性能。通过形变硬化、晶粒细化、热处理、镁合金与陶瓷相复合等多种方法的综合运用，镁的力学性能也会得到大幅改善。但镁的合金化是实际应用中最基本、最常用和最有效的强化途径,其他方法通常建立在镁的合金化基础上。

5.5.1 合金元素的作用

添加合金元素对镁进行合金化必须考虑加入的合金元素是否会与镁熔体发生反应,同时还要考虑加入合金元素对合金的浇铸性能、显微组织及各种性能的影响。镁合金中常见的合金元素有铝、锌、锰、锆、锂及稀土等元素。

5.5.1.1 铝

铝是镁合金中最常用的合金元素,同时它也是压铸镁合金中的主要构成元素之一。铝在固态镁中具有较大的固溶度,在 437 ℃ 的共晶温度下,铝在镁中的饱和固溶度为 12.7%,且固溶度随着温度的下降而显著减小,在室温时约为 2%。铝可明显改善合金的铸造性能,提高合金的强度和硬度。铝的质量分数达到 6% 时,可获得令人满意的强度和韧性指标。铝含量过高会加剧镁合金的应力腐蚀倾向,提高其脆性。

5.5.1.2 锌

锌在镁中的最大固溶度为 6.2%,是除铝以外非常常见、有效的合金元素,具有固溶强化和时效强化的双重作用,通常与铝、锆或稀土联合使用来提高室温强度。当镁合金中铝含量为 7%~10%,且锌含量超过 1% 时,镁合金的热脆性明显增加。高锌镁合金由于结晶温度区间间隔太大,合金流动性大大降低,从而铸造性能较差。此外,锌也能减轻因铁、镍存在而引起的腐蚀作用。

5.5.1.3 锰

锰在镁中的极限溶解度约为 3.0%。锰可提高镁合金的抗拉强度,但不利于合金的塑性。在镁合金中加入锰可改善合金的抗应力腐蚀倾向,从而提高合金的耐腐蚀性和改善合金的焊接性能。锰通常与其他元素一起加入镁合金中,如在含铝的镁合金中,可形成 $MnAl$、$MnAl_6$ 或 $MnAl_4$ 化合物,另外还可形成 $MgFeMn$ 化合物,从而减小了铁在镁合金中的固溶度,提高了镁合金的耐热性。

5.5.1.4 锆

锆在液态镁中的固溶度很小,在包晶温度下仅为 0.6%。锆与镁不形成化合物,凝固时首先以 α-Zr 颗粒沉淀,α-Mg 包在其外,锆与镁同为密排六方结构,且锆的晶格常数($a = 0.3223$ nm,$c = 0.5123$ nm)与镁非常接近,促进了镁的非均匀形核,具有很强的晶粒细化作用。锆一般不会添加到含有铝或锰的镁合金中,因为锆与铝或锰会形成稳定的化合物,显著抑制了锆的细化作用。锆在形变镁合金中可以抑制晶粒长大,因而含锆镁合金在退火或热加工后仍具有较高的力学性能。

5.5.1.5 锂

锂在镁中的固溶度高达 5.5%,当锂含量为 5.5% 以下时,镁合金为 α(锂在镁内的固溶体)单相组织;当锂含量大于 10.3% 时,镁合金为 β(镁在锂内的固体)单相组织;当锂含量为 5.5%~10.3% 时,镁合金为 α+β 双相组织,各种成分的二元合金在固相温度范围内均不发生相变。因此,镁锂二元合金是典型的不可热处理合金,无法通过热处理提高合金的性能。由于锂密度极低(0.53 g/cm³),在镁中加锂可显著降低合金的密度,且锂含量越高，合金的密度越低。当锂含量超过 31% 时，镁锂合金的密度小于 1 g/cm^3，即为漂浮在水上的合金。镁锂合金的抗拉强度随锂含量的增加而上升，在锂含量达到 6%~7% 时，抗拉强度达到最高值。同时，镁锂合金具有很高的比刚度，是钢的 22 倍。

5.5.1.6 稀土

稀土是镁合金中的一种重要合金元素，90% 以上的耐热镁合金中含有稀土元素。稀土元素原子扩散系数小，既可以提高镁合金再结晶温度和减缓再结晶过程，又可以沉淀出非常稳定的弥散相颗粒，从而能大幅提高镁合金的高温强度和蠕变能力。在镁合金领域，尤其是在耐热镁合金领域，稀土元素具有突出的净化、强化能力，被认为是改善传统镁合金综合性能的有效合金成分，又是开发新型高强耐热镁合金最具实用价值和开发潜力的合金化/微合金化元素，其独特的良好作用是其他元素所不能取代的。在镁合金中所添加的稀土元素主要有 Ce、Nd、Gd、Tb、Y 等。

5.5.1.7 其他元素

硅能提高熔融镁金属的流动性，与铁共存时，会降低镁合金的抗蚀性。少量的钙能够改善镁合金的冶金质量，但添加钙易导致铸造镁合金产生黏模缺陷和热裂。微量的铍（一般低于 30×10^{-6}）能有效降低镁合金在熔融、铸造和焊接过程中金属熔体表面的氧化。铜能提高合金的高温强度，但会影响镁合金耐蚀性。银在镁中的固溶度大，可产生很强的固溶强化效果，也能增强时效强化效应，提高镁合金的高温强度和蠕变抗力，但会降低合金的耐蚀性。钍是提高镁合金高温强度和蠕变性能的最佳元素，也能提高镁合金的焊接性能，但具有放射性，其应用受到很大限制。铁和镍在镁合金中是有害的杂质元素，少量的铁和镍都会大大降低镁合金的耐蚀性。

5.5.2 镁的合金化规律

镁的合金化原则与铝合金十分相似，都是利用固溶强化和时效处理所产生的沉淀强化来提高合金的常温和高温性能。因此，所选择的合金元素在镁合金中应有较高的固溶度，且固溶度随温度有较明显的变化，并且在时效过程中能形成强化效果显著的第二相。

合金元素对组织和性能的影响主要与晶体结构、原子尺寸、电负性等因素相关。

（1）晶体结构因素。镁是 hcp 结构，但其他 hcp 结构元素（如锌和铍）不能与镁形成无限固溶体。

（2）原子尺寸因素。当 $\Delta R < 15\%$ 时能形成无限固溶体，约一半金属元素与镁可形成无限固溶体。

（3）电负性因素。元素之间电负性相差越大，生成的化合物越稳定，化合物往往具有 Laves 相结构，同时其成分具有正常的化学价规律。

（4）原子价因素。元素间原子价相差越大，溶解度越小。

镁合金中的常用合金元素有 Al、Zn、Mn 等。根据 Hume-Rothery 合金化原则，若溶剂与溶质原子半径差不大于 15%，则两者可形成无限固溶体。镁的原子半径为 0.1602 nm，符合该规则的元素有很多，如 Li、Al、Ti、Cr、Zn、Ge、Y、Zr、Nb、Mo、Pd、Ag、Sn、Te、Nd、Pt、Au、Hg 等。若考虑到晶体结构、原子价因素和电化学因素的有利性，则大多数合金元素在镁中可形成有限固溶体。

镉同样具有密排六方结构，在镁基体中有最大固溶度，能与镁形成连续固溶体。合金元素与镁也能形成各种形式的化合物，其中最常见的 3 类化合物结构如下：

（1）AB 型简单立方结构（CsCl），如 MgTi、MgAg、MgCe、MgSn 等化合物；

（2）AB 型 Laves 相，原子半径比 $R_A/R_B = 1.23$，如 $MgCu_2$、$MgZn_2$、$MgNi_2$ 等；

（3）CaF_2 型 fcc 面心立方结构，包含所有 IVA 族元素与镁形成的化合物，如 Mg_2Si、Mg_2Sn 等。

一般认为，二元镁合金系中主要元素的作用可以被划分为 3 类：

（1）可同时提高合金强度和塑性的合金元素。按强度递增顺序为 Al、Zn、Ca、Ag、Ce、Ga、Ni、Cu、Th；按塑性递增顺序为 Th、Ga、Zn、Ag、Ce、Ca、Al、Ni、Cu。

（2）对合金强度提高不明显，但对塑性有显著提高的元素，如 Cd、Ti、Li 等。

（3）牺牲塑性来提高强度的元素，如 Sn、Pb、Bi、Sb 等。

一般针对镁合金的不同用途选择合适的合金化元素，如对要求抗蠕变性能的合金材料，合金设计时就要保证所选合金元素可以在镁基体中形成细小弥散的沉淀物来抑制晶界的滑移，并且使合金具有较大的晶粒。

5.6 镁合金的分类与热处理

5.6.1 镁合金的分类

镁合金一般按化学成分、成型工艺和是否含锆元素三种方式分类。

按化学成分分类，镁合金可以分为二元和多元合金系。因为大多数镁合金都不止含两种合金元素，但在实际中为了方便及简化和突出合金的最主要合金元素，一般习惯上依据其主要合金元素将镁合金划分为二元合金系，如 Mg-Al 系合金、Mg-Mn 系合金、Mg-Zn 系合金、Mg-Ag 系合金、Mg-RE 系合金等。

按成型工艺分类，镁合金可分为变形镁合金和铸造镁合金两大类。变形镁合金是指可用挤压、轧制、锻造和冲压等塑性成型方法加工的镁合金。铸造镁合金是指适合采用铸造方式进行制备和生产出铸件直接使用的镁合金。变形镁合金和铸造镁合金在成分、组织和性能上存在很大差异。目前，铸造镁合金比变形镁合金的应用要广泛，但变形镁合金经热变形后合金的组织得到细化，铸造缺陷消除，产品的综合力学性能大大提高，比铸造镁合金材料具有更高的强度、更好的延展性及更多样化的力学性能。因此，变形镁合金具有更大的应用前景。

依据合金中是否含锆元素，镁合金可分为不含锆镁合金和含锆镁合金两大类。最常见的含锆镁合金系列为 Mg-Zn-Zr、Mg-RE-Zr、Mg-Th-Zr、Mg-Ag-Zr 系列，不含锆的镁合金有 Mg-Al、Mg-Al-Zn、Mg-Al-Mn、Mg-Al-Si、Mg-Al-RE、Mg-Al-Ca、Mg-Zn-Cu 系列。目前应用最多的是不含锆压铸镁合金 Mg-Al 系列，含锆和不含锆镁合金中既包含变形镁合金，又包含铸造镁合金。锆在镁合金中的主要作用就是细化镁合金晶粒。含锆镁合金具有优良的室温性能和高温性能，遗憾的是锆不能用于所有的工业合金中，对于 Mg-Al 和 Mg-Mn 合金，由于冶炼时与铝及锰形成稳定的化合物，并沉入坩埚底部，无法起到细化晶粒的作用。

此外，如按功能或者用途分类，镁合金还可分为稀土镁合金、耐热镁合金、阻燃镁合金、耐蚀镁合金、变形镁合金、阻尼镁合金、生物镁合金、压铸镁合金等。

5.6.2　铸造镁合金

大部分镁合金产品均采用铸造工艺进行生产，尤其是采用压铸工艺生产。压铸工艺生产镁合金生产效率高、精度高、凝固组织优异，可生产薄壁及复杂形状铸件，通过控制杂质含量，可采用压铸工艺生产出力学性能高、耐腐蚀等综合性能优异的镁合金铸件。现有铸造镁合金牌号表示方法如图 5-6 所示，也可参考国家标准《铸造有色金属及其合金牌号表示法》（GB/T 8063—2017）。

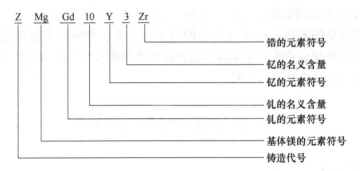

图 5-6　铸造镁合金牌号表示方法

现有国家标准中铸造镁合金有 10 个合金牌号，其化学成分见表 5-7，相应铸造镁合金砂型或金属型单铸试样的室温力学性能见表 5-8。

表 5-7　铸造镁合金的化学成分

合金牌号	合金代号	Mg	化学成分[①]（质量分数）/%											其他元素[④]	
			Al	Zn	Mn	RE	Zr	Ag	Nd	Si	Fe	Cu	Ni	单个	总量
ZMgZn5Zr	ZM1	余量	0.02	3.5~5.5	—	—	0.5~1.0	—	—	—	—	0.10	0.01	0.05	0.30
ZMgZn4RE1Zr	ZM2	余量	—	3.5~5.0	0.15	0.75[②]~1.75	0.4~1.0	—	—	—	—	0.10	0.01	0.05	0.30
ZMgRE3ZnZr	ZM3	余量	—	0.2~0.7	—	2.5[②]~4.0	0.4~1.0	—	—	—	—	0.10	0.01	0.05	0.30
ZMgRE3Zn3Zr	ZM4	余量	—	2.0~3.1	—	2.5[②]~4.0	0.5~1.0	—	—	—	—	0.10	0.01	0.05	0.30
ZMgAl8Zn	ZM5	余量	7.5~9.0	0.2~0.8	0.15~0.5	—	—	—	—	0.30	0.05	0.10	0.01	0.10	0.50
ZMgAl8ZnA	ZM5A	余量	7.5~9.0	0.2~0.8	0.15~0.5	—	—	—	—	0.10	0.005	0.015	0.001	0.01	0.20
ZMgNd2ZnZr	ZM6	余量	—	0.1~0.7	—	—	0.4~1.0	—	2.0[③]~2.8	—	—	0.10	0.01	0.05	0.30

合金牌号	合金代号	Mg	化学成分① （质量分数）/%											其他元素④	
			Al	Zn	Mn	RE	Zr	Ag	Nd	Si	Fe	Cu	Ni	单个	总量
ZMgZn8AgZr	ZM7	余量	—	7.5~9.0	—	—	0.5~1.0	0.6~1.8	—	—	—	0.10	0.01	0.05	0.30
ZMgAl10Zn	ZM10	余量	9.0~10.7	0.6~1.2	0.1~0.5	—	—	—	—	0.30	0.05	0.10	0.01	0.05	0.50
ZMgNd2Zr	ZM11	余量	0.02	—	—	0.4~1.0	—	—	2.0③~3.0	0.01	0.01	0.03	0.005	0.05	0.20

注：含量有上下限者为合金主元素，含量为单个数值者为最高限，"—"为未规定具体数值。

① 合金可加入铍，其含量不大于 0.002%。

② 稀土为富铈混合稀土或稀土中间合金。当稀土为富铈混合稀土时，稀土金属总量不小于 98%，铈含量不小于 45%。

③ 稀土为富钕混合稀土，含钕量不小于 85%，其中 Nd、Pr 含量之和不小于 95%。

④ 其他元素是指在本表头列出了元素符号，但在本表中却未规定极限数值含量的元素。

表 5-8 铸造镁合金的室温力学性能

合金牌号	合金代号	热处理状态	力学性能		
			抗拉强度 R_m /MPa	规定塑性延伸强度 $R_{P0.2}$/MPa	断后伸长率 A/%
ZMgZn5Zr	ZM1	T1	≥235	≥140	≥5.0
ZMgZn4RE1Zr	ZM2	T1	≥200	≥135	≥2.5
ZMgRE3ZnZr	ZM3	F	≥120	≥85	≥1.5
		T2	≥120	≥85	≥1.5
ZMgRE3Zn3Zr	ZM4	T1	≥140	≥95	≥2.0
ZMgAl8Zn	ZM5	F	≥145	≥75	≥2.0
ZMgAl8ZnA	ZM5A	T1	≥155	≥80	≥2.0
		T4	≥230	≥75	≥6.0
		T6	≥230	≥100	≥2.0
ZMgNd2ZnZr	ZM6	T6	≥230	≥135	≥3.0
ZMgZn8AgZr	ZM7	T4	≥265	≥110	≥6.0
		T6	≥275	≥150	≥4.0
ZMgAl10Zn	ZM10	F	≥145	≥85	≥1.0
		T4	≥230	≥85	≥4.0
		T6	≥230	≥130	≥1.0
ZMgNd2Zr	ZM11	T6	≥225	≥135	≥3.0

铸造镁合金中主要合金系为 Mg-Zn-Zr 系、Mg-Al-Zn 系、Mg-RE-Zr 系等。其中含稀土元素的铸造镁合金占铸造镁合金总数的比例达到 50% 以上。铸造镁合金加稀土金属进行合金化，提高了镁合金熔体的流动性，降低微孔率，减轻疏松和热裂倾向，并提高耐热性。

5.6.2.1   Mg-Al-Zn 铸造合金

镁铝合金中只有铝含量高于4%才有足够体积分数的 $Mg_{17}Al_{12}$ 相产生沉淀强化，故一般铝含量要高于7%才能保证合金有足够高的强度。加入少量锌可提高合金元素的固溶度，增强热处理强化效果，有效提高合金的屈服强度。加入少量锰是为提高耐蚀性，消除杂质铁对耐蚀性的不良影响。含高锌的 Mg-Al-Zn 合金有更好的模铸性能。在镁铝合金中锌含量在一定范围内易引起热裂，尤其在模铸时更易发生。根据高锌的镁铝锌合金的良好铸造性能，发展了 AZ88 合金，它比 AZ91 合金有更好的耐蚀性和可铸性，用于制作压铸件。

常用的 Mg-Al-Zn 铸造合金为 ZM5，由于锌含量不高，因此合金的流动性好，可以焊接，可用于制造飞机机舱连接隔框、舱内隔框等，以及发动机、仪表和其他结构上承受载荷的零件。加2.5%~4.0%富铈混合稀土金属的 ZM5 合金，其铸造性能明显改善，疏松和热裂纹倾向减小，提高了200℃下的蠕变抗力和耐蚀性，可用于飞机的发动机前舱和离心机框。

5.6.2.2   Mg-Zn-Zr 铸造合金

镁锌合金中有沉淀强化相 Mg_2Zn_3，其亚稳相 $MgZn_2$ 有沉淀强化效果，当锌含量增加时，合金的强度升高，但锌含量超过6%时，合金的强度提高不明显，而塑性下降显著。加入少量锆后可细化合金的晶粒，改善力学性能。加入镉和银后增大了固溶强化作用。加入一定量混合稀土金属可改善工艺性能，但其室温力学性能有所降低。增加锌和稀土金属后出现晶界脆性相，难以在固溶时溶解，后来发展了氢气固溶处理（480℃）。氢渗入晶界区使原来含锌、锆等强化元素的晶界脆性相分解而生成稀土氢化物，把部分锌和锆释放出来进入基体，之后再进行人工时效均匀析出针状强化相（可能是 ZrH_2）。在 ZK61 合金中加2%稀土的 ZK62 合金在氢气中经500℃固溶24h后，合金的塑性得到提高，无稀土的 ZK61 合金伸长率由2.5%提高到 ZK62 合金的12%。

早期使用的 ZM1 合金含3.5%~5.5% Zn、0.5%~1.0% Zr。ZM2 合金在 ZM1 基础上加0.7%~1.7%富铈稀土金属以改善 ZM1 的显微疏松和焊接性，其高温蠕变强度、瞬时强度和疲劳强度得到明显提高，铸件致密，易铸造和焊接，可在170~200℃工作，用于飞机的发动机和导弹各种铸件。

5.6.2.3   Mg-RE-Zr 耐热铸造合金

由于稀土金属对铸造镁合金质量的改进和工作温度的升高，形成了以含稀土金属为主要合金元素的铸造合金系列，用于200~300℃，具有良好的高温强度。Mg-Nd 系的 Mg_9Nd 合金具有稳定的沉淀强化效应，亚稳相 β''-Mg_3Nd 抗聚集长大能力强，在高温下仍能保持高的强度。合金加入一定量锆后可以进一步细化晶粒，保证显微组织和性能的稳定，并可改善耐蚀性，形成 Mg-RE-Zr 系合金。ZM6 合金含2.0%~3.0% Nd、0.4%~1.0% Zr，经固溶时效处理后，在200℃下强度仍保持较高水平，可在250℃长期工作。在 Mg-Nd-Zr 合金基础上加入1.4%~2.2%钇，可进一步提高高温强度。

重稀土元素对铸造镁合金的高温强度有重要贡献，发展了含 Y、Gd、Er、Tb 等稀土元素为主加合金元素的镁-稀土系耐热铸造镁合金。Mg-Y-Nd-Zr 系镁合金在300℃时仍然保持着很高的高温强度和抗腐蚀性。Mg-5.1Y-3.2RE-(1.5~2.0)Nd-0.5Zr 合金经固溶和时效后，达到许多铸造铝合金的水平，已在飞机和赛车汽缸上应用，但在 150 ℃长期服役时合金的延展性逐渐降低，达不到使用要求。高强度 Mg-10Gd(Dy)-3Nd-Zr 镁合金也可用于汽车发动机。

5.6.3 变形镁合金

与铸造镁合金相比，变形镁合金材料具有更高的强度，更好的延展性，更多样化的力学性能，从而满足更多样的结构件需求。研究与开发新型变形镁合金材料和新型生产工艺是国际镁协会（IMA）在 2000 年提出的发展镁合金材料最重要、最具挑战性且最长远的目标和计划。

5.6.3.1 变形镁合金命名及标识

现有变形镁合金牌号及其表示方法可参考国家标准《变形镁及镁合金牌号和化学成分》（GB/T 5153—2016），国际标准中变形镁合金牌号及其表示方法可参考《Magnesium and magnesium alloys—Wrought magnesium and magnesium alloys》（ISO 3116—2007）。

变形镁及镁合金的命名规则为：纯镁牌号以 Mg 加数字的形式表示，Mg 后的数字表示 Mg 的质量分数；镁合金牌号以英文字母加数字再加英文字母的形式表示。前面的英文字母是其最主要的合金组成元素代号，其后的数字表示其最主要的合金组成元素的大致含量，最后面的英文字母为标识代号，用以标识各具体组成元素相异或元素含量有微小差别的不同合金。

变形镁合金的表示方法如图 5-7 所示，元素代号见表 5-9。

示例1：

示例2：

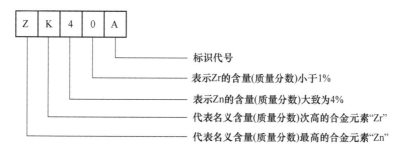

图 5-7 变形镁合金的表示方法

表 5-9　元素代号

元素代号	元素名称	元素代号	元素名称
A	铝（Al）	M	锰（Mn）
B	铋（Bi）	N	镍（Ni）
C	铜（Cu）	P	铅（Pb）
D	镉（Cd）	Q	银（Ag）
E	稀土（RE）	R	铬（Cr）
F	铁（Fe）	S	硅（Si）
G	钙（Ca）	T	锡（Sn）
H	钍（Th）	V	钆（Gd）
J	锶（Sr）	W	钇（Y）
K	锆（Zr）	Y	锑（Sb）
L	锂（Li）	Z	锌（Zn）

5.6.3.2　常见变形镁合金

常见的变形镁合金有 Mg-Mn 包晶系、Mg-Al-Zn 共晶系、Mg-Zn-Zr 共晶系、Mg-Th 共晶系、Mg-RE 系（视稀土种类而定）、Mg-Li 共晶系等。

Mg-Mn 系合金中的过饱和固溶体析出相为 β-Mn，故其热处理强化作用很小，其使用组织是退火组织，在固溶体基体上分布着少量 β-Mn 颗粒。随着含量增高，合金的强度略有提高。这类合金经过挤压成型，强度有所提高。Mg-Mn 合金有良好的耐蚀性和焊接性。

MB1 合金高温塑性好，可生产板材、型材和锻件。在 MB1 合金基础上加入 0.15%～0.35% 铈成为 MB8 合金，铈加入形成 Mg_9Ce（或 $Mg_{12}Ce$）金属间化合物，细化了合金的晶粒，改善了冷加工性，并提高了室温和高温下合金的强度，工作温度相比 MB1 合金提高了 50 ℃。镁合金的特点是力学性能的各向异性明显，而 MB8 合金在双重挤压和再结晶退火后，其性能各向异性被消除了。MB8 合金既有中等强度和较高的塑性，又有良好的耐蚀性和焊接性，可生产管材、板材、锻件，目前已取代 MB1 镁合金，用于飞机的蒙皮、壁板及润滑系统的附件。ZM61（Mg-6Zn-1.2Mn）合金是强度最高的挤压合金之一，经挤压后再经固溶、淬火和两次时效处理，其屈服强度可达 340 MPa，抗拉强度达 385 MPa，伸长率达 8%，与某些高强度铝合金相当。

Mg-Zn-Zr 系镁合金是热处理强化变形镁合金。MB15 为高强度变形镁合金，其沉淀强化相为 Mg_2Zn_3；MB15 合金的缺点是焊接性差，不能做焊接件。由于其强度高、耐蚀性好、无应力腐蚀倾向，且热处理工艺简单，能制造形状复杂的大型构件，如飞机上的机翼翼肋等，其使用温度不超过 150 ℃。

在 Mg-Zn-Zr 合金中添加稀土金属 Nd 能改善合金的质量，减少铸锭疏松，降低热裂倾向，提高耐蚀性，并进一步提高强度。Nd 含量为 2% 左右时对 MB15 镁合金室温性能的提升最为显著。在 Mg-Zn-Zr 系的 MB25 合金中加入 0.9% 的稀土金属钇可提高其抗拉强度，合金中强化相除 $Mg_{24}Y_5$ 外还有准晶 Mg_3YZn_6 相。MB25 镁合金可以取代部分中等强度铝合金用于制造飞机受力构件。在 Mg-Zn-Zr 系合金中加入少量 Cd、Nd 或 La 可进一步强化合金，提高室温和高温强度，改善焊接性。Mg-6Zn-0.6Cd-1.7Nd-0.7Zr 合金，室温下的抗拉强度接近 400 MPa，150 ℃持久强度为 98 MPa，是变形镁合金中强度最高的合金之一。

Nd、Y、Sc 和 Th 等元素可显著提高镁合金的工作温度，从低于 150 ℃提高到 300~350 ℃。各种稀土元素对镁合金在 205 ℃的蠕变强度影响的强化作用依 Nd >Ce >La 顺序变化。稀土铈与以铈为主的混合稀土金属（MM）的作用相当。

镁稀土合金中，重要的合金有 Mg-Nd 系，可利用 Mg_9Nd 相的沉淀强化作用。在 Mg-Nd-Mn 合金中，随 Nd 含量增加，室温和高温强度都可大幅提高，Nd 含量为 3%左右，室温强度达到最大值；在 300 ℃下，抗拉强度仍能保持在 147 MPa 以上。

MA11 合金在 Mg-Nd 合金基础上加入 Mn 和微量 Ni，Mn 可提高合金的抗蠕变性能，微量 Ni 可进一步降低蠕变速率。另一牌号 MA12 合金是 Mg-Nd-Zr 合金，Zr 可细化晶粒，提高室温和高温塑性，并提高室温和高温短时强度。

对重稀土金属 Gd、Dy、Y 和轻稀土金属 Nd、Sm 的组合进行复合合金化，具有极明显的时效强化作用。镁合金中 Dy 和 Gd 含量总和超过 10%时，可以获得优异的室温和高温力学性能，尤为难得的是提高了屈服强度和屈强比。Sm 和 Nd 同属轻稀土金属，Sm 在镁中的极限固溶度为 5.7%，与 Nd 一样也能产生明显的时效强化。Mg-Gd-Y-Zr-Ca 系合金具有很好的室温和高温力学性能。Mg-12Gd-3Y-0.4Zr-0.4Ca 合金，经热挤压后时效，强化效果显著，其抗拉强度高达 450MPa。

Mg-Li 合金的特点是密度小，属于超轻型结构合金，其密度为 1.30~1.65 g/cm^3。锂在镁中的固溶度为 5.5%，随着锂含量增加合金强度变化不大。由于锂的熔点仅为 180.6 ℃，导致 Mg-Li 合金中原子扩散速率高，高温强度低，并且锂的化学性质活泼，易与氧、氮、氢等形成稳定的化合物，耐蚀性较低，并有较严重的应力腐蚀倾向。为了提高 Mg-Li 合金的强度，需要进一步进行合金化，加入强化元素 Al、Zn、Mn、Cd、Nd 和 Ce 等。

单相 β 组织的镁锂合金强度低，但有良好的冷变形能力。Mg-Li-Al 合金工业应用较多，是密度最低的金属结构材料，密度仅为 1.35 g/cm^3，经稳定化退火后，其 $R_m \geq 126$ MPa、$R_{p0.2} \geq 91$ MPa、$A \geq 10\%$，多用于生产板材、常温和低温下受力的结构件、宇航飞行器。在 Mg-14Li-0.5Al-2Zn0.5Si 的 β 结构合金的中加入 1%~2% Nd，可使伸长率上升至 21%左右，同时强度也有一定提高，且这种合金可以焊接。

5.6.4 镁合金的热处理

由于镁、铝及其合金均无同素异构转变，因此镁合金的热处理强化手段和铝合金一样，镁合金的热处理也与铝合金类似。常规热处理工艺包括退火、固溶和时效。其目的是使镁合金获得均匀的合金元素分布、合适的显微组织、调整相构成及分布，从而获得良好的工艺性能和使用性能。针对镁合金不同的牌号、不同类型的工件（如锻件、挤压件、冲压件等），其热处理方法又不同。因为合金元素的扩散和合金相的分解过程极其缓慢，所以镁合金热处理的主要特点是固溶和时效处理时间较长，并且镁合金淬火时不必快速冷却，通常在静止的空气或人工强制流动的气流中冷却即可。

5.6.4.1 退火

退火可以显著降低镁合金制品的抗拉强度，增加镁合金的塑性，有利于某些后续加工。变形镁合金根据使用要求不同和合金性质，可采用高温完全退火和低温去应力退火。

完全退火的目的是消除镁合金在塑性变形过程中的加工硬化效应，恢复和提高合金塑性，以便进行后续的变形加工。由于镁合金的大部分成型操作都在高温下进行，故一般对其进行完全退火处理。

去应力退火既可以消除变形镁合金制品在冷热加工、成型、校正和焊接过程中产生的残余应力，也可以消除铸件或铸锭中的残余应力。镁合金铸件中的残余应力一般不大，但由于镁合金弹性模量低，在较低应力下就能使镁合金铸件产生相当大的弹性应变。因此，必须彻底消除镁合金铸件中的残余应力以保证其精密机加工时的尺寸公差，避免其翘曲和变形及防止铸造合金焊接件发生应力开裂等。几种变形镁合金常用的完全退火和去应力退火工艺见表5-10。

表 5-10 变形镁合金完全退火和去应力退火工艺

合金牌号	完全退火		去应力退火（板材）		去应力退火（冷挤压件或锻件）	
	温度/℃	时间/h	温度/℃	时间/h	温度/℃	时间/h
M2M	340~400	3~5	205	1	260	0.25
AZ40M	340~400	3~5	150	1	260	0.25
AZ41M	—	—	250~280	0.5	—	—
ME20M	280~320	2~3	—	—	—	—
ZK61M	380~420	6~8	—	—	260	0.25

5.6.4.2 固溶处理

先将镁合金加热到单相固溶体相区内的适当温度，保温适当时间，使原组织中的合金元素完全溶入基体金属中，形成过饱和固溶体。由于溶质原子的存在，基体产生点阵畸变，畸变产生的应力场会阻碍位错运动，从而实现合金的强化（固溶强化）。

镁合金经过固溶淬火后不进行时效可以同时提高其抗拉强度和伸长率。由于镁原子扩散较慢，故需要较长的加热时间以保证强化相的充分溶解。镁合金的砂型厚壁铸件固溶时间最长，其次是薄壁铸件或金属型铸件，变形镁合金的最短。

5.6.4.3 人工时效处理

在合金中，当合金元素的固溶度随着温度的下降而减少时，可产生时效强化。将具有这一特征的合金在高温下进行固溶处理，得到不稳定的过饱和固溶体，然后在较低的温度下进行时效处理，即可产生细小弥散的析出相。

部分镁合金经过铸造或加工成型后不进行固溶处理而是直接进行人工时效。这种工艺很简单，也能获得相当高的时效强化效果，特别是 Mg-Zn 系合金，若重新固溶处理会导致晶粒粗化。对于 Mg-Al-Zn 和 Mg-RE-Zr 合金，常采用固溶处理后人工时效，可提高镁合金的屈服强度，但会降低部分塑性。

通常情况下，当镁合金铸件经过热处理后其力学性能达到了期望值时，很少再进行二次热处理。但若镁合金铸件热处理后的显微组织中化合物含量过高，或者在固溶处理后的缓慢冷却过程中出现了过时效现象，就要进行二次热处理。

5.7 镁合金成型技术

镁合金常用的成型方法有压铸、半固态铸造、挤压铸造、挤压和轧制等，其中，近

80%镁合金产品是通过铸造方法获得的。近年来，其他镁合金的成型技术也得到快速发展。

5.7.1 压铸

压铸，即压力铸造，是液态或半液态金属在高压作用下以合理的速率充填铸模型腔，并在压力作用下快速凝固成型而获得铸件的一种铸造方法，可以成型薄壁、形状复杂、轮廓清晰的铸件。该工艺生产效率高（平均每小时可压铸 40～200 次，适宜进行连续的大量生产）、产品质量好（尺寸精度高、表面光度高、力学性能高）、经济效益好。图 5-8 为镁合金触模压铸工艺示意图。

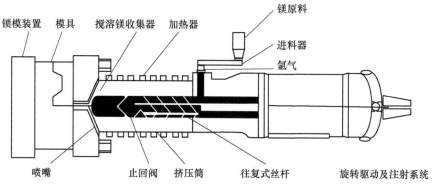

图 5-8　镁合金触模压铸工艺示意图

从 20 世纪 80 年代开始，镁合金压铸件在计算机、通信、电子、电动工具、运动器具等领域的应用急剧增长。例如，Next 型计算机壳上的 ABS 塑料件改为合金压铸件，其尺寸精度、刚度和散热性都获得改善；美国芝加哥 White Metal Casting 公司用 AZ91 合金生产的雷达定位器壳体压铸件，质量与原先的塑料壳体相等，而刚性、强度和耐冲击性获得显著改善。进入 20 世纪 90 年代后，镁合金压铸件增长速度更快，发达国家的几家大汽车公司都大力推进在汽车工业上的应用，80%以上的镁合金铸件用于汽车工业。近几年，镁合金压铸件在应用中的优势更加显著，因而得到我国政府相关部门的高度重视，将镁合金的应用开发工程列入相关国家科技攻关计划。目前得到工业应用的压铸镁合金主要有四个系列，即 AZ 系列（Mg-Al-Zn-Mn）、AM 系列（Mg-Al-Mn）、AS 系列（Mg-Al-Si）、AE 系列（Mg-Al-RE）。压铸汽车用镁合金的成分和拉伸性能见表 5-11，零部件实物图如图 5-9 所示。

表 5-11　压铸汽车用镁合金的成分和拉伸性能

合金	元素组成/%								室温拉伸性能		
	Al	Mn	Zn	RE	Si	Cu	Ni	Fe	R_m/MPa	$R_{P0.2}$/MPa	A/%
AZ91D	9.0	0.13	0.70	—	0.10	0.030	0.002	<0.005	150	230	3
AM60B	6.0	0.13	<0.22	—	0.10	0.010	0.002	<0.005	115	205	6
AS41A	4.3	0.35	0.12	—	1.00	0.060	0.030	—	150	220	4
AE42	4.0	0.35	0.002	2.0	0.10	—	—	<0.005	110	244	17

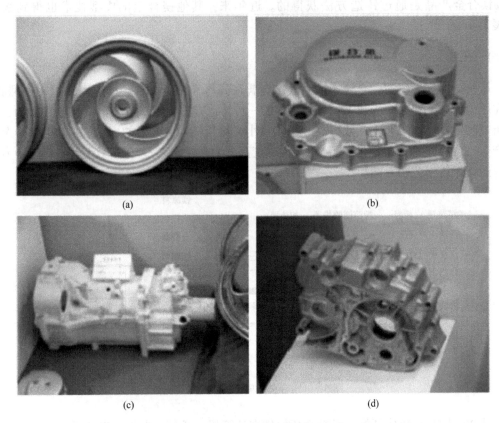

图 5-9　镁合金压铸汽车零部件实物图
（a）汽车轮毂；（b）曲轴箱盖；（c）离合器箱体；（d）变速箱壳体

5.7.2　挤压铸造

挤压铸造也称液态模锻，是将液态和固态金属成型原理有机结合起来，使液态金属以低速充型，高压（50~100MPa）凝固，最终获得致密的、可热处理的铸件。挤压铸造作为一种先进的加工工艺，具有铸造工艺简单、成本低、锻造产品性能好、质量可靠等优点。

挤压铸造工艺的主要用途是实现近净成型，生产高质量铸件取代锻件。挤压铸造工艺流程图如图 5-10 所示。镁合金液通过密封定量泵浇入模具由挤压活塞与活塞缸套形成的定量室内，然后模具合型，提升活塞、加压，镁合金液在挤压力的作用下浇入挤压型中，流动充型凝固。因此镁合金液在挤压型中经历的阶段可分为定量室内静态存储、开始加压和在模具型腔中流动充型、凝固等阶段。定量室上部空间大，镁合金液表面暴露，挤压时，定量室内的气体会进入模具型腔，镁合金液在流动充型过程中与型腔内的气体作用强烈。为避免发生这种情况，试验中采用氮气或氩气排出挤压模具型腔中的空气，特别是挤压活塞上部定量室中的空气，使镁合金液在挤压成型的整个工艺过程中与空气隔离。挤压铸造工艺可分为直接挤压铸造和间接挤压铸造两种工艺（见图 5-11）；按挤压铸造设备的布置可分为垂直分型、垂直压射和水平分型、水平压射两种方式。

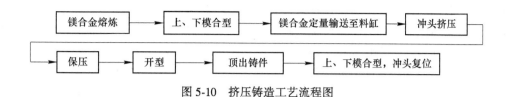

图 5-10 挤压铸造工艺流程图

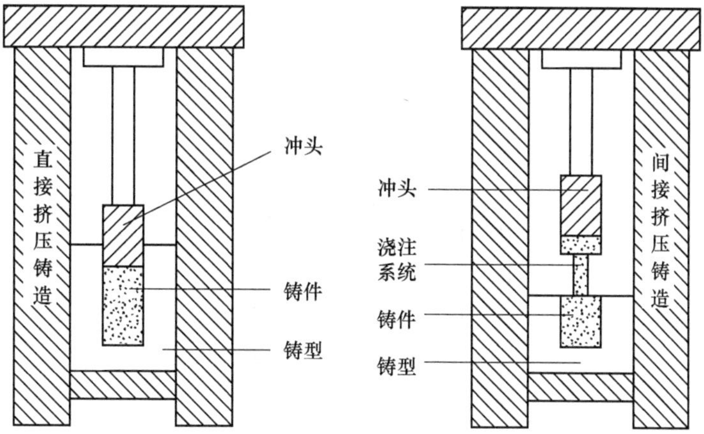

图 5-11 直接、间接挤压铸造工艺

挤压铸造是使金属液在较高的压力下成型和凝固。该工艺充型速率相对较小，补缩作用强，极大地减少铸件的疏松和气孔缺陷，提高铸件的致密度；同时，该工艺能有效地增大合金与铸型间的传热系数及冷却能力，获得的铸造组织晶粒细小，是一种具有广泛应用前景的先进成型工艺技术。尽管目前镁合金铸件大多用压铸工艺生产，但对于有高质量和高力学性能要求的镁合金铸件，压铸生产具有一定局限性，挤压铸造的优势就突显出来，因而发展快速。目前，挤压铸造主要用于生产汽车、摩托车、空调、阀、泵等产品的配套零部件。

5.7.3 半固态加工

半固态压铸和成型是一种相对较新的金属成型工艺。这种工艺基于美国麻省理工学院弗莱明斯教授及其同事在 20 世纪 70 年代所发现的处于半熔化状态下金属具有流变和触变性能的特征，把具有该特征的金属材料加热到固相线和液相线之间的某一合适温度范围，再挤压成无余量或近无余产品。

半固态金属成型技术作为一种先进的金属加工技术，具有凝固收缩小、偏析小、材料消耗少、节约能源、产品质量较高及近终成型等优良特性，被誉为 21 世纪新一代金属成型技术。由于镁是活性金属，在熔融状态下氧化快，容易燃烧，而采用半固态成型技术其氧化燃烧的危险性明显减少。半固态金属成型主要包括非枝晶坯料的制备、坯料的二次重熔、坯料的成型，兼具了铸造和固态塑性成型的优点。如具有一定的流动性、飞溅小、体积收缩小、晶粒较细小均匀、变形抗力小、组织均匀、致密性高、力学性能好、零件尺寸精度高和生产效率高等。

目前，镁合金半固态成型工艺主要分为流变成型和触变成型。流变成型是将半固态金属浆料在半固态温度条件下直接送往成型设备，进行铸造或锻造成型的工艺方法。流变成型冲型前，浆料已成半固态，虽然黏度较高，但具有良好的流动性，冲型流态为层流。因此，可制作尺寸精确、形状复杂、没有内部空隙的高质量零件。但半固态金属浆料保存和输送不方便，因而该技术的发展受限。在实际工业生产中主要采用触变成型工艺。该工艺是先将半固态金属浆料冷却凝固成坯料，根据产品尺寸下料，再重新加热到半固态温度，放入模具型腔中进行压铸成型。该工艺中涉及三个非常重要的环节：非枝晶坯料的制备、坯料的二次重熔加热、半固态触变成型。镁合金半固态加工示意图如图 5-12 所示。

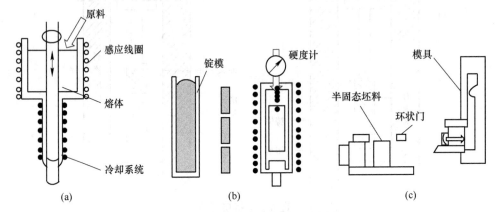

图 5-12　镁合金半固态加工示意图
（a）触变坯料的制备；（b）二次加热重熔；（c）触变压铸

　　半固态金属成型方法采用的是具有特殊组织（非枝晶组织）的坯料，因此，如何获得具有非枝晶组织的坯料是半固态成型的前提。制备半固态镁合金非枝晶坯料目前普遍采用的是机械搅拌法、电磁搅拌法、应变诱发熔体激活法和半固态等温热处理法。

　　在半固态触变成型之前，要进行半固态重熔加热。首先根据加工零件大小切取相应质量或体积的坯料（具有非枝晶组织），再加热到半固态温度成型加工；其次将有些工艺（电磁搅拌等）获得的细小枝晶碎片进行球化处理，为触变成型创造有利条件。除了电磁感应加热，半固态金属的重熔加热也可以采用电阻炉、盐浴炉加热，加热温度可以很精确，并且可以直接测温，但所需时间长，因而显微组织容易粗大、坯料表皮氧化严重。

　　触变成型是将已制备的非枝晶坯料重新加热至固液两相之间的温度区域，利用它的触变性进行压铸或锻造的工艺方法。该成型方法是目前应用最广的半固态金属成型方法，图5-13为典型的半固态微观组织图。

　　采用半固态挤压工艺生产的镁合金铸件，气孔率明显降低，耐蚀性增强、凝固收缩明显减少、成型不易裹气、铸件致密、晶粒细小、无宏观偏析。此外，半固态金属成型速率高，易于近终成型，零件尺寸精度高，机械加工量少，模具寿命长。与普通挤压铸造相比，半固态挤压的镁合金力学性能明显提高（见图 5-14）。

5.7.4　挤压加工

　　挤压过程具有强烈的三向压应力状态，金属可以发挥其最大的塑性变形潜力。镁合金挤压的主要工艺参数包括模具预热温度、铸锭加热制度、挤压速度、挤压比、润滑剂等。

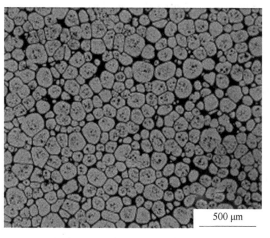

图 5-13　镁合金半固态微观组织

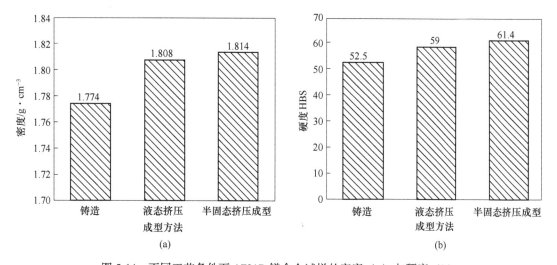

(a)

(b)

图 5-14　不同工艺条件下 AZ91D 镁合金试样的密度（a）与硬度（b）

　　此外，铸锭均匀化处理对挤压产品的质量也有重要影响。

　　挤压加工不同于其他加工方法，其变形过程在近似封闭的工具内进行。材料在变形过程中承受很高的静压力，有利于消除铸锭中的气孔、疏松和缩孔等缺陷，提高材料的可成型性，使材料在一次成型过程中能承受较大的变形，改善产品性能。此外，更换模具能够生产出断面形状复杂多样的产品。

　　镁合金挤压产品的力学性能不仅与合金牌号有关，而且与挤压过程中的温度有关。挤压能够产生细化晶粒效果，提高材料的强度和韧性。晶粒尺寸随挤压温度的降低而减小。通常，采用低温和慢速挤压获得的挤压产品其力学性能最高，而高温和快速挤压可以获得较高的表面质量。

　　镁合金的典型挤压温度为 570~730 K，为防止燃烧，各种合金允许加热的最高温度只能达到 740 K。挤压工艺过程一般是挤压坯→去皮→预热→挤压，操作具有连续性，按坯料金属的温度分类，可分为热挤压、温挤压和冷挤压。热挤压的变形温度要高于材料的再结晶温度，大致与锻造温度相同。由于在较高温度下加工，合金的变形抗力小，因此允许变形量可大。冷挤压一般指室温下的挤压，冷挤压时变形抗力比热挤压时高得多，所挤出产品的表面质量好，产品内部组织为加工硬化组织，可提高产品的强度。目前，工业中应用较多的仍属热挤压。如按挤压时金属流动方向和挤压杆运动方向分类，则可分为正向挤压和反向挤压，与铝合金挤压类似。表 5-12 为几种牌号镁合金的典型挤压工艺。

表 5-12　变形镁合金的典型挤压工艺

合金牌号	坯料温度/℃	挤压筒温度/℃	挤压速率/mm·s^{-1}
AZ31	371~400	123	243
AZ61	371~400	128	226
AZ80	360~400	137	237
M1	416~438	161	234

等径角挤压（ECAP）是一种能够显著细化金属材料组织，提高力学性能的方法。对于金属而言，深度塑性变形是获得高强度、细晶粒微观组织产品的重要技术。为了获得深度塑性变形，苏联科学家 Segal 设计了 ECAP 变形工艺，在随后的几十年里得到很快的发展。ECAP 变形的特点是在不改变试样几何尺寸的条件下获得超细晶粒微观组织及改变金属中的织构分布。经 ECAP 变形后合金的晶粒明显细化，对材料的塑性有极大的改善作用，所以科学家希望这种纯剪切技术能够应用于各种合金中，特别是塑性变形差的合金材料。但是由于 ECAP 变形工艺在模具、挤压路线设计及摩擦控制方面存在问题，因此在合金多道次挤压方面还有大量工作要做。在镁合金 ECAP 研究中主要采用的牌号为 AZ31、AZ61、AZ91 和 ZK60 等。图 5-15 为镁合金 ECAP 变形模具示意图。

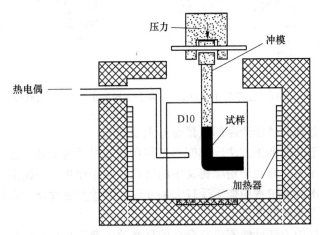

图 5-15　镁合金 ECAP 变形模具示意图

5.7.5　轧制加工

轧制加工铸造成平面形状且有圆形边缘的可以用来制厚板和薄板。一般镁合金厚板的厚度为 10~70 mm，薄板的厚度为 0.8~10 mm。根据合金的加工性能、工艺和技术条件的不同，生产镁合金板材的坯料有挤压或锻造扁坯和直冷连续铸锭。镁合金的轧制性能不佳，厚板一般可以在热轧机上直接生产，而薄板一般采用冷轧和温轧两种方式生产。与挤压相似，镁板生产受到必须在较高温度下轧制的困扰。铝和钢的最终轧制可以由冷加工完成，镁在达到最终规模时必须在一定温度下进行，这一差异是铝板和镁板价格相差甚大的主要因素。

镁合金板材的生产工艺流程为铸锭铣面→铸锭均匀化→加热→热轧开坯→温整→板坯剪切下料→板坯加热→粗轧→酸洗→加热→中轧→中断或下料→加热→精轧→产品退火→精整→氧化上色→涂油包装。镁合金平板产品应用占第一位的是由 AZ31 合金制造的光刻平板件。

1 mm 以下镁板的轧制最容易出现裂纹，原因是工业生产常用可逆轧机，随镁板的变薄，镁合金经历了降温轧制过程，终轧时轧辊温度不够。一般认为裂纹起源于基面取向晶粒内压缩孪晶演变成的切变带。虽然早期曾有学者报道这类在基面取向晶粒内形成的与轧面呈 45° 的切变带是有利于在室温下轧制的，但绝大多数研究者认为它是有害的，应避免镁合金的室温轧制。

通过轧制获得优质的变形镁合金板材是开发变形镁合金材料最重要的方面之一。轧制加工不利于充分发挥材料的塑性变形能力，对于 hcp 晶体结构的镁，室温塑性变形仅限于基面 {0001} <1120>滑移和 {1012} <1011>孪生。因此，在轧制加工变形条件下，变形困难且容易发生开裂。

5.8 镁合金材料的应用

5.8.1 汽车轻量化

自 1970 年中东石油危机以来，为减轻汽车质量，以降低油耗和污染，提高安全性能，镁合金材料在汽车工业中的应用与日俱增。目前，汽车工业中镁合金用量较多的地区和国家主要是北美、欧洲、日本和韩国，典型应用如图 5-16 所示。

图 5-16 镁合金在汽车领域的典型应用

目前镁合金材料主要用来制造以下汽车零部件：

（1）车内构件。仪表盘、座椅架、座位升降器、操纵台架、气囊外罩、转向盘、锁合装置罩、转向柱、转向柱支架、收音机壳、小工具箱门、车窗马达罩、刹车与离合器踏板托架、气动托架踏板等。

（2）车体构件。门框、尾板、车顶框、车顶板、IP 横梁等。

（3）发动机及传动系统。阀盖、凸轮盖、四轮驱动变速箱体、手动换挡变速器、离合器外壳活塞、进气管、机油盘、交流电机支架、变速器壳体、齿轮箱壳体、油过滤器接头、马达罩、气缸头盖、分配盘支架、油泵壳、油箱、滤油器支架、左侧半曲轴箱、右侧半曲轴箱、空机罩、左抽气管、右抽气管等。

（4）底盘。轮毂、引擎托架、前后吊杆、尾盘支架。

5.8.2 轨道交通

在列车和其他轨道交通工具上使用镁材的目的是减轻重量，减小噪声和震动，规整部件和防止塑料老化，提高使用寿命等。主要应用实例包括仪表盘支撑梁、发动机阀盖、密封结构件、高速器、滤气器、发动机承受台、镁锆减震合金消声器等。镁合金压铸件小巧轻便，而且耐蚀性高，因此在车辆制造中往往用来替代铝合金铸件；镁板、镁锻件在车辆上也有应用。

5.8.3 船舶工业

镁材在船舶制造业中早有一席之地，但份额很小。镁合金铸件具有良好的耐蚀性，用于制作把手、连接件、阀盖、气缸盖等零件；镁合金板材和型材用于制作仪表盘支架、框架等；镁锆合金被用来制作减震器和消声器等。

5.8.4 现代兵器零部件

枪械武器、装甲车辆、导弹、火炮、弹药、光电仪器、计算机及通信器材中有较大数量的铝合金零件和工程塑料件，根据镁合金材料的性能和使用特点，将这些零件改用镁合金制造在技术上是可行的。其发展趋势如下：

（1）采用镁合金及镁基复合材料替代武器装备的中、低强度铝合金零件和部分黑色金属零件，实现武器装备轻量化，具体如下：

1）替代枪械武器中的部分零件，如机匣、弹匣、枪托体、下机匣、提把、前护手弹托板、瞄具座等；

2）替代装甲车辆中的部分零件，如坦克座椅骨架、机长镜、炮长镜、变速箱箱体、发动机滤座、进出水管、空气分配器座、机油泵壳体、水泵壳体、机油热交换器、机油滤清器壳体、气门室罩呼吸器等；

3）替代导弹部分零件，如导弹舱体、舵机本体、仪表舱体舵架翼片等；

4）替代火炮及弹药部分零件，如供弹箱、牵引器、脚踏板、炮长镜、轮毂、引信体、风帽、火药筒等；

5）替代光电仪器部分零件，如镜头壳体、红外成像仪壳体、底座等；

6）替代计算机及通信器材，如军用计算机、通信器材箱体、壳体、板类等零件。

（2）替代工程塑料，解决零件老化、变形和变色问题。目前，轻武器、光电及通信器材、战车仪表盘等多采用工程塑料制造。工程塑料尤其是纤维增强塑料的比强度最高，弹性模量小，比刚度远小于镁合金，且难以回收，环境适应性差，易磨损，易老化变形、变色，影响武器性能。用镁合金替代这些工程塑料，可以从根本上克服这些缺陷。可替代的主要零部件有：

1）枪械武器，如塑料弹匣、护盖体、附件筒、前护手等；

2）光电产品，如镜头塑料壳体、瞄具塑料壳体、夜视仪塑料壳体等；

3）军用器材，如各种仪表盘、通信器材箱体、壳体零件、军用头盔等。

（3）导弹及其他飞行器零部件。过去镁合金在导弹上的应用较少，只在照明弹中使用镁粉。镁合金由于密度小，近年来在导弹、火箭等结构件中应用广泛，主要用于战术防空导弹的支座舱段与副翼蒙皮、壁板、加强框、舵面、隔框等零件，材料为 MB2、MB3、MB8 变形镁合金。卫星上采用 ZM5 镁合金制作的井字梁、相机架、各种仪器支架和壳体等。为满足弹、箭减重及高精度零件（如导弹控制系统）对高尺寸稳定性的要求，研制高强度、高刚度、低膨胀系数的镁基复合材料是兵器材料的发展方向之一。

5.8.5 航空航天工业

航空材料减重带来的经济效益和性能改善十分显著。在质量减轻相同的情况下，商用飞机节省的燃油费用是汽车的近 100 倍，而战斗机的燃油费用节省又是商用飞机的近 10 倍，更重要的是其机动性能的改善可以极大地提高战斗力和生存能力。

随着镁合金生产技术的发展，材料性能（如比强度、比刚度、耐热强度、蠕变性能等）不断提高，其应用范围也不断扩大。目前的应用领域包括各种民用和军用飞机的发动机零部件、螺旋桨、齿轮箱、支架结构，以及火箭、导弹、卫星的一些零部件。例如，用 ZM2 镁合金制造的 WP7 发动机的前支撑壳体和壳体盖；用 ZM3 镁合金制造 J6 飞机的 WP6 发动机的前舱铸件和 WP11 的离心机匣；用 ZM4 镁合金制造的飞机液压恒速装置壳体、战机座舱骨架和镁合金机轮；以稀土金属钕为主要添加元素的 ZM6 铸造镁合金已用于直升机 WZ6 发动机后减速机匣、歼击机翼肋等重要零件；稀土高强镁合金 MB25、MB26 已替代部分中强铝合金，在歼击机上获得应用。

5.8.6 3C 电子产品

随着大规模集成电路的应用及无线通信的发展，电磁波造成电磁干扰，导致信息泄露、威胁人体健康等问题越来越突出。电磁屏蔽材料能够防止外界电磁场的干扰，同时也不影响其他设备工作，因此研究和开发高效的电磁屏蔽材料，提高电子产品的抗干扰能力，防止电磁波信息泄露，降低电磁波污染受到人们的高度重视，典型应用如图 5-17 所示。

目前主要的电磁屏蔽材料是导电材料和有一定磁性的金属导电材料。镁及镁合金不仅导电性良好，而且在很强的磁场中也不会被磁化，在较宽的频率范围内具有优良的电磁屏蔽特性。经过表面处理后，其电磁屏蔽性能有可能得到进一步改善，用于制造电子通信产品、军用计算机等有着不可比拟的优势。IBM 公司曾用 AZ91D 镁合金制作成 1.4 mm 的笔记本电脑壳体做实验，在 30~200 MHz 频率范围内的屏蔽能力始终稳定在 90~100 dB，约是带电镀层的 ABS 壳体的两倍。

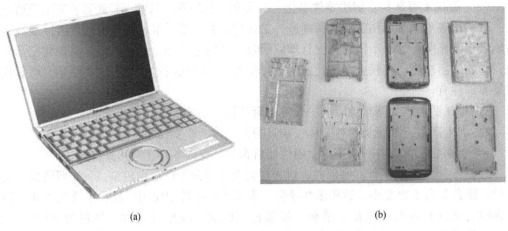

(a)   (b)

图 5-17 镁合金外壳的笔记本电脑（a）和手机（b）

5.8.7 牺牲阳极

金属浸泡在电解液里容易发生化学反应，根据电化学原理可知，金属周围电解液成分、黏附杂质、应力和透气性等都可能引起电化学腐蚀。在电化学腐蚀过程中，金属本身形成许多原电池，某些部位充当阴极，另一些部位充当阳极，从而形成电流回路，导致阳极的腐蚀。

钢结构的阴极保护是使被保护的钢结构成为阴极，电负性更高的其他金属如镁作为阳极，电子就从阳极流向作为阴极的钢结构，使钢不能变成正离子进入溶液，这样钢就得到了保护。镁阳极主要用来保护浸泡在海水中的钢结构件（如轮船船体）或埋在土壤里的石油管道；镁阳极还大量用于热水槽的保护，目前大多数家用热水器的内胆都采用镁阳极保护。镁阳极的有效阴极电热差远大于锌阳极，而且镁与钢之间的电热差与电解液的 pH 值无关，这是镁阳极相对铝阳极和锌阳极的一大优点。

纯镁是活泼金属，可以直接用作牺牲阳极，添加元素是为了改善性能。阳极材料的合金组分对阳极有效电位及电流效率有着十分重要的影响，即使是微量的杂质元素也会产生很大影响。镁阳极的形状随工作环境及保护对象不同而异。如在土壤及水中，常采用 D 形和梯形截面的棒状阳极；在热交换器中，多采用挤压的圆柱形阳极；在高电阻率土壤中或套管内多采用带状阳极；在水下，常采用半球形阳极；对于水下管道，镯式阳极是最佳的选择；在低电阻率环境中，复合阳极最为理想。

复习思考题

5-1 镁合金的最大特点是什么？为什么被称为"绿色工程材料"？

5-2 镁发现的很早，但为什么镁及镁合金却是最后一个工业化的金属结构材料？

5-3 镁合金中有哪些主要合金元素，它们的作用是什么？

5-4 镁合金的室温塑性变形能力如何，并说明其原因，有什么方法能够解决镁及镁合金在塑性加工中的困难？

5-5 镁及镁合金在许多领域有巨大的应用潜力，谈谈对镁合金未来的发展方向和趋势。

6 高温合金

6.1 高温合金概述

高温合金一般是指能在 600 ℃以上的高温环境下抗氧化或耐腐蚀，并能在一定应力作用下长期工作的一类金属材料。高温合金的化学成分十分复杂，饱和度高，是当今世界上工程应用中最复杂的合金体系，在英、美等国又被称为"超合金"。

英国是世界上最早研究高温合金的国家。在第二次世界大战期间，为了满足涡轮喷气发动机热端部件的苛刻要求，英国 Mond 镍公司在 80%Ni-20%Cr（质量分数）合金中加入少量的钛和碳，研发出 Nimonic75 合金。在 Nimonic75 合金的基础上，加入少量的铝并进一步提高钛的含量，研发出 Nimonic80 合金，该合金为世界上首个利用 γ′相析出强化的涡轮叶片材料，1941 年成功应用于涡轮喷气发动机。

在现代航空发动机中，涡轮入口是其要求最为苛刻的地方。高温合金主要用于涡轮叶片、涡轮盘、燃烧室等热端部件，如图 6-1 所示。在世界上最先进的航空发动机中，高温合金的用量已占到发动机用量的 60%以上。除此之外，高温合金还广泛应用于核工业、能源动力、石油化工和冶金矿山等关系国民经济命脉的重要行业和关键领域。

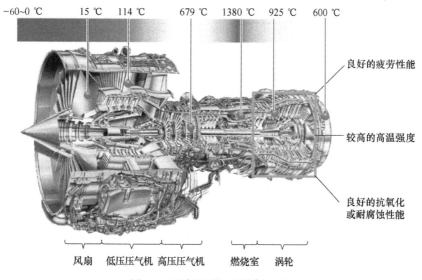

图 6-1 涡扇发动机的热剖面图

高温合金是屹立于金字塔尖的尖端材料，其研究和应用水平已成为衡量一个国家材料发展综合实力的重要标志。高温合金的承温能力一般以 137 MPa/1000 h 蠕变断裂为标准进行判断。以涡轮叶片用镍基高温合金的发展历程为例，从图 6-2 和表 6-1 中可知，涡轮叶片用镍基高温合金从变形合金逐渐升级到单晶合金，近几十年来承温能力基本保持直线形式增长，每10年平均增长50℃左右，现有镍基单晶高温合金的承温能力已达到1100℃。目前，美国通用电气公司（GE）和法国斯奈克玛公司合资成立的CFM公司研发的系列发动机主要采用Renè系列镍基单晶高温合金，美国普惠公司（Pratt & Whitney）和国际航空发动机公司（International Aero Engines，IAE）研发的系列发动机主要采用PWA系列镍基单晶高温合金，英国罗罗公司（Rolls-Royce）研发的Trent系列发动机主要采用CMSX系列镍基单晶高温合金。

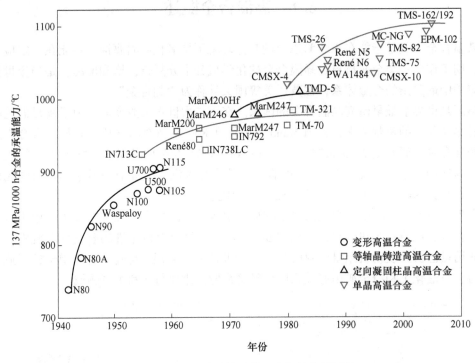

图 6-2   涡轮叶片用镍基高温合金的发展历程

表 6-1   镍基单晶高温合金的发展历程

镍基单晶高温合金	典型牌号	特　点
第一代	RenèN4、PWA1480、CMSX-2	和定向凝固柱晶高温合金类似
第二代	RenèN5、PWA1484、CMSX-4	添加铼
第三代	RenèN6、CMSX-10、TMS-82	铼含量进一步增加
第四代	TMS-138	添加钌
第五代	TMS-162、TMS-173	钌含量进一步增加

6.2　金属高温力学性能

金属高温力学性能是指金属材料在高温下抵抗塑性变形和断裂的能力。金属高温力学性能的提高主要有以下三个途径：固溶强化、第二相强化（又称析出强化或沉淀强化）和晶界强化。

6.2.1 金属高温力学性能的特点

以民用航空发动机为例，其工作条件具有高温、高压、高速的特点，且发动机速率和涡轮进口温度在典型循环飞行中变化非常大，如图6-3所示。

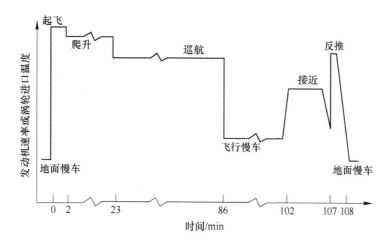

图6-3 一个典型飞行循环中民用航空发动机的发动机速率或涡轮进口温度的变化情况

高温下原子扩散能力的增大、空位数的增多及晶界滑移系（应力场）的变化等，使金属材料的高温力学性能与室温力学性能相差较大，主要体现在以下两个方面：

（1）在高温下，金属材料的力学性能与温度、应力和加载时间有关。在一定的温度和应力条件下，金属材料的强度和塑性会随载荷时间的增加而显著下降，缺口敏感性增加，易发生脆性断裂。

（2）在高温下，金属材料会产生蠕变现象。尽管承受应力小于该温度下的屈服强度，金属材料也将随时间推移发生缓慢而连续的塑性变形，如图6-4所示。一般来说，温度越高，应力越大，加载时间越长，蠕变现象越明显，金属材料的力学性能越差。

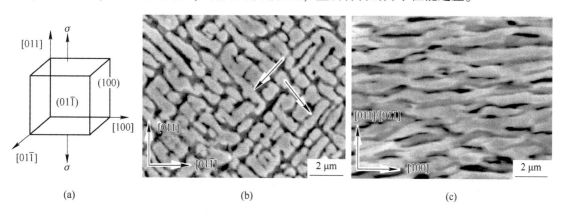

图6-4 镍基高温合金的蠕变现象
（a）蠕变载荷加载方向；（b）（c）蠕变断裂后不同位置的 γ′ 相形貌

6.2.2　金属高温力学性能的表征指标

金属高温力学性能的表征指标主要有蠕变强度（又称蠕变极限）、蠕变断裂强度（又称蠕变持久强度）、高温疲劳强度和应力松弛性能，表征指标的试验载荷类型见表6-2。

表6-2　金属高温力学性能表征指标的试验载荷类型

金属高温力学性能表征指标	载荷类型
蠕变强度	静态载荷
蠕变断裂强度	静态载荷
高温疲劳强度	动态载荷
应力松弛性能	静态或动态载荷

6.2.2.1　蠕变强度

蠕变强度是高温长期载荷作用下金属材料对塑性变形抗力的指标。在规定温度下，经过一定时间后，金属材料的蠕变量不超过一定限度（蠕变量常用0.2%）时的最大应力称为蠕变强度，与常温下的条件屈服强度$\sigma_{0.2}$相似。

6.2.2.2　蠕变断裂强度

蠕变断裂强度是金属材料在高温长期载荷作用下抵抗断裂的能力。金属材料在长时间的恒温、恒应力作用下不断产生塑性变形，最后导致其断裂的现象称为蠕变断裂。

蠕变强度和蠕变断裂强度均可通过单轴拉伸试验测得（具体方法见GB/T 2039—2012）。蠕变试验的原理是将试样加热至规定的温度，沿试样轴线方向施加恒定拉伸力或恒定拉伸应力并保持一段时间得到试样的规定蠕变伸长（连续实验）、残余塑性伸长值（不连续实验）和蠕变断裂时间（连续实验和不连续实验均可）。

6.2.2.3　高温疲劳强度

金属材料在温度高于0.5倍熔点（T_m）或再结晶温度以上时，随着应力循环次数的增加，疲劳强度不断下降的现象称为高温疲劳。航空发动机和燃气轮机的涡轮盘、涡轮叶片等热端部件经常在温度急剧交变的情况下工作，产生交变热应力，同时伴随着弹性、塑性变形的循环，塑性变形逐渐积累引起损伤，最后导致其失效。

高温疲劳强度的试验方法较多，如单点疲劳试验法、升降疲劳试验法、高频振动疲劳试验法等，需根据实际情况选择合适的试验方法。

6.2.2.4　应力松弛性能

在规定温度和初始应力条件下，金属材料中的应力随时间延长而减小的现象称为应力松弛，也可视为应力不断减小条件下的蠕变过程。在高温下工作，依靠原始弹性变形获得工作应力的机械零件，如紧固螺栓、叶轮等，可能在总变形量不变的条件下，弹性变形随时间的延长不断转变成塑性变形，导致其失效。

应力松弛性能可通过应力松弛试验测得（具体方法见GB/T 10120—2013）。应力松弛试验的原理是将试样加热至规定的温度，在该温度下保持恒定的拉伸应变，测定试样上的剩余应力值，得到试样的应力松弛曲线。除此之外，也可以采用动态拉伸应变，动态载荷比静态载荷的应力松弛现象更为明显。

6.3 高温合金分类

在我国，高温合金牌号采用规定的符号和阿拉伯数字表示。变形高温合金牌号由高合两字拼音的首位字母 GH 后接 4 位阿拉伯数字组成。GH 后的第 1 位数字表示分类号，第 2~4 位数字表示合金的编号。铸造高温合金（等轴晶/定向凝固柱晶/单晶）的前缀后一般采用 3 位阿拉伯数字。等轴晶铸造高温合金牌号采用符号 K 作为前缀，后接 3 位阿拉伯数字，K 后的第 1 位数字表示分类号，第 2 和第 3 位数字表示合金的编号。定向凝固柱晶高温合金牌号由定柱两字拼音的首位字母 DZ 后接 3 位阿拉伯数字组成；单晶高温合金牌号由定单两字拼音的首位字母 DD 后接 3 位阿拉伯数字组成。除此之外，还有粉末高温合金 FGH、焊接用高温合金丝 HGH 等。高温合金的分类号见表 6-3。

表 6-3 高温合金的分类号

分类号	合 金 类 型	分类号	合 金 类 型
1	固溶强化铁基合金	5	固溶强化钴基合金
2	析出强化铁基合金	6	析出强化钴基合金
3	固溶强化镍基合金	7	固溶强化铬基合金
4	析出强化镍基合金	8	析出强化铬基合金

6.3.1 按合金基体元素种类分类

按合金基体元素种类的不同，高温合金可分为铁基、钴基和镍基高温合金（铬基高温合金的缺点较为明显，20 世纪 70 年代后少有报道）。铁基高温合金以铁为基体，又称耐热合金钢；钴基高温合金以钴为基体，具有优异的耐热腐蚀和抗热疲劳性能；镍基高温合金以镍为基体，具有较高的强度和优异的抗蠕变性能。

（1）铁原子序数为 26，相对原子质量为 55.845，密度为 7.87 g/cm^3，熔点为 1538 ℃，沸点为 2861 ℃；在 20 ℃时，铁的比热容为 449 J/(kg·K)，线膨胀系数为 11.8×10^{-6} K^{-1}，热导率为 80 W/(m·K)，电阻率为 9.7×10^{-8} Ω·m。在常压下有三种同素异构体：α-Fe，在 912 ℃以下为体心立方 bcc 晶格；γ-Fe，在 912~1394 ℃为面心立方 fcc 晶格；δ-Fe，在 1400~1538 ℃为体心立方 bcc 晶格。铁是一种银灰色有光泽的金属，有延展性和铁磁性，在空气中很容易被氧化，表面形成灰黑色的氧化膜。

（2）钴原子序数为 27，相对原子质量为 58.933，密度为 8.86 g/cm^3，熔点为 1495 ℃，沸点为 2927 ℃；在 20 ℃时，钴的比热容为 421 J/(kg·K)，线膨胀系数为 13×10^{-6} K^{-1}，热导率为 100 W/(m·K)，电阻率为 6×10^{-8} Ω·m。在常压下有两种同素异构体：α-Co，在 417 ℃以下为密排六方 hcp 晶格；β-Co，在 417~1495 ℃为面心立方 fcc 晶格。钴是一种银灰色有光泽的金属，有延展性和铁磁性，在常温的空气中比较稳定，高于 300 ℃开始氧化。钴的化学稳定性较好，在常温下不与水作用，在潮湿的空气中也很稳定。加热时，钴可以与氧、硫、卤素等发生反应，生成相应化合物，在空气中加热至 300 ℃以上时氧化生成 CoO，在白热时燃烧生成 Co_3O_4。钴是两性金属，可溶于稀酸，在发烟硝酸中因生成一层氧化膜而被钝化；钴会与氨水和氢氧化钠缓慢反应。

（3）镍原子序数为28，相对原子质量为58.963，密度为8.9 g/cm³，熔点为1455 ℃，沸点为2913 ℃；在20 ℃时，镍的比热容为444 J/(kg·K)，线膨胀系数为13.4×10⁻⁶ K⁻¹，热导率为91 W/(m·K)，电阻率为7×10⁻⁸ Ω·m。在常压下无同素异构体，为面心立方 fcc 晶格。镍是一种银白色有光泽的金属，有延展性和铁磁性，在空气中很容易被氧化，表面形成有些发乌的氧化膜。镍的化学稳定性较好，在常温下不与水作用，在潮湿空气中表面形成致密的氧化膜，能阻止其继续氧化；加热时，镍可以与氧、硫、卤素等发生反应，生成相应化合物，在纯氧中燃烧会发出耀眼白光。镍在稀酸中可缓慢溶解，释放出氢气而产生绿色的 Ni^{2+}，在发烟硝酸中因生成一层氧化膜而被钝化；与钴不同的是，镍能耐碱的腐蚀，无论在高温或熔融的碱中都很稳定。

6.3.1.1 铁基高温合金

铁基高温合金是以铁为基体，并含有一定量铬、镍等元素的奥氏体合金，其在650~950 ℃具有一定的强度和抗氧化、耐燃气腐蚀的能力。常见的铁基高温合金有 GH1015、GH2130、GH2132、K211 等，典型铁基高温合金的牌号、化学成分、热处理工艺和最高使用温度见表6-4。

表6-4 典型铁基高温合金的牌号、化学成分、热处理工艺和最高使用温度

牌号	化学成分（质量分数，仅列出主要元素）/%							主要热处理工艺	最高使用温度/℃
	Fe	C	Cr	Ni	W	Mo	其他		
GH1015	余量	≤0.08	19~20	34~39	4.8~5.8	2.5~3.2	Nb：1.1~1.6	1150 ℃固溶	950
GH2130	余量	≤0.08	12~16	35~40	1.4~2.2	—	Ti：2.4~3.2	1140 ℃固溶+830 ℃时效+650 ℃时效	800
GH2132	余量	≤0.08	13.5~16	24~27	1~1.5	—	Ti：2.1~2.5 Al：2~2.8	1000 ℃固溶+700~720 ℃时效	700
K211	余量	0.1~0.2	19.5~20.5	45~47	7.5~8.5	—	—	—	800

6.3.1.2 钴基高温合金

钴基高温合金有两类，一类为传统固溶强化钴基高温合金，另一类为新型析出强化钴基高温合金。传统钴基高温合金以高合金化的面心立方钴固溶体为基体，一般含铬、镍等合金元素，是以碳化物为主要强化相的一类合金。常见的传统钴基高温合金有 GH5188、GH5605、K605 等，典型传统钴基高温合金的牌号、化学成分、热处理工艺和最高使用温度见表6-5。

表6-5 典型传统钴基高温合金的牌号、化学成分、热处理工艺和最高使用温度

牌号	化学成分（质量分数，仅列出主要元素）/%						主要热处理工艺	最高使用温度/℃
	Co	C	Cr	Ni	W	Fe		
GH5188	余量	0.05~0.15	20~24	20~24	13~16	≤3	1180 ℃固溶	980

牌号	化学成分（质量分数，仅列出主要元素）/%						主要热处理工艺	最高使用温度/℃
	Co	C	Cr	Ni	W	Fe		
GH5605	余量	0.05~0.15	19~21	9~11	14~16	≤3	1200 ℃固溶	1000
K605	余量	≤0.4	19~21	9~11	14~16	≤3	—	1050

6.3.1.3　镍基高温合金

镍基高温合金是高温合金中应用最广、高温强度最高且相容性最好的一类合金，在整个高温合金领域中占有极其重要的地位。在《中国高温合金手册》可供航空选用的高温合金牌号中，镍基高温合金占到近70%。我国于20世纪50年代中期开始研发镍基高温合金，经过70余年的发展，在镍基高温合金成分设计和制备研究领域已经建立了较为完善的高温合金成分体系，形成了各种高温合金制备加工的工艺标准。常见的镍基高温合金有GH3128、GH4033、GH4049、K403、K417、DZ404、DD404等，典型镍基高温合金的牌号、化学成分、热处理工艺和最高使用温度见表6-6。

表6-6　典型镍基高温合金的牌号、化学成分、热处理工艺和最高使用温度

牌号	化学成分（质量分数，仅列出主要元素）/%									主要热处理工艺	最高使用温度/℃
	Ni	C	Cr	W	Mo	Ti	Al	V	Co		
GH3128	余量	≤0.05	19~22	7.5~9.5	0.4~0.8	0.4~0.8	—	—	—	1180 ℃固溶	950
GH4033	余量	0.03~0.08	19~22	—	2.4~2.8	0.6~1	—	—	—	1080 ℃固溶+700~720 ℃时效	800
GH4049	余量	0.04~0.1	9.5~11	5~6	4.5~5.5	1.4~1.9	3.7~4.4	0.2~0.5	14~16	1200 ℃固溶+850 ℃时效	900
K403	余量	0.11~0.18	10~12	4.8~5.5	3.8~4.5	2.3~2.9	5.3~5.9		4.5~6	1210 ℃固溶	900
K417	余量	0.13~0.22	8.5~9.5	—	2.5~3.5	4.5~5	4.8~5.7	0.6~0.9	14~16		980
DZ404	余量	0.1~0.16	9~10	5.1~5.8	3.5~4.2	1.6~2.2	5.6~6.4		5.5~6.5	1220 ℃固溶+870 ℃时效	1000
DD404	余量	≤0.01	8.5~9.5	5.5~6.5	1.4~2.2	3.9~4.7	3.4~4	Ta: 3.5~4.8	7~8	1260 ℃固溶+900 ℃时效	1050

6.3.2　按合金强化类型分类

按合金强化类型的不同，高温合金主要可分为固溶强化高温合金和析出强化高温合金。

6.3.2.1 固溶强化高温合金

固溶强化是指合金通过固溶处理，将合金元素溶入基体 γ 相中形成过饱和固溶体，由于原子半径的差异造成晶格畸变，晶格畸变增大了位错运动的阻力，滑移难以进行，从而产生明显的强化效果。固溶强化作用随温度升高而降低，由于晶格畸变和弹性应变能的作用，原子的不均匀分布会因温度升高使原子扩散能力增大而减弱。

6.3.2.2 析出强化高温合金

析出强化是指合金通过时效处理，从过饱和固溶体中析出第二相（γ′、γ″和碳化物等）以强化合金。γ′相是析出强化高温合金中的主要强化相，γ′相（A_3B 型金属间化合物，A 代表铁、钴、镍等，B 代表铝、钛、钒、钼、铌、钽、钨）与基体 γ 相晶体结构相近，均为面心立方结构，其中 γ 为 fcc-A1、γ′为 fcc-L1$_2$（见图 6-5），且点阵常数相近，因此 γ′相能以细小颗粒状在基体中均匀析出，可有效阻碍位错运动，从而产生显著的强化效果。

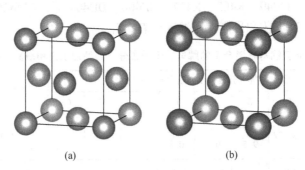

(a)   (b)

图 6-5 γ-Ni 相（a）和 γ′-Ni$_3$Al 相（b）的晶体结构示意图

6.3.3 按合金加工成型方式分类

按合金加工成型方式的不同，高温合金可分为变形高温合金、铸造高温合金和粉末高温合金等。

6.3.3.1 变形高温合金

变形高温合金是最早研制的高温合金，是指通过铸造和变形工艺生产的高温合金，其可以进行冷、热变形加工，包括盘、板、棒、丝、带、管等产品，是目前高温合金中市场应用最广的一类，需求占比达到 70%。从 20 世纪 60 年代我国开始自主研制第一个铁基变形高温合金开始，我国已发展出 70 多个变形高温合金，在各领域中得到了广泛应用。其中，Inconel718 为美国于 1959 年公开的析出强化镍基变形高温合金，拥有"变形高温合金之王"的称号，我国于 1968 年发展出 GH4169 牌号。该合金在 650 ℃以下具有良好的综合性能，屈服强度位居变形高温合金之首，主要用于制作盘件，也用于制作紧固件和叶片，是世界上也是我国用量最大、应用范围最广的高温合金品种。

6.3.3.2 铸造高温合金

铸造高温合金是指可以或只能用铸造工艺生产的一类高温合金，需求占比约为 20%。铸造高温合金的合金化程度比变形高温合金高，在热加工过程中变形困难。除此之外，一些形状复杂难以机械加工完成的空心结构、复杂腔体等部件，也必须采用精密铸造工艺才能完成。铸造高温合金按照凝固结晶组织不同，可以分为等轴晶铸造高温合金、定向凝固柱晶高温合金和单晶高温合金，其制备难度和使用性能依次提高。

等轴晶铸造高温合金是指用传统的熔模铸造方法生产的一类高温合金，是铸造高温合金中种类最多的。K403 为我国研制的镍基等轴晶铸造高温合金，强度较好，适用于 900 ℃ 以下工作的涡轮转子叶片和 1000 ℃ 以下工作的燃气涡轮导向叶片。K640 为我国研制的钴基等轴晶铸造高温合金，具有一定的强度和优异的抗氧化、耐燃气腐蚀的能力，特别适用于 1000 ℃ 以下工作的燃气涡轮导向叶片。

定向凝固柱晶高温合金是指用定向凝固技术生产的一类高温合金，合金的组织是按照 [001] 方向生长排列的柱状晶，基本消除了垂直于晶体生产方向的横向晶界，从而提高了合金的纵向（生长方向）力学性能。按承温能力区分，镍基定向凝固柱晶高温合金已发展四代，第一代和第二代镍基定向凝固柱晶高温合金已在航空发动机上得到广泛应用。在 20 世纪 60 年代，国外相继研发出第一代镍基定向凝固柱晶高温合金 René125、PWA1422 等。我国自 20 世纪 70 年代开始发展第一代镍基定向凝固柱晶高温合金，成功研制出 DZ404、DZ22、DZ40M 等第一代镍基定向凝固柱晶高温合金。DZ404 是我国自主研制成功的第一代镍基定向凝固柱晶高温合金，不含钽和铪，成本较低，并具有良好的铸造性能和综合性能，适用于 1000 ℃ 以下工作的涡轮转子叶片和 1050 ℃ 以下工作的导向叶片；DZ406 是我国研制成功的第二代镍基定向凝固柱晶高温合金，力学性能相当于第一代镍基单晶高温合金。

单晶高温合金是在定向凝固柱晶高温合金的基础上发展而来的，其不含或少含晶界强化元素，晶界得以完全消除，可以使合金的承温能力提高 30～50 ℃，主要用于制造航空发动机和燃气轮机的涡轮叶片等。在 20 世纪 70 年代，美国普惠公司首先发明了第一代镍基单晶高温合金 PWA1480，此后国外相继研发出第一代镍基单晶高温合金 RenéN4、SRR99、CMSX-2 等。我国自 20 世纪 80 年代开始发展第一代镍基单晶高温合金，成功研制出 DD402、DD403、DD404 等第一代镍基单晶高温合金。DD402 具有良好的铸造性能、较宽的固溶处理温度范围，高的蠕变强度和疲劳性能，良好的组织稳定性、环境性能和涂层性能，适用于 1050 ℃ 以下工作的涡轮转子叶片和其他高温部件；DD403 是我国自主研制成功的第一代镍基单晶高温合金，无钽，成本较低，中、高温性能良好，力学性能与 PWA1480 相当，适用于 1040 ℃ 以下工作的涡轮转子叶片和 1100 ℃ 以下工作的导向叶片。随着合金设计理论水平的提高和生产工艺的改进，国外相继研发出第二代至第五代的镍基单晶高温合金，镍基单晶高温合金的承温能力已达到 1100 ℃。我国自 20 世纪 90 年代中期开始研制第二代镍基单晶高温合金，成功研制出 DD405、DD406、DD98 等第二代镍基单晶高温合金。DD98 合金是我国自主研制成功的第二代镍基单晶高温合金，无铼，成本低，适用于 1100 ℃ 以下工作的涡轮转子叶片。自 21 世纪初开始研制第三代镍基单晶高温合金，成功研制出 DD409、DD90 等第三代镍基单晶高温合金。目前，第一代、第二代、第三代镍基单晶高温合金已在航空发动机上得到广泛应用。

6.3.3.3 粉末高温合金

粉末高温合金是指以金属粉末为原材料，采用粉末冶金方法生产的一类高温合金，需求占比约为 10%。粉末冶金技术可消除由于合金化程度高带来的铸锭偏析严重、冷热加工工艺性能差的问题，目前已发展三代，第一代为高强型粉末高温合金、第二代为损伤容限型粉末高温合金、第三代为高强损伤容限型高温合金。目前，第一代、第二代粉末高温合金已在航空发动机上得到广泛应用。在 20 世纪 70 年代，国外相继研发出第一代粉末高温合金 IN100、René95 等。IN100 为美国普惠公司研制成功，主要用于航空发动机的涡轮盘中；René95 为美国通用电气公司研制成功，主要用于军用直升机发动机上。我国自 20 世纪 80 年代开始发展第一代粉末高温合金，成功研制出 FGH95、FGH97 等第一代粉末高温合金。FGH95 是我国自主研制成功的第一代粉末高温合金，为 650 ℃ 使用条件下强度最高的粉末冶金高温合金，适用于制造高压和低压涡轮盘、压气机盘、涡轮挡环等高温结构件。我国自 20 世纪 90 年代开始发展第二代粉末高温合金，成功研制出 FGH96 第二代粉末高温合金，其强度较 FGH95 降低 10%，但抗裂纹扩展能力较 FGH95 翻一番，使用温度为 750 ℃。目前，我国正在研发第三代粉末高温合金 FGH98、FGH99 等。

6.4 钴和镍的资源与制取

6.4.1 钴和镍的资源

钴和镍作为支撑国民经济、国防工业和高技术产业的重要金属，以及高温合金和新能源汽车动力电池的基础原材料，其矿产资源的竞争正日趋激烈。

6.4.1.1 钴资源

钴在地壳中的平均含量为 0.001%（质量分数），自然界中已知的含钴矿物近百种，但单独的钴矿床极少。据美国地质调查局统计，1995 年世界钴资源储量约为 400 万吨，随后持续增长，自 2002 年后基本维持在 700 万吨左右的水平，2020 年后又有所增长，如图 6-6 所示。全球钴资源分布极不均衡，刚果（金）的钴矿资源丰富，钴资源储量居世界首位，2022 年钴资源储量约为 400 万吨，占全球总储量的 47.9%；其次依次为澳大利亚、印尼、古巴、菲律宾，占比分别为 18%、7.2%、6%、3.1%。

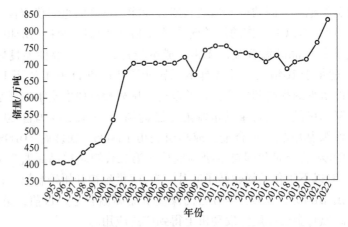

图 6-6 全球钴资源储量变化
（来源于美国地质调查局）

据《2022 年全国矿产资源储量统计表》显示，我国钴资源稀缺，储量仅为 15.87 万吨，独立钴矿床极少，主要伴生于铁、镍、铜等矿床中。矿床类型有岩浆型、热液型、沉积型、风化壳型等。以岩浆型硫化铜镍钴矿和矽卡岩铁铜钴矿为主，占总量的 65% 以上；其次为火山沉积与火山碎屑沉积型钴矿，约占总量的 17%。我国目前已知的钴矿产地有 150 余处，主要分布在甘肃、青海、内蒙古、新疆、吉林、河南等省区，以甘肃省储量最多，占全国的 29.7%，其他 5 省区依次为 19.1%、9.1%、8.9%、8%、6.6%，以上 6 省区储量之和占全国钴资源储量的 81.4%。

6.4.1.2 镍资源

全球镍资源储量较为丰富，镍在地球中的含量位居第五位，地壳中的平均含量为 0.018%（质量分数）。全球镍矿资源分布中，红土镍矿约占 55%，硫化物型镍矿占 28%，海底铁锰结核中的镍占 17%。海底铁锰结核由于开采技术及其对海洋污染等因素，尚未实际开发。目前，可供人类开采的陆基镍矿约 60% 为红土镍矿，约 40% 为硫化镍矿。硫化镍矿主要分布在纬度 30° 以外的亚洲与北美洲，如加拿大、俄罗斯、澳大利亚、中国、南非等；红土镍矿又称氧化镍矿，主要分布在南北回归线以内的热带国家，如古巴、巴西、印尼、菲律宾、澳大利亚、新喀里多尼亚、巴布亚新几内亚等。

根据《2022 年全国矿产资源储量统计表》显示，我国镍资源储量较少，储量为 434.65 万吨，分布高度集中，主要以硫化镍矿为主，占据保有储量的 86%。国内镍矿主要分布在甘肃、青海、新疆、云南、四川等 5 省区，以甘肃省储量最多，占全国的 57.3%，其他 4 省区依次为 20.2%、9.3%、8.9%、3.2%，以上 5 省区储量之和占全国镍资源储量的 98.9%。我国是红土镍矿资源匮乏的国家之一，红土镍矿保有储量仅占全国镍资源储量的 10%。除此之外，我国红土镍矿的品位较低，开采成本较高。我国是不锈钢产品主产国，红土镍矿是镍铁的主要原料；自 2005 年起，我国镍消费量超越日本和美国成为全球第一大镍消费国，但受国内镍资源禀赋制约，缺口不断扩大，目前镍资源对外依存度已高达 90%。

6.4.2 钴和镍的制取

6.4.2.1 钴的制取

自然界中的钴矿主要伴生于镍矿、铜矿、黄铁矿和砷矿床中，钴含量较少，提取相对较为困难。钴的冶炼特点表现为原料品位低、提取流程长、提取方法多，提钴工艺流程如图 6-7 所示。

6.4.2.2 镍的制取

如图 6-8 所示，镍矿主要有两种，分别为硫化镍矿和红土镍矿，两者的冶炼工艺有所不同。硫化镍矿主要采用火法冶炼，工艺较为成熟，资源综合利用较好，因此早期的镍矿开发以硫化镍矿为主；红土镍矿是氧化镍矿，呈深红色，一般含镍 1%~3%，低品位的红土镍矿成分复杂，冶炼难度较高，一般采用湿法冶炼。

我国镍资源分布高度集中，主要以硫化镍矿为主，其火法冶炼的原理如下。利用钴、镍、铜等对硫的亲和力近似于铁而对氧的亲和力却远小于铁的性质，在氧化程度不同的造锍熔炼过程中，分阶段使铁的硫化物氧化成铁的氧化物，通过脉石造渣除去。其冶炼过程主要包括四个过程：

（1）造锍熔炼。硫化精矿中主金属元素的含量不高，伴生大量脉石和铁的硫化物，用

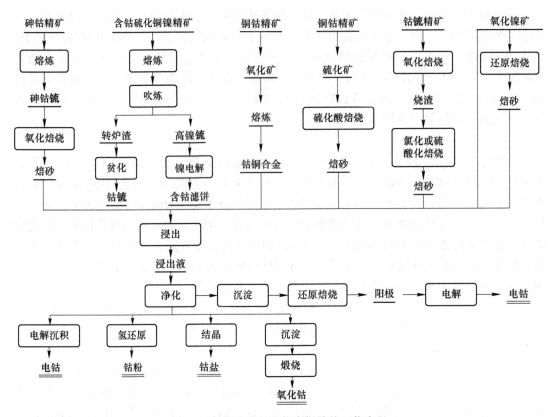

图 6-7　从各种含钴矿物中提钴的工艺流程

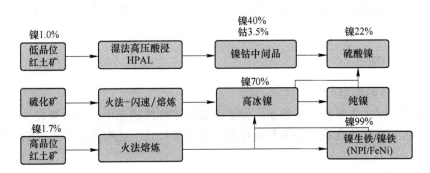

图 6-8　镍的制取路线图

火法直接冶炼出粗金属，在技术上仍非常困难。通过造锍熔炼，分离出铁的硫化物和其他杂质，使钴、镍、铜等和贵金属得到富集，镍锍的主要成分为 Ni_3S_2、Cu_2S 和贵金属。

（2）低镍锍（含镍和铜 8%~25%）的吹炼。低硫镍不能满足精炼的要求，需要进一步处理。低镍锍的吹炼一般在卧式转炉中进行，其产物主要为高镍锍和转炉渣（因密度小而浮于上层被分离）。

（3）高镍锍（含镍和铜 70%~75%）的分离。高硫镍经细磨、破碎后，用浮选和磁选等方法分离，其产物主要为硫化镍精矿（反射炉熔化后送电解精炼）、硫化铜精矿（回收）和铜镍合金（回收）。

（4）电解精炼。为了得到电解镍和其他镍产品，需要进一步处理。主要方法包括硫化镍阳极电解和粗镍电解精炼，产物主要为纯镍、阳极泥（回收，提取贵金属）和电解液渣（回收，提取钴和铜）。

6.5 镍基高温合金的组织特征与合金化

6.5.1 镍基高温合金的组织特征

镍基高温合金中的常见相及其晶体结构见表 6-7。一般而言，典型镍基高温合金的微观组织由以 Ni 为主的 γ 基体相和以 Ni_3Al 为主的 γ′ 强化相构成，某些合金在高温使用过程中也会析出一些有害二次相，如 β、χ、σ、μ 和 Laves 相等，如图 6-9 所示。

表 6-7 镍基高温合金中的常见相及其晶体结构

相	结构	皮尔逊符号	空间群	结构原型
γ-Ni	A1	cF4	$Fm\bar{3}m$	Cu
γ′-Ni_3Al	$L1_2$	cP4	$Pm\bar{3}m$	Cu_3Au
β	B2	cP2	$Pm\bar{3}m$	CsCl
χ	A12	cI58	$I\bar{4}3m$	α-Mn
σ	$D8_b$	tP30	$P4_2/mnm$	σ−FeCr
μ	$D8_5$	hR13	$R\bar{3}m$	Fe_7W_6
Laves-C14	C14	hP12	$P6_3/mmc$	$MgZn_2$
Laves-C15	C15	cF24	$Fd\bar{3}m$	$MgCu_2$
Laves-C36	C36	hP24	$P6_3/mmc$	$MgNi_2$

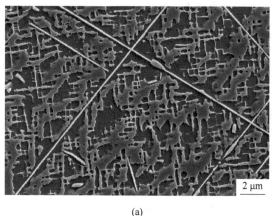 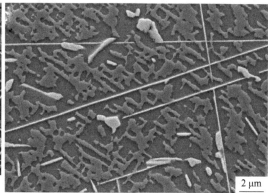

(a)   (b)

图 6-9 镍基单晶高温合金长期时效后的组织图

典型镍基高温合金经过一系列热处理工艺处理之后，γ′ 强化相将会较为有序地排布在

γ 基体中，并在两相间形成共格界面。如图 6-10 所示，因两相晶格常数存在差异，界面上原子有一定的畸变，会产生错配度 δ（$\delta = 2 (\alpha_{\gamma'} - \alpha_\gamma) / (\alpha_{\gamma'} + \alpha_\gamma)$）其中 α_γ 和 $\alpha_{\gamma'}$ 分别表示 γ 相和 γ′相的点阵常数。

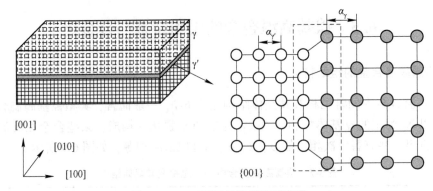

图 6-10　γ/γ′两相晶格错配示意图

在一定温度和应力的作用下，由于 γ/γ′两相晶格常数和热膨胀系数不同，镍基高温合金内部会产生不均匀的错配应力，从而导致镍基高温合金 γ/γ′两相错配度也会随之发生变化。γ/γ′两相晶格错配度大小会直接影响镍基高温合金的组织、形貌和性能。晶格错配度较大或析出温度较高时 γ′相易呈方形，晶格错配度较小或析出温度较低时 γ′相易呈球形，晶格错配度很大而析出温度又较低时 γ′相可呈片状和胞状，如图 6-11 所示。

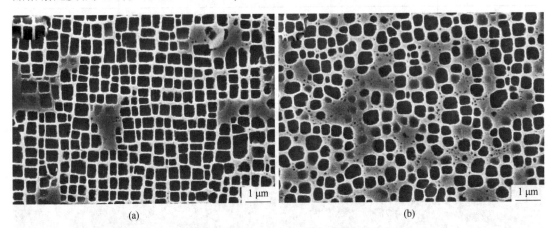

（a）　　　　　　　　　　　　　　　（b）

图 6-11　镍基单晶高温合金的组织图（γ/γ′两相错配度不同）

6.5.2　镍基高温合金的合金化

高温合金的合金元素分配系数是指合金元素在 γ/γ′两相中分配情况的参数，由公式 $K_i^{\gamma'/\gamma} = C_i^{\gamma'} / C_i^{\gamma}$ 确定（其中，$C_i^{\gamma'}$ 和 C_i^{γ} 为合金元素 i 在 γ′相和 γ 相中的成分，可以通过能谱、电子探针和原子探针等测得）。当 $K_i^{\gamma'/\gamma} > 1$ 时，元素 i 富集于 γ′相，为 γ′相形成元素（析出强化元素）；当 $K_i^{\gamma'/\gamma} < 1$ 时，元素 i 富集于 γ 相，为 γ 相形成元素（固溶强化元素）。合金元素分配系数取决于固溶进 γ 相和 γ′相的原子大小及其数量，反映了合金元素 i 对 γ 相

和 γ′ 相的强化作用。此外，合金元素分配系数描述了合金元素 i 在 γ 相和 γ′ 相的成分，决定了 γ 相和 γ′ 相的点阵常数，即 γ/γ′ 两相晶格错配度的正负和大小，最终会影响合金的组织、形貌和性能。

镍基高温合金的合金成分复杂，通常含有 10 多种金属元素。如图 6-12 和图 6-13 所示，这些合金元素在合金中起着不同的作用，根据强化机理通常将它们分为三类：固溶强化元素、析出强化元素和晶界强化元素。固溶强化元素主要集中于元素周期表中的第ⅥB 族、第ⅦB 族和第ⅧB 族；析出强化元素主要集中于元素周期表中的第ⅢA 族、第ⅣB 族和第ⅤB 族；晶界强化元素主要集中于元素周期表中的第ⅢA 族、第ⅣA 族和ⅣB 族。

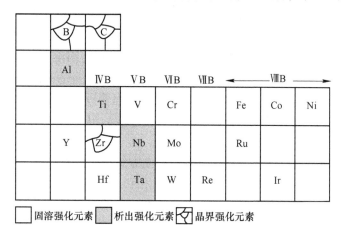

图 6-12 镍基高温合金中各合金元素的分配行为

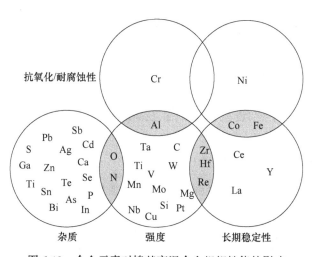

图 6-13 合金元素对镍基高温合金组织性能的影响

由图 6-12 和图 6-13 可知，镍基高温合金中的元素众多，本节重点选取镍基高温合金最常用的 16 个合金元素作为说明对象。

铝是形成 γ′ 相的最主要的元素，大多数的铝与镍形成 γ′ 相，在镍基高温合金起着析出强化的作用。高铝有利于提高合金的抗氧化性能，但是过量的铝会使合金析出 B2-NiAl 相和拓扑密排相（TCP），降低合金的高温强度。

硼和碳是镍基高温合金中最常用的两个晶界强化元素。硼和碳可以增加晶界结合力，降低晶界的开裂倾向。硼在晶界析出的 M_3B_2 硼化物和碳在晶界析出 MC、M_6C 和 $M_{23}C_6$ 等碳化物可以阻止晶界滑动和裂纹扩展，抑制 TCP 相的析出，提高合金的持久寿命。

钴主要溶解于 γ 相中，在镍基高温合金中起固溶强化作用，可以降低基体的堆垛层错能，提高合金的蠕变抗力。

铬主要溶解于 γ 相中，在镍基高温合金起固溶强化作用，促进 $M_{23}C_6$ 碳化物的形成。更重要的是，它还可以形成致密的 Cr_2O_3 型氧化膜，显著提升合金的抗氧化和耐腐蚀性能。但是过量的铬会引起 TCP 相的析出，降低合金的高温强度。

铪几乎溶解于 γ′ 相中，促进 MC 碳化物的形成，使 γ/γ′ 共晶增多，主要改善镍基铸造合金的中温强度和塑性。

钼和钨的原子半径较大，主要溶解于 γ 相中，有很好的固溶强化效果，促进 M_6C 碳化物的形成。但过量的钼和钨会引起 TCP 相的析出，降低合金的高温强度。

铌、钽和钛几乎溶解于 γ′ 相中，在镍基高温合金起着析出强化的作用，促进 MC 碳化物的形成。不同的是，铌会严重损害合金的抗氧化性能，钽可以增加合金的抗氧化和耐腐蚀性能，钛会降低合金的铸造性能。

镍作为镍基高温合金的基体元素，具有面心立方结构，没有同素异构转变，可以在溶解较多的合金元素情况下不生成 TCP 相，保持 γ 相和 γ′ 相的稳定性。

铼主要溶解于 γ 相中，具有很低的扩散系数和大的原子半径，可以显著提高高温合金的持久性能。但是过量的铼会引起 TCP 相的析出，降低合金的高温强度。

钌作为贵金属元素的代表，主要溶解于 γ 相中，它的加入主要是为了抑制 TCP 相的析出，改善合金性能。

钇作为稀土元素的代表，在镍基高温合金中添加的很少，主要是为了消除合金中的有害杂质和气体，强化晶界，改善合金的抗氧化性能。

锆在镍基高温合金中添加得很少，主要起着强化晶界的作用。

6.6 新型钴基高温合金的发展历程与合金化

6.6.1 新型钴基高温合金的发展历程

传统钴基高温合金主要通过固溶强化和碳化物强化两种机制来提高合金的高温强度，使它的高温强度比不过依靠 γ′-Ni_3Al 析出强化的镍基高温合金，从而限制了其在航空发动机和燃气轮机等高温结构部件上的进一步应用。倘若能将镍基高温合金的析出强化机制引入钴基高温合金，就能大幅提高其高温强度，进而研发出具有优异综合性能的新型钴基高温合金。

γ′-Co_3Ti 相是钴基二元体系中唯一热力学稳定的 γ′ 相。如图 6-14 所示，高温下 Ti 在 γ-Co 基体中的溶解度变化不明显（900 ℃约为 10%（摩尔分数）、1100 ℃约为 13%（摩尔分数）），导致 Co-Ti 二元合金经固溶和时效处理后 γ′-Co_3Ti 相的体积分数太小，无法满足高温合金的要求。此外，Co-Ti 二元合金 γ/γ′ 两相晶格错配度为 0.75% ~ 1.36%，难以通过连续规则排列的 γ′-Co_3Ti 相沉淀强化来改善合金的高温性能。

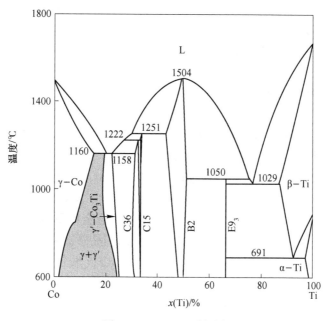

图 6-14 Co-Ti 二元相图

2006 年，日本东北大学 Sato 等人在 Co-Al-W 三元体系中发现了与 γ-Co 基体保持共格的 γ'-Co₃（Al，W）相，如图 6-15 所示。在 Co-9.2%Al-9%W（摩尔分数）合金中，γ'-Co₃（Al，W）相的溶解温度约为 990 ℃，γ/γ' 两相晶格错配度为 0.53%，γ/γ' 两相组织形貌与镍基高温合金相似。这一发现为析出强化钴基高温合金的发展开创了新的起点，指明了方向。

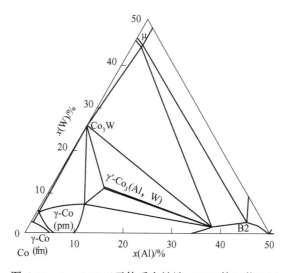

图 6-15 Co-Al-W 三元体系富钴端 900 ℃ 等温截面图

随着 Co-Al-W 基合金研究的不断深入，其不足之处也随之暴露出来。合金密度大时，为了增加 γ'-Co₃（Al，W）相的体积分数，需加入高含量的钨（摩尔分数为 5% ~ 12%）。

γ'-Co_3(Al,W)相的稳定性差，国内外研究人员对 Co-Al-W 三元扩散偶合合金进行长时间的退火处理发现，γ'-Co_3(Al,W) 相在 750~1100 ℃应该为亚稳相。因此，Co-Al-W 基合金的研究重点和热点目前主要集中在通过添加合金元素来降低合金的密度并提高 γ' 相的稳定性上。γ'-Co_3(Al,W) 相的热力学不稳定性也使许多研究人员将研究对象重新转移为改良 Co-Ti 基合金和寻找新的钴基 γ' 强化相。

2015 年，印度班加罗尔科学研究所 Makineni 等人对 Co-Al-Mo 基合金开展了前期研究工作，试图解决 Co-Al-W 基合金密度大的缺陷。γ'-Co_3(Al,Mo,Nb) 相在 Co-10%Al-5%Mo-2%Nb（摩尔分数）合金中被发现，溶解温度为 866 ℃，对该合金进行长时间的退火处理发现其在 800 ℃时热力学不稳定。随后，γ'-Co_3(Al,Mo,Ta) 相在 Co-10%Al-5%Mo-2%Ta（摩尔分数）合金中也被发现，溶解温度为 928 ℃，其稳定性在文献中尚未见报道。

2016 年，德国 Povstugar 等人发现铬在 Co-Al-W 基合金中虽然富集于 γ 相，却能显著增加 γ'-Co_3(Al,W) 相的体积分数并同时减少 γ/γ' 两相晶格错配度。随后，他们尝试将铬的这一积极影响引入 Co-Ti 基合金，对 Co-11%Ti-15%Cr（摩尔分数）合金在 900 ℃进行长时间的退火处理，发现铬的加入能使 γ'-Co_3Ti 相的体积分数从 Co-12%Ti 合金的约 20%增加到 Co-11%Ti-15%Cr 合金的约 60%，γ/γ' 两相晶格错配度降低至 0.54%，γ'-Co_3Ti 相的溶解温度也从 Co-12%Ti 合金的 1005 ℃提升至 Co-11%Ti-15%Cr 合金的 1135 ℃。此外，该合金的密度为 8.10 g/cm^3（低于 Co-9%Al-9.8%W 合金的 9.82 g/cm^3），且屈服强度明显高于传统钴基高温合金和 Co-Al-W 三元合金。这一发现为改良 Co-Ti 基合金提供了新的思路。随后，国内外研究人员分别尝试将钼、钒和钨等引入 Co-Ti 基合金。钒最为特殊，表现出与钨相似的性质，钒在 γ'-Co_3Ti 相中有着极大的溶解度，它的加入能显著提升 γ'-Co_3Ti 相的溶解温度。

厦门大学刘兴军团队在先前对 Co-Ti-V 三元体系的研究基础上尝试利用钒的这一积极影响来寻找新的钴基 γ' 强化相。如图 6-16 所示，他们首次在 Co-Al-V 三元体系中发现了高温稳定存在的 γ'-Co_3(Al,V) 相。Co-5%Al-14%V 合金的密度为 8.11 g/cm^3，与先前报道的 Co-11%Ti-15%Cr 合金相当。通过改变铝和钒之间的合金元素配比同时添加镍、钽和钛

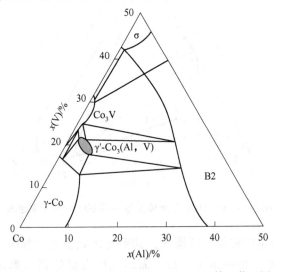

图 6-16   Co-Al-V 三元体系富钴端 900 ℃等温截面图

来提高 γ′相溶解温度并改善合金的力学性能，Co-30%Ni-10%Al-5%V-4%Ta-2%Ti（摩尔分数）合金的 γ′相溶解温度可达 1242 ℃，屈服强度也与镍基高温合金 Mar-M247 相当。

由表 6-8 可知，Co-Al-W 基和 Co-Al-Mo 基合金的不足之处主要在于合金的密度大且 γ′相的稳定性差；Co-Ti 基和 Co-Al-V 基合金的基础特性良好，但从镍基高温合金的经验来看，过量的 Ti 和 V 会降低合金的高温抗氧化性和耐腐蚀性能。因此，如何降低 Co-Al-W 基和 Co-Al-Mo 基合金的密度并提高其 γ′相稳定性，以及进一步评估 Ti 和 V 对 Co-Ti 基和 Co-Al-V 基合金的高温氧化和热腐蚀行为的影响已成为发展新型钴基高温合金的主要问题。

表 6-8　部分新型钴基高温合金母合金及其基础特性

母合金（摩尔分数）	密度/g·cm^{-3}	γ′相溶解温度/℃	γ′相体积分数/%	晶格错配度/%	γ′相稳定性
Co-9.2%Al-9%W	9.50	990	—	0.53	亚稳
Co-10%Al-5%Mo-2%Nb	8.36	866	54	—	亚稳
Co-10%Al-5%Mo-2%Ta	8.61	928	58	—	—
Co-12%Ti	8.30	1005	20	>0.75	稳定
Co-11%Ti-15%Cr	8.10	1135	66	0.54	稳定
Co-5%Al-14%V	8.11	964	52	—	稳定

6.6.2　新型钴基高温合金的合金化

新型钴基高温合金的研发时间较短，目前仍处于以大量实验研究为主的前期探索和基础研究阶段，合金元素的作用仍不是很明确。本节选取新型钴基高温合金较为重要的 12 个合金元素作为说明对象，如图 6-17 所示。Co、Cr 和 Re 为固溶强化元素；Nb、Ni、Ta、Ti、Ru、V 和 W 为析出强化元素；Al 和 Mo 一般为析出强化元素，在特殊情况下（Al 元素在合金 Ta 和 Ti 含量较高时，Mo 元素在合金 Ni 含量较高时）可转变成固溶强化元素。

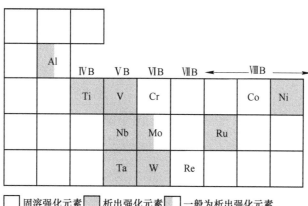

图 6-17　新型钴基高温合金中各合金元素的分配行为

复习思考题

6-1 为什么高温合金又被称为"超合金"？

6-2 为什么镍基高温合金是目前应用最为广泛的高温合金？

6-3 在析出强化高温合金中，强化相（第二相）主要有 γ'、γ''、碳化物等，γ' 相作为强化相的优势是什么？

6-4 高温合金在服役过程中除了要克服抗蠕变这一主要难题外，还需克服的另一主要难题是什么，如何克服？

6-5 根据本章所学知识，结合 Co-Ni 二元相图，谈谈高温合金的未来发展趋势？

7 贵金属及其合金

7.1 贵金属概述

贵金属的资源稀缺性决定了其价格昂贵,在历史上主要发挥货币和金融功能。进入20世纪后,贵金属的货币属性逐渐被剥离,工业属性逐渐凸显。贵金属具有独特的物理和化学性质,如良好的导热性、导电性、耐腐蚀性和高温稳定性等,被誉为"现代工业维他命"。据统计,世界上约有25%的工业制品使用了贵金属。贵金属高纯材料、贵金属合金等作为现代工业尤其是高科技产业的基础材料,将发挥越来越重要的作用。

7.2 贵金属的种类和性质

贵金属是金、银和铂族金属(钌、铑、钯、锇、铱、铂)的总称。钌(Ru)、铑(Rh)、钯(Pd)、银(Ag)的密度相对较小,通称为轻贵金属;锇(Os)、铱(Ir)、铂(Pt)、金(Au)的密度相对较大,通称为重贵金属。贵金属处于元素周期表的中心位置,基本性质见表7-1。

表 7-1 贵金属的基本性质

元　　素	Ru	Rh	Pd	Ag	Os	Ir	Pt	Au
原子序数	44	45	46	47	76	77	78	79
相对原子质量	101.07	102.91	106.42	107.87	190.23	192.22	195.08	196.97
外层电子排布	$4d^75s^1$	$4d^85s^1$	$4d^{10}$	$4d^{10}5s^1$	$5d^66s^2$	$5d^76s^2$	$5d^96s^1$	$5d^{10}6s^1$
密度/g·cm^{-3}	12.1	12.4	12.0	10.5	22.59	22.56	21.5	19.3
熔点/℃	2333	1963	1555	962	3033	2446	1768	1064
沸点/℃	4147	3695	2963	2162	5008	4428	3825	2836
晶体结构	hcp	fcc	fcc	fcc	hcp	fcc	fcc	fcc

7.2.1 金的性质

7.2.1.1 金的物理性质

金是一种呈黄色光泽的贵金属(液态和气态呈绿色光泽),原子序数为79,相对原子质量为196.97,密度为19.3 g/cm^3,熔点为1064 ℃,沸点为2836 ℃;在20 ℃时,金的比热容为129 J/(kg·K),线膨胀系数为14.2×10^{-6} K^{-1},热导率为320 W/(m·K),电阻率为2.2×10^{-8} Ω·m。

金是抗磁体,为面心立方fcc结构(无同素异构转变)。金的力学性能见表7-2,金的延展性非常好（延展性是延性和展性两个概念相近的机械性质合称，延性和展性分别指材料在拉力和压力作用下不折断而经受恒久变形的能力，两者并不一定相关），能很好地承受压力加工，易加工成板、带、片、箔、丝等形状，1 g 金可拉成长度为 660 m 的金丝（直径 0.01 mm），打成面积为 0.43 m^2 的金箔（厚度 0.12 μm）。

表 7-2　金的力学性能

力学性能	硬态（变形态）	软态（退火态）
硬度 HB	580	200
屈服强度/MPa	210	30
弹性模量/MPa	79000	55700
瞬时断裂强度/MPa	220	120
伸长率/%	3	45

7.2.1.2　金的化学性质

金的化学性质极为稳定，在室温或高温条件下均不与氧气反应。金不溶于一般的酸和碱，但可被水银和王水溶解，也可溶于碱金属氰化物溶液、有氧化剂存在的硫脲溶液、氯水/溴水等。

金与水银的反应方程式为：

$$x\mathrm{Au} + y\mathrm{Hg} =\!=\!= \mathrm{Au}_x\mathrm{Hg}_y$$

金与王水的反应方程式为：

$$\mathrm{Au} + \mathrm{HNO_3} + 4\mathrm{HCl} =\!=\!= \mathrm{HAuCl_4} + \mathrm{NO}\uparrow + 2\mathrm{H_2O}$$

金与碱金属氰化物（氰化钠）的反应方程式为：

$$4\mathrm{Au} + 8\mathrm{NaCN} + 2\mathrm{H_2O} + \mathrm{O_2} =\!=\!= 4\mathrm{NaAu(CN)_2} + 4\mathrm{NaOH}$$

金与硫脲（氧化剂为三价铁离子）的反应方程式为：

$$\mathrm{Au} + 2\mathrm{SCN_2H_4} + \mathrm{Fe^{3+}} =\!=\!= \mathrm{Au(SCN_2H_4)_2^+} + \mathrm{Fe^{2+}}$$

金与氯水/溴水的反应方程式为：

$$2\mathrm{Au} + 3\mathrm{Cl_2} + 2\mathrm{HCl} =\!=\!= 2\mathrm{HAuCl_4}$$

$$2\mathrm{Au} + 3\mathrm{Br_2} + 2\mathrm{HBr} =\!=\!= 2\mathrm{HAuBr_4}$$

7.2.1.3　金的纯度

金的纯度以其最低值表示，不得有负公差，每开（英文 Carat 和德文 Karat 的缩写，常写作"K"）的含金量为 4.166%。金及其合金的纯度范围见表 7-3。

表 7-3　金及其合金的纯度范围

纯度最低值/‰	纯度的其他表示方法
375	9 K
585	14 K
750	18 K
916	22 K
990	足金
999	千足金

7.2.1.4 金的化合物

金的化合物有卤化物、氧化物、氢氧化物、硫化物、氰化物等。金的常见化合价为+1和+3。

A 金的卤化物

金常见的卤化物有卤化亚金（AuX）和卤化金（Au_2X_3）两种，金的卤化物远比氧化物、氢氧化物、硫化物稳定。金的卤化物中又以氯化亚金（AuCl）和氯化金（$AuCl_3$）两种较为常见。

$AuCl_3$ 为金黄色或橘红色粉末，由王水作用于金并经浓缩后加热至 120 ℃，或用过量氯气于 200 ℃ 处理金而制得，极易吸湿潮解。

$$HAuCl_4 \cdot xH_2O === AuCl_3 + HCl\uparrow + xH_2O\uparrow$$
$$2Au + 3Cl_2 === 2AuCl_3$$

B 金的氧化物

金常见的氧化物有氧化亚金（Au_2O）和氧化金（Au_2O_3）两种，两种氧化物均不能由 Au 直接氧化制得，Au_2O_3 是金最稳定的氧化物。

Au_2O 为紫灰色粉末，一般用 Au_2O_3 和硫代硫酸钠（$Na_2S_2O_3$）溶液反应制得，不溶于水，易溶于氢卤酸和王水。

$$Au_2O_3 + 4Na_2S_2O_3 + 2H_2O === Au_2O + 2Na_2S_4O_6 + 4NaOH$$

Au_2O_3 为棕黑色粉末，可由 $Au(OH)_3$ 热分解而制得，不溶于水，是两性化合物。

$$2Au(OH)_3 === Au_2O_3 + 3H_2O\uparrow$$

C 金的氢氧化物

金常见的氢氧化物有氢氧化亚金（AuOH）和氢氧化金（$Au(OH)_3$）两种。

AuOH 为棕紫色粉末，不溶于水，可溶于酸，溶于过量强碱溶液形成络合 $[Au(OH)_2]^-$ 离子的盐；在 250 ℃ 时分解为 Au 和 O_2。

$Au(OH)_3$ 为棕色粉末，不溶于水，属于稍具酸性的两性物质（故称其为金酸），不溶于稀酸，可溶于浓酸，溶于过量强碱溶液形成络合 $[Au(OH)_4]^-$ 离子的盐；100 ℃ 左右脱水为 AuOOH，140 ℃ 左右进一步脱水为 Au_2O_3，250 ℃ 时分解为 Au 和 O_2。

7.2.2 银的性质

7.2.2.1 银的物理性质

银是一种呈白色光泽的贵金属，原子序数为 47，相对原子质量为 107.87，密度为 10.5 g/cm^3，熔点为 962 ℃，沸点为 2162 ℃；在 20 ℃ 时，银的比热容为 235 $J/(kg \cdot K)$，线膨胀系数为 $18.9 \times 10^{-6}\ K^{-1}$，热导率为 430 $W/(m \cdot K)$，电阻率为 $1.6 \times 10^{-8}\ \Omega \cdot m$。

银是抗磁体，为面心立方 fcc 结构（无同素异构转变）。银的力学性能见表 7-4，银的延展性较好，能很好地承受压力加工，易加工成板、带、片、箔、丝等形状。

表 7-4 银的力学性能

力学性能	硬态（变形态）	软态（退火态）
硬度 HB	550	250

续表7-4

力学性能	硬态（变形态）	软态（退火态）
屈服强度/MPa	—	—
弹性模量/MPa	82000	70000
瞬时断裂强度/MPa	300	150
伸长率/%	2	35

7.2.2.2　银的化学性质

银的化学性质较为稳定，在室温下不与氧气反应，在高温下会发生轻微氧化。在所有贵金属中，银的化学性质最为活泼，银不溶于碱，不与盐酸、稀硫酸、王水反应，但可被硝酸、热的浓硫酸和水银等溶解，在常温下会与空气中的硫化氢作用生成黑色的硫化银。

银与水银的反应方程式为：

$$x\text{Ag} + y\text{Hg} = \text{Ag}_x\text{Hg}_y$$

银与稀硝酸的反应方程式为：

$$3\text{Ag} + 4\text{HNO}_3 = 3\text{AgNO}_3 + \text{NO}\uparrow + 2\text{H}_2\text{O}$$

银与硫化氢（氧化剂为氧气）的反应方程式为：

$$4\text{Ag} + 2\text{H}_2\text{S} + \text{O}_2 = 2\text{Ag}_2\text{S} + 2\text{H}_2\text{O}$$

7.2.2.3　银的纯度

银的纯度以其最低值表示，不得有负公差，银及其合金的纯度范围见表7-5。

表7-5　银及其合金的纯度范围

纯度最低值/‰	纯度的其他表示方法
800	—
925	—
990	足银
999	千足银

7.2.2.4　银的化合物

银的化合物有卤化物、氧化物、硝酸物等。银的常见化合价为+1。

A　银的卤化物

银常见的卤化物有白色的氯化银（AgCl）、稍带黄色的溴化银（AgBr）、淡黄色的碘化银（AgI）等。

银的络离子比简单离子稳定，卤化银在过量的氨水、$S_2O_3^{2-}$、CN^-等溶液中可被溶解为 $\text{Ag(NH}_3)_2^+$、$\text{Ag(S}_2\text{O}_3)_2^{3-}$、$\text{Ag(CN)}_2^-$。银的络离子化合物具有更加均匀的电荷分布，稳定性远比卤化物、氧化物、硝酸物高。

B　银的氧化物

银常见的氧化物为氧化银（Ag_2O）。Ag_2O为棕色粉末，加热至80 ℃开始分解，300 ℃时完全分解为 Ag 和 O_2。一般用氢氧化钠和硝酸银溶液反应制得，略溶于水，极易溶于硝酸、氨水、硫代硫酸钠及氰化钾溶液。

$$AgNO_3 + NaOH == AgOH + NaNO_3$$
$$2AgOH == Ag_2O + H_2O$$

C 银的硝酸物

银常见的硝酸物为硝酸银（$AgNO_3$）。$AgNO_3$ 为白色粉末，一般用银和硝酸银溶液反应制得，易溶于水、氨水、甘油，微溶于乙醇。纯的 $AgNO_3$ 对光稳定，但由于一般的产品纯度不够，其水溶液和固体常被保存在棕色试剂瓶中。

7.2.3 铂族金属的性质

铂族金属包含钌、铑、钯、锇、铱、铂六个元素，它们的物理化学性质十分相似，其中铂的产量最大、应用最广。

7.2.3.1 铂的物理性质

铂是一种呈灰白色光泽的贵金属，原子序数为 78，相对原子质量为 195.08，密度为 21.5 g/cm^3，熔点为 1768 ℃，沸点为 3825 ℃；在 20 ℃时，铂的比热容为 133 $J/(kg \cdot K)$，线膨胀系数为 $8.8×10^{-6} K^{-1}$，热导率为 72 $W/(m \cdot K)$，电阻率为 $1.1×10^{-7} \Omega \cdot m$。

铂是抗磁体，为面心立方 fcc 结构（无同素异构转变）。铂的力学性能见表 7-6，铂的延展性是所有纯金属中最高的，能很好地承受压力加工，易加工成板、带、片、箔、丝等形状。

表 7-6 铂的力学性能

力学性能	硬态（变形态）	软态（退火态）
硬度 HB	950	400
屈服强度/MPa	185	14
弹性模量/MPa	170000	117000
瞬时断裂强度/MPa	400	180
伸长率/%	2	40

7.2.3.2 铂的化学性质

铂的化学性质极为稳定，在室温或高温条件下均不与氧气反应，但稳定性不如金。铂不溶于一般的酸、碱及水银，但可被王水、热的浓硫酸和熔融的氢氧化钠溶解，也可溶于碱金属氰化物溶液。在高温条件下铂还能与卤素反应，硒，碲和磷更容易和铂发生反应。

铂与王水的反应方程式为：

$$3Pt + 4HNO_3 + 18HCl == 3H_2PtCl_6 + 4NO\uparrow + 8H_2O$$

铂与热的浓硫酸的反应方程式为：

$$Pt + 4H_2SO_4 == Pt(SO_4)_2 + 2SO_2\uparrow + 4H_2O\uparrow (338 ℃)$$

铂与碱金属氰化物（以氰化钠为例）的反应方程式为：

$$Pt + 4NaCN + 2H_2O == Na_2Pt(CN)_4 + 2NaOH + H_2\uparrow (85 ℃)$$

铂与氯气的反应方程式为：

$$Pt + 2Cl_2 == PtCl_4(370 ℃)$$
$$2PtCl_4 == 2PtCl_3 + Cl_2\uparrow (370 \sim 435 ℃)$$
$$2PtCl_3 == 2PtCl_2 + Cl_2\uparrow (435 \sim 582 ℃)$$

7.2.3.3 铂的纯度

铂的纯度以其最低值表示，不得有负公差，铂及其合金的纯度范围见表7-7。

表 7-7　铂及其合金的纯度范围

纯度最低值/‰	纯度的其他表示方法
850	—
900	—
950	—
990	足铂，足铂金
999	千足铂，千足铂金

7.2.3.4 铂的化合物

铂的化合物有卤化物、氧化物等。铂的常见化合价为+2 和+4。

铂常见的卤化物有红棕色的氯化铂（$PtCl_4$）、灰黑色的三氯化铂（$PtCl_3$）和棕绿色的氯化亚铂（$PtCl_2$）。铂的络离子比简单离子稳定，铂离子和卤族元素能生成多种络合物，如 H_2PtCl_6、K_2PtCl_6、K_2PtF_6 等。

铂族金属可生成多种类型的氧化物，见表7-8。

表 7-8　铂族金属的主要氧化物

化合价	铂族金属					
	Ru	Rh	Pd	Os	Ir	Pt
+2	—	—	PdO	—	—	—
+3	—	Rh_2O_3	—	—	—	—
+4	RuO_2	RhO_2	—	OsO_2	IrO_2	PtO_2
+8	RuO_4	—	—	OsO_4	—	—

铂常见的氧化物为氧化铂（PtO_2），氧化亚铂（PtO）较为少见。PtO_2 也称亚当斯催化剂，为黑色粉末，通常以一水合物的形式存在，加热至650 ℃开始分解，不溶于水、浓酸和王水。PtO_2 一般由 H_2PtCl_6 固体和硝酸钠固体共熔发生化合反应制得。

$$2H_2PtCl_6 + 12NaNO_3 =\!=\!= 2PtO_2 + 12NaCl + 12NO_2\uparrow + 3O_2\uparrow + 2H_2O\uparrow \text{（500 ℃）}$$

7.3　贵金属的资源和制取

7.3.1　贵金属的资源

据美国地质调查局（USGS）统计，全球黄金储量为 5.3 万吨，排在前面的主要为澳大利亚（18.8%）、俄罗斯（14.2%）、美国（5.7%）、南非（5.1%）、秘鲁（5.1%），中国（3.77%）仅排全球第九；全球白银储量为 53 万吨，排在前面的主要为秘鲁（21.4%）、波兰（17.9%）、澳大利亚（16.1%）、中国（7.3%）、墨西哥（6.6%）。全球铂族金属储量为 7 万吨，资源异常集中，排在前面的主要为南非（90.1%）、俄罗斯

（6.4%）、津巴布韦（1.7%）、美国（1.3%）、加拿大（0.4%），其他国家仅为0.1%。

我国贵金属矿产资源稀缺，尤其是铂族金属极度匮乏，对外依存度高。我国金矿的主要类型为热液矿床和砂矿床，主要分布在山东、甘肃、内蒙古、云南和河南等地；银矿的主要类型为热液矿床，主要分布在内蒙古、江西、安徽、湖北和广东等地；铂族金属矿的主要类型为岩浆矿床和砂矿床，主要分布在云南、甘肃、四川和河北等地。

7.3.2 金的制取

金的制取方法有很多，最简易的方法是"淘金"，即将含金的矿石压碎，放在盘中以水冲洗，密度较小的砂石等被冲去，金则留在盘底。

金效率较高的方法是氰化法。首先将矿石磨碎，与水及石灰搅拌成浆，加入稀的NaCN（0.03%~0.08%）溶液，在空气中，生成$Au(CN)_2^-$；然后滤去砂石等杂质后用锌处理，即得到金。这种方法效率极高，冲击金矿中只需含有0.00003%的金，岩脉中只需含有0.001%的金，氰化法即有经济意义。氰化物有剧毒，除非必要时，尽量不采用此法。

$$Zn + 2NaAu(CN)_2 \Longrightarrow Na_2Zn(CN)_4 + 2Au$$

7.3.3 银的制取

银的制取方法主要有三种：氰化法、铅中提银法、电解法。

7.3.3.1 氰化法

氰化法是银提取的重要方法，原理是银能与氰化钠形成可溶的络合物。将银矿石磨碎，以稀的NaCN（0.7%）溶液处理，即发生下列反应：

$$Ag_2S + 4NaCN \Longrightarrow 2NaAg(CN)_2 + Na_2S$$

当产生的Na_2S过多时，反应停止。若有足够的空气，则反应方程式为：

$$2Ag_2S + 10NaCN + O_2 + 2H_2O \Longrightarrow 4NaAg(CN)_2 + 4NaOH + 2NaCNS$$

该反应很完全，对于游离态的银也可用此法。该法得到的银中含有铅、锌、金等杂质。通过与硝酸钾共熔发生反应分离铅、锌，再利用电解法分离金，即可得到纯度99.9%的银。

7.3.3.2 铅中提银法

铅中提银法是古老的银提取方法，已有两千多年的历史，所得的锌银合金中含有少量铅。与少量的炭一同蒸馏以还原其中的氧化物，将锌除去，即得银铅合金。将此合金放在黏土所制的坩埚中，通入空气加热，铅被氧化成氧化铅，一部分被空气所吹去，一部分则被坩埚所吸收，余下的即为银或银金合金。

7.3.3.3 电解法

电解法是从铜中提取银的方法，电解液为硝酸银（含1%HNO_3）。以纯银片为阴极，以预精炼的银为阳极，银镀在阴极上，铜溶解后，银则沉淀出来。

7.3.4 铂族金属的制取

铂族金属几乎都以游离状态分散于矿床中，在矿中富集铂族金属要根据其特定含量来选择具体工艺。铂的提纯方法主要有熔盐电解法、氯化铵反复沉淀法、溴酸钠水解法等。

图 7-1 为溴酸钠水解法提取铂的流程图，其分离效果好，金属回收率高。首先将含铂杂料用王水溶解，加热蒸发，逐渐加入盐酸使铂生成 H_2PtCl_6，溶液蒸发浓缩到一定体积后，加入氯化钠，使铂生成 Na_2PtCl_6 溶液；加入溴酸钠反复水解数次，取样分析，达标后加入饱和纯化的氯化铵溶液，得到 $(NH_4)_2PtCl_6$ 沉淀，熔烧后便可得到海绵铂；碾成细粉，用盐酸洗涤，再用水洗涤到中性而得高纯铂。

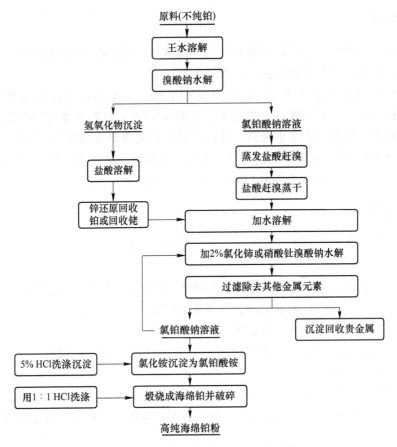

图 7-1　溴酸钠水解法提取铂的流程图

7.4　贵金属及其合金的熔炼、铸造与加工

贵金属（尤其是铂族金属）及其合金的熔点高，在熔炼、铸造、加工等过程中应尽量避免污染。金和银的熔炼、铸造与加工基本不存在困难；而铂族金属及其合金根据实际情况一般采用不同的熔炼、铸造与加工方法。常见的贵金属及其合金的熔炼和铸造方法见表7-9 和表7-10。

表 7-9　贵金属及其合金的熔炼方法

熔炼方法	保护介质	坩　埚	适用范围
高频感应	真空/氩气	镁石、刚玉、二氧化锆等	铂、钯及其合金

熔炼方法	保护介质	坩　埚	适用范围
低频感应	木炭	石墨、石墨-耐火黏土	银、金及其合金
等离子	氩气	铜	铂族金属及其合金
真空电弧	真空/氩气	铜	与非贵金属组成的合金
悬浮感应熔炼	真空/氩气	磁场	难熔铂族金属及其合金
电子束	真空	—	难熔铂族金属及其合金

表 7-10　贵金属及其合金的铸造方法

铸造方法	适用范围	铸锭最大质量/kg
连续浇铸	银及其合金	200
金属锭模浇铸	铂、钯及其合金	30
真空吸铸	铂及其合金	10
离心铸造	首饰合金	5
丘克拉斯基法	钯及其合金	5
压力铸造	首饰合金、铂及其合金	1
布里支曼法	钯及其合金	1

在贵金属中，可塑性较好的金、银、铂、钯在冷态和热态下加工都比较容易。其余四个贵金属的塑性较差，钌和锇的塑性最差。除此之外，铂族金属的可塑性在很大程度上还取决于所含杂质的浓度。下面仅以金属多晶态为例，介绍钌、铑、锇和铱的加工情况。

钌在 1500 ℃ 以上能进行塑性变形，但非常困难；铑在冷态下很难进行塑性变形，可在热态下加工，在 1200~1500 ℃ 可进行锻打，在 800~1000 ℃ 下可拉成直径为 0.5 mm 的丝材，在 1000~1200 ℃ 下可轧制成厚度为 0.7~1 mm 的薄板；锇基本不能变形；铱在冷态下很难进行塑性变形，可在热态下加工，在 1500~2000 ℃ 可进行锻打、轧制，在 1000 ℃ 可拉成直径为 0.5 mm 的丝材。除此之外，经过热处理后的铑和铱塑性较好，中间退火后可进一步变形。

7.5　贵金属及其合金的制品和应用

7.5.1　金及其合金

在世界上没有任何一种金属能像黄金一样源源不断地介入人类的经济生活，并对人类社会产生如此重大的影响。它那耀眼夺目的光泽和无与伦比的物理化学特性，有着神奇永恒的魅力，金制品示例如图 7-2 所示。

在工业上，纯金可用作防蚀保护层、导线、接点、触点、焊料、电位计等；Au-Ag-Cu合金可用于制造导线、接点、触点；Au-Pt 合金可用于制造焊料、电位计；Au-Pd 合金可用于制造滑动触点；Au-Ni 合金可用于制造滑动触点和切断触点。除此之外，金基合金还广泛用于首饰及牙科材料的制作。

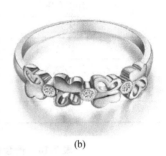

（a）   （b）

图 7-2　金制品示例
（a）金砖；（b）玫瑰金首饰

7.5.2　银及其合金

纯银常用于制造弱触点、抗腐蚀覆盖层、电工学导体、化学工业某些制品（如感光材料）等；银合金可用于制造焊料，也可用于制造触点、首饰制品、装饰品、货币等，银制品示例如图 7-3 所示。

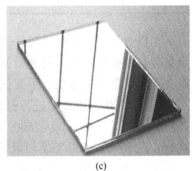

（a）   （b）   （c）

图 7-3　银制品示例
（a）银基钎料；（b）银触点；（c）银镜

（1）银基钎料。银基钎料应用非常广泛，几乎可以钎焊所有有色金属（除铝合金和镁合金）、钢、不锈钢、难熔金属、高温合金、硬质合金等。银基钎料的合金体系、规格品种和产量用量，在贵金属钎料系列中均占首位。常见的银基钎料有 Ag-Cu 合金、Ag-P 合金、Ag-Zn 合金、Ag-Sn 合金、Ag-Pb 合金等，不同种类的银基钎料可用于不同合金的钎焊中。

（2）银触点。银触点广泛应用在电子电器的生产，如开关、继电器、温控器等。目前主要有两种，Ag-Cu 合金和 Ag-Pd 合金，应用上述合金可加大导体的使用频率，增加接触效果，增强导体的性能。

（3）银镜。银镜是玻璃镜子的一种，广泛应用于家具、工艺品、装饰装修、浴室镜子、化妆镜子、光学镜子、汽车后视镜等。

7.5.3 铂及其合金

纯铂除了可用于制作货币和首饰外，也常用于制作实验室器械及用具。大部分铂用于制造合金，如 Pt-Ir 合金、Pt-Pd 合金、Pt-Ni 合金、Pt-Ru 合金可用于制造触点材料；Pt-Rh 合金可用于制造热电温度计、催化网、实验室器皿等；Pt-Co 合金和 Pt-Cu 合金作为电阻材料，可用于合成氨、硝酸催化触媒网。铂制品示例如图 7-4 所示。

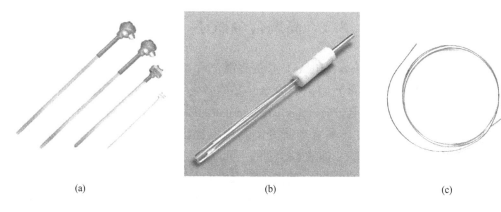

(a)   (b)   (c)

图 7-4　铂制品示例
(a) 铂铑热电偶；(b) 铂电极；(c) 铂丝

（1）铂铑热电偶。铂铑热电偶有两种，分为单铂铑（铂铑 10-铂）和双铂铑（铂铑 30-铂铑 6），均为传统的温度测量传感器，具有热电性能稳定、抗氧化性强的特点，适宜在氧化性、惰性气氛中连续使用，短期使用温度为 1800 ℃，长期使用温度为 1600 ℃。

（2）铂电极。铂是一种惰性贵金属，常用作某些电极的电子导体，本身不参与电极反应。

（3）铂箔、铂丝。铂的延展性是所有纯金属中最高的，可拉成极细的铂丝，轧成极薄的铂箔。

复习思考题

7-1　贵金属为什么姓"贵"？在贵金属中，为什么银的价格便宜，铑的价格昂贵？

7-2　"物以稀为贵"，铂在自然界中的储量比金稀少，为什么却比金便宜？

7-3　根据本章所学知识，谈谈怎样鉴别银和铂？

7-4　贵金属主要用于功能材料和高温结构材料中，为什么较少用作日常生活中的结构材料？

7-5　贵金属化学稳定性高，贵金属催化剂在现代工业中却得到广泛应用，为什么？

8 高 熵 合 金

8.1　高熵合金概述

高熵合金（high-entropy alloys，HEAs）指的是混合熵（也称组态熵、形位熵，为表征混合体系状态无序程度的物理量）很高的合金，又称多主元合金（multi-principal element alloys，MPEAs）、成分复杂合金（complex concentrated alloys，CCAs）等。高熵合金的概念是在 20 世纪 90 年代在大块非晶合金研究的基础上提出的。1993 年，英国剑桥大学 Greer 提出了著名的"混乱原理"，即液态合金的主元越多，混合熵越大，非晶形成能力越高，越容易形成非晶态结构。2004 年，英国牛津大学 Cantor 等人发现多主元合金并没有形成非晶态结构，而是形成了许多金属间化合物，这与 Greer 提出的"混乱原理"不符。与此同时，中国台湾清华大学叶均蔚等人提出了高熵合金的概念。他们认为 5 种或 5 种以上金属元素按等原子比或近等原子比混合，可获得单相的固溶体，而不是形成金属间化合物，并将这类多主元合金首次命名为高熵合金。北京科技大学张勇教授率先提出了高熵合金固溶体相形成的经验准则（Ω 判据），为高熵合金的进一步发展提供了理论基础。高熵合金将结构材料的合金设计理念从相图端部引入相图中心，为克服传统合金中强度与塑性的倒置关系提供了新思路，已成为当前材料科学研究的热点前沿之一。

8.2　高熵合金的种类

随着对高熵合金研究的深入，高熵合金的概念也在不断完善和拓展，其种类也越来越多。从组成元素、相结构等角度出发，高熵合金主要经历了以下 3 个阶段：

（1）第一代高熵合金由 5 种或 5 种以上的金属元素组成，组成元素含量配比为等原子比，相结构为单相的合金；

（2）第二代高熵合金由 4 种或 4 种以上的金属元素组成，组成元素含量配比为非等原子比，相结构为双相或多相的合金；

（3）第三代高熵合金进一步拓展到高熵陶瓷、高熵薄膜和高熵纤维等。

从元素族群角度出发，可将高熵合金主要分为 6 类，分别为 3d 过渡族高熵合金（3d transition metal CCAs）、难熔高熵合金（refractory metal CCAs）、轻质高熵合金（low density/light metal CCAs）、4f 过渡族高熵合金（4f transition metal CCAs）、贵金属高熵合金（precious metal CCAs）、间隙化合物高熵合金（interstitial compound CCAs），见表 8-1。目前研究较多的是 3d 过渡族高熵合金、难熔高熵合金和轻质高熵合金。

表 8-1 高熵合金的分类

合金类型	典型合金体系	相组成特点
3d 过渡族高熵合金	AlCoCrCuFe、AlCoCrCuNi、AlCoCrFeNi、AlCoCuFeNi、AlCrCuFeNi、CoCrCuFeNi	主要为单相（fcc/bcc）合金或双相（fcc+bcc）合金
难熔高熵合金	MoNbTaVW、MoNbTiVZr、HfNbTaTiZr	主要为单相（bcc）合金或双相（bcc+第二相）合金
轻质高熵合金	AlCuLiMgSn、AlCuLiMgZn、AlLiMgSnZn	主要为双相或多相合金
4f 过渡族高熵合金	DyGdLuTbTm、DyGdLuTbY	主要为单相（hcp）合金
贵金属高熵合金	MoPdRhRu	主要为单相（hcp）合金
间隙化合物高熵合金	AlCCoCrFeNi	3d 过渡族高熵合金的相组成+间隙化合物

8.2.1 3d 过渡族高熵合金

3d 过渡族高熵合金是指以 3d 过渡族金属元素为主元的高熵合金，主要组成元素有 9 个，分别为 Al、Ti、V、Cr、Mn、Fe、Co、Ni 和 Cu。3d 过渡族高熵合金常用的元素组合有 AlCoCrCuFe、AlCoCrCuNi、AlCoCrFeNi、AlCoCuFeNi、AlCrCuFeNi、CoCrCuFeNi 等，绝大多数为单相（fcc/bcc）合金或双相（fcc+bcc）合金。

8.2.2 难熔高熵合金

难熔高熵合金是指以难熔金属元素为主元的高熵合金，主要组成元素有 10 个，分别为 Ti、V、Cr、Zr、Nb、Mo、Hf、Ta、W 和 Al（Al 元素有助于降低难熔高熵合金的密度）。难熔高熵合金常用的元素组合有 MoNbTaVW、MoNbTiVZr、HfNbTaTiZr 等，绝大多数为单相（bcc）合金或双相（bcc+第二相）合金。

8.2.3 轻质高熵合金

轻质高熵合金目前还没有十分明确的定义，一般可分为 3 类：一是指以 Al、Cr、Fe、Co、Ni 等为主构成的高熵合金；二是指含有一种或几种难熔金属元素 Nb、Mo、Ta、W 的高熵合金；三是指以 Li、Mg 等低密度金属元素为主的高熵合金。轻质高熵合金以双相或多相合金为主。

8.3 高熵合金的核心效应

8.3.1 高熵效应

高熵效应是高熵合金的标志性概念，高熵中的"熵"指的是混合熵，一般用公式 $\Delta S = -R \sum_i x_i \ln x_i$（其中，$R$ 为气体常数）计算。不同数目组元的最大摩尔混合熵见表 8-2，通常将摩尔混合熵不大于 $0.69R$ 的合金认为是低熵合金，摩尔混合熵为 $0.69 \sim 1.61R$ 的合金为中熵合金，摩尔混合熵不小于 $1.61R$ 的合金为高熵合金。

表 8-2　不同数目组元的最大摩尔混合熵

组　　元	1	2	3	4	5	6
最大摩尔混合熵	0	0.69R	1.10R	1.39R	1.61R	1.79R

如图 8-1 所示，传统合金通常由一种或两种主元构成，其摩尔混合熵一般小于 $1R$，而高熵合金的摩尔混合熵不小于 $1.61R$（随着对高熵合金研究的深入，目前许多不满足高熵判据的合金（合金的摩尔混合熵不大于 $1.61R$）也被称为高熵合金）。根据 $\Delta G = \Delta H - T\Delta S$ 可知，高熵合金的高熵效应可降低体系的吉布斯自由能（在高温下效果更为显著），进而促进固溶体相的形成。因此，高熵合金倾向于形成结构简单的固溶体相。

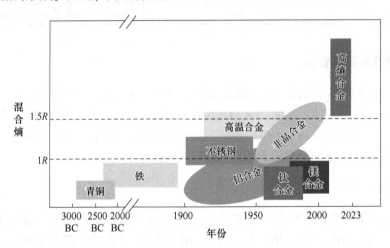

图 8-1　合金的混合熵（成分复杂性）随时间的上升趋势

8.3.2　晶格畸变效应

晶格畸变效应是决定高熵合金力学性能的关键因素，与高熵合金的变形机制关系密切。与传统合金不同的是，高熵合金中的原子既是溶质原子又是溶剂原子，原子固溶进晶格会导致严重的晶格畸变（见图 8-2）。高熵合金的固溶强化机制与传统合金有所不同，有希望克服传统合金中强度与塑性的倒置关系。除此之外，高熵合金中也可存在各种金属间化合物、非晶相、准晶相等，其发展不应局限于单一固溶体相。

8.3.3　延迟扩散效应

在一种主元构成的传统合金中，溶质或溶剂原子进入空位前后的能量是相同的，所以原子可发生连续地跳跃和扩散。在高熵合金中，原子进入空位前后的能量是不同的，当原子跳进低能量的晶格点阵中，将会被困住，很难跳出来；而当原子跳进高能量的晶格点阵中，将有机会跳回原来的位置。因此，在高熵合金中扩散是很缓慢的，这使高熵合金具有较好的热动力学稳定性、耐磨性和耐腐蚀性等。

8.3.4　"鸡尾酒"效应

高熵合金中的"鸡尾酒"效应指的是其主元间有意想不到的协同作用而产生非线性的

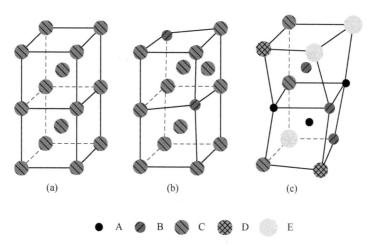

图 8-2 纯金属、固溶体和高熵合金的晶体结构（以 bcc 为例）
(a) 纯金属；(b) 固溶体；(c) 高熵合金

意外结果。与其他核心效应不同的是，"鸡尾酒"效应不是假设，也无须证明。如图 8-3 所示，纯铝质地较软，但在 Al_xCoCrFeNi 高熵合金中添加铝元素，其硬度明显提高，这与预期不符。分析原因，可能是由于形成了较硬的 bcc 相，也可能是铝原子固溶进晶格导致了严重的晶格畸变，或是由于铝与其他元素形成了较强的化学键。

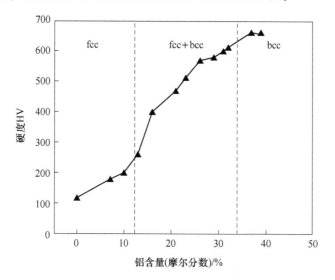

图 8-3 Al_xCoCrFeNi 高熵合金的硬度与铝含量的关系

8.4 高熵合金的性能特点

高熵合金的四大核心效应使其具备了一些传统合金所不能比拟的综合性能，如高的强度和硬度，良好的塑性和韧性，优异的耐磨性和耐腐蚀性，优异的高温稳定性等。

（1）高的强度和硬度。高熵合金中的原子既是溶质原子又是溶剂原子，其固溶强化效果显著，能有效阻止位错运动，再加上第二相的弥散强化效果（部分高熵合金中存在纳米第二相），可显著提高其强度和硬度。

（2）良好的塑性和韧性。高熵合金中倾向于形成结构简单的固溶体相，fcc 或 bcc 结构的固溶体相都具有良好的塑性和韧性。

（3）优异的耐磨性和耐腐蚀性。高熵合金的高硬度和表面致密氧化膜的形成等有利于其耐磨性和耐腐蚀性的提升。除此之外，部分高熵合金还具有非晶、准晶等特性，这些特性也有利于其保持优异的耐磨性和耐腐蚀性。

（4）优异的高温稳定性。高熵效应有利于降低体系的吉布斯自由能；迟滞扩散效应有利于提高合金的再结晶温度，减缓晶粒长大，降低第二相粗化速率。由于高熵合金具有热力学上的高熵效应和动力学上的迟滞扩散效应，其通常具有十分优异的高温稳定性。

8.5　高熵合金的制备方法

根据制备过程中的元素混合方式，通常将高熵合金的制备工艺分为 3 类，即固态混合、液态混合和气态混合。需要注意的是，高熵合金并不局限于块体、板材、带材和薄膜，还有高熵合金粉末、纤维等。

（1）固态混合。机械合金化是固态混合制备高熵合金的常用方法。机械合金化制备高熵合金的步骤如下：首先采用粉末冶金法制备各组成元素的粉末，然后将粉末按设计的组成元素比例加入球磨辊筒中进行机械混合，最后将合金化后的粉末置于热等静压烧结炉或放电等离子烧结炉中烧结成块体。

（2）液态混合。液态混合制备高熵合金的方法较多，有电弧熔炼、感应熔炼、电阻熔化、激光熔覆等。电弧熔炼是目前制备高熵合金中最常用的方法，其优点主要体现在熔炼温度高，熔化速度快；与电弧熔炼相比，感应熔炼的设备简单，熔炼温度较低，适用于含低熔点易挥发组元的高熵合金的制备。

（3）气态混合。气态混合主要用来制备高熵合金薄膜，有溅射沉积、气相沉积、脉冲激光沉积、分子束外延和原子层沉积等。气相沉积是气态混合制备高熵合金薄膜的常用方法，磁控溅射（气相沉积的一种方式）示意图如图 8-4 所示，以各主元单质或合金（A、B 和 C）作为靶材，通过磁场控制粒子轰击靶材发生能量交换，靶材表面金属以原子态或离子态溅射飞出，在基板上吸附并沉积，形成一定厚度的薄膜。

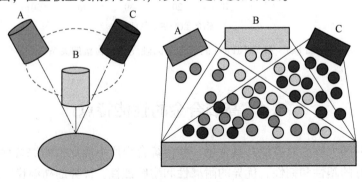

图 8-4　多靶磁控溅射示意图

8.6 高熵合金的应用潜力

作为材料领域的"元宇宙"，高熵合金集合了各种制备技术和丰富的"数字空间"，在工程应用领域展现出广阔的应用前景。

（1）高熵高温合金。高熵高温合金以 Fe、Co、Ni 等多种元素为主元，通过添加其他元素合金化来进一步提升合金的性能。有研究表明，高熵高温合金表现出较高的组织稳定性和优异的高温性能。高熵高温合金作为一种新型的高温合金材料体系，突破了传统高温合金以一种或两种主元设计合金的局限，具有广阔的成分设计空间。

（2）高熵合金薄膜。硬质刀具涂层是指在硬质合金刀片的表面上涂覆一层高硬度和优异耐磨性的薄膜。高熵合金的综合性能可满足这一材料的需求。

除此之外，体育材料、磁性材料、生物医用材料等也是高熵合金未来的潜在应用领域。北京科技大学张勇等人选用了一种具有良好强度和延展性的高熵合金，将其轧制成板材，该板材应用于滑雪板中可有效降低滑行过程中的阻力，如图 8-5 所示。

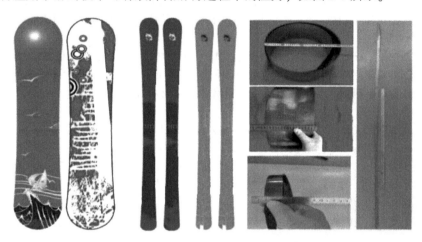

图 8-5　高熵合金滑雪板

复习思考题

8-1　金属的非晶态、高熵态和结晶态有何相似之处，又有何不同？

8-2　高熵合金的概念是在对非晶合金研究的基础上提出的，那么在高熵合金中是否会形成非晶相？

8-3　对于高熵合金而言，主元是否越多越好？

8-4　为什么难熔高熵合金绝大多数为单相 bcc 合金或双相（bcc+第二相）合金？

8-5　制备高熵合金最常用的方法是什么，为什么使用这种方法？

参 考 文 献

[1] Rodney Cotterill. The Material World [M]. Cambridge：Cambridge University Press，2008.

[2] 毛卫民. 材料与人类社会 [M]. 北京：高等教育出版社，2014.

[3] 杨馥瑄. 有色金属提取技术在冶金行业发展前景探讨 [J]. 世界有色金属，2021（1）：10-11.

[4] 傅崇说. 有色冶金原理 [M]. 2 版. 北京：冶金工业出版社，1993.

[5] 中国有色金属工业协会. 认真贯彻落实《"十四五"原材料工业发展规划》，努力开创有色金属产业发展新局面 [J]. 中国有色金属，2022（3）：29-32.

[6] 杨乐，李秀艳，卢柯. 材料素化：概念、原理及应用 [J]. 金属学报，2017，53（11）：1413-1417.

[7] 朱凤瀚. 中国青铜器综论 [M]. 上海：上海古籍出版社，2009.

[8] 李念奎，凌昊，聂波，等. 铝合金材料及其热处理技术 [M]. 北京：冶金工业出版社，2012.

[9] 李安敏. 金属材料学 [M]. 成都：电子科技大学出版社，2017.

[10] 刘静安，谢水生. 铝合金材料应用与开发 [M]. 北京：冶金工业出版社，2011.

[11] 王祝堂，田荣璋. 铝合金及其加工手册 [M]. 3 版. 长沙：中南大学出版社，2005.

[12] 郝士明. 材料图传——关于材料发展史的对话 [M]. 北京：化学工业出版社，2014

[13] 邓运来，张新明. 铝及铝合金材料进展 [J]. 中国有色金属学报，2019，29（9）：2115-2141.

[14] 管仁国，娄花芬，黄晖，等. 铝合金材料发展现状、趋势及展望 [J]. 中国工程科学，2020，22（5）：68-75.

[15] 杨斌，刘柏雄，汪航，等. 高性能铜合金 [M]. 长沙：中南大学出版社，2020.

[16] 刘培兴，刘晓瑭，刘华鼐. 铜及铜合金加工手册 [M]. 北京：化学工业出版社，2008.

[17] 《重有色金属材料加工手册》编写组. 重有色金属材料加工手册 [M]. 北京：冶金工业出版社，1980.

[18] Toda-Caraballo I，Galindo-Nava E I，Rivera-Díaz-del-Castillo P E J. Understanding the factors influencing yield strength on Mg alloys [J]. Acta Materialia，2014，75：287-296.

[19] 王强松，娄花芬，马可定，等. 铜及铜合金开发与应用 [M]. 北京：冶金工业出版社，2013.

[20] 谢水生，李华清，李周，等. 铜及铜合金产品生产技术与装备 [M]. 长沙：中南大学出版社，2014.

[21] 王雪松，周兵，戴姣燕，等. Al 含量对等值锌当量耐磨黄铜组织及性能的影响 [J]. 材料导报，2021，35（20）：20124-20128.

[22] Chbihi A，Sauvage X，Blavette D. Atomic scale investigation of Cr precipitation in copper [J]. Acta Materialia，2012，60（11）：4575-4585.

[23] Wang Z J，Konno T J. Discontinuous precipitation with metastable ζ phase in a Cu-8.6% Sn alloy [J]. Philosophical Magazine，2013，93（8）：949-974.

[24] 赵永庆，辛社伟，陈永楠，等. 新型合金材料——钛合金 [M]. 北京：中国铁道出版社，2017.

[25] 赵永庆，陈永楠，张学敏，等. 钛合金相变及热处理 [M]. 长沙：中南大学出版社，2012.

[26] 强文江，吴承建. 金属材料学 [M]. 3 版. 北京：冶金工业出版社，2016.

[27] 巫瑞智，张景怀，尹冬松. 先进镁合金制备与加工技术 [M]. 北京：科学出版社，2012.

[28] 袁志钟，戴起勋. 金属材料学 [M]. 3 版. 北京：化学工业出版社，2019.

[29] 缪强，梁文萍. 有色金属材料学 [M]. 西安：西北工业大学出版社，2016.

[30] 刘静安，盛春磊. 镁及镁合金的应用及市场发展前景 [J]. 有色金属加工，2007，36（2）：1-6.

[31] 梁文玉，孙晓林，李凤善，等. 金属镁冶炼工艺研究进展 [J]. 中国有色冶金，2020，49（4）：36-44.

[32] 中国航空材料手册编辑委员会. 中国航空材料手册第 2 卷 变形高温合金 铸造高温合金 [M]. 北京：中国标准出版社，2002.

[33] 师昌绪，仲增墉．中国高温合金五十年 [M]．北京：冶金工业出版社，2006．

[34] 郭建亭．高温合金材料学（上册）应用基础理论 [M]．北京：科学出版社，2008．

[35] 李嘉荣，熊继春，唐定中．先进高温结构材料与技术（上）[M]．北京：国防工业出版社，2012．

[36] 中国金属学会高温材料分会．中国高温合金手册 [M]．北京：中国标准出版社，2012．

[37] 马春来，王学武．金属材料 [M]．北京：机械工业出版社，2013．

[38] 罗格 C. 里德．高温合金基础与应用 [M]．何玉怀，译．北京：机械工业出版社，2016．

[39] 中华人民共和国国家质量监督检验检疫总局，中国国家标准化管理委员会．GB/T 14992—2005 高温合金和金属间化合物高温材料的分类和牌号 [S]．北京：中国标准出版社，2005．

[40] 中华人民共和国国家质量监督检验检疫总局，中国国家标准化管理委员会．GB/T 2039—2012 金属材料 单轴拉伸蠕变实验方法 [S]．北京：中国标准出版社，2012．

[41] 中华人民共和国国家质量监督检验检疫总局，中国国家标准化管理委员会．GB/T 10120—2013 金属材料 拉伸应力松弛实验方法 [S]．北京：中国标准出版社，2013．

[42] 李凡华，赵祥大，吴杰颖．贵金属及其合金 [M]．合肥：中国科学技术大学出版社，2015．

[43] 张晓锦，周志宇，于丹，等．中国贵金属矿床的基本成矿规律与找矿方向 [J]．有色金属文摘，2015，30：38-39．

[44] 郝海英，户赫龙，于文军，等．贵金属功能材料发展现状及趋势 [J]．贵金属，2019，40：52-56．

[45] 中华人民共和国国家质量监督检验检疫总局，中国国家标准化管理委员会．GB 11887—2012 首饰贵金属纯度的规定及命名方法 [S]．北京：中国标准出版社，2012．

[46] 张勇．非晶和高熵合金 [M]．北京：科学出版社，2010．

[47] 刘宁．高熵合金的凝固组织与性能研究 [M]．镇江：江苏大学出版社，2018．

[48] 张勇，陈明彪，杨潇，等．先进高熵合金技术 [M]．北京：化学工业出版社，2019．

[49] MichaAl C. GAD．高熵合金 [M]．乔珺威，译．北京：冶金工业出版社，2020．

[50] Yeh J W, Chen S K, Lin S J, et al. Nanostructured high-entropy alloys with multiple principal elements: Novel alloy design concepts and outcomes [J]. Advanced Engineering Materials, 2004, 6: 299-303.

[51] Miracle D B, Senkov O N. A critical review of high entropy alloys and related concepts [J]. Acta Materialia, 2017, 122: 448-511.

[52] Zhang W, Liaw P K, Zhang Y. Science and technology in high-entropy alloys [J]. Science China Materials, 2018, 61: 2-22.

[53] 张勇．高熵合金的发现和发展 [J]．四川师范大学学报（自然科学版），2022，45：711-722．